やんばるの風のなかで

―みどりの沖縄すわりこみ日記―

山本 翠

創風社出版

はじめに

この「座り込み日記」は、二〇一一年六月から二〇一八年五月まで、沖縄県東村・高江に建設されたオスプレイパッド建設を阻止したいと住民の方々と共に取り組みをして来た記録の一端です。

私たち夫婦は、この取り組みに参加するために、東村の隣村・大宜味村に居を移し、東村の住民の方々や大宜味村9条の会の仲間と共に、非暴力の闘いに東村・高江に通い続けました。

春・夏・秋・冬と台風、郷里・四国の松山とは違う季節の移り変わりや民衆の沖縄独特の風習などとともに、その過酷な歴史をも背負いながらの沖縄の人々の思いにも学びながら七年間すごした日々の記録です。

私は、その日々を毎月一回、「やんばるの座り込み日記」と「ぶながやの郷だより」として、沖縄に心を寄せて下さる方々に送り続けてきました。その数は八四回、「座り込み日記」だけでも五百ページをこえるものとなりました。

七年間に学び見聴きし、学んだ一端は「ぶながやの郷だより」として、帰郷後の二〇一八年にまとめ、発刊することができました。

今回、沖縄の辺野古基地建設が新たな段階に進められ、沖縄県民の嘆きが胸に銃剣を突き刺されたように疼く思いがします。オスプレイ等の墜落事故は後を絶たず、さらには、ウクライナやパレスチナでの「残虐な報道」のうらに「軍事国家」を目指してひた走る日本政府の「9条守れ」の国民の声を足蹴にした姿がダブります。

概ね、座り込み行動の日々のみにまとめたものでありながら五百ページ余りの端々を切り落としての「座り込み日記」となり、我ながら読みやすいものではないと自覚しながらの発刊となりました。

しかしながら、「一年で造る」と豪語して始めた日本政府の「世界自然遺産」を破壊しながらの米軍基地「オスプレイパッド」建設が、一四年もの歳月と膨大な国民の税金を投入しての建設になったことが意味するものは何か。

これからの日本の歴史を語る上での一つの資料になれば嬉しい限りです。

私たちの沖縄本島・北部の山奥で繰り広げられた、官憲が米軍や日本政府防衛局の僕として、国民・住民を足蹴にして、立ち働く姿は今も私の脳裏に鮮明です。『軍事で平和はつくれない』。憲法9条を持つ日本国民として、世界からすべての戦争の火を消したい、そんな思いも込めて、軍事基地建設に反対の日々を過ごした記録の一端に、お眼を通して下さる方がおられることを願っています。

やんばるの風のなかで　—みどりの沖縄すわりこみ日記—　目次

ば来て！」／「防衛局が警官と向かってる。来て！」◆**九月** 45 いよいよ！／愛媛からのご一行様、一七名来訪。喜／「オスプレイ配備反対県民大会」会場が満杯に／台風一九号が高江の道を通行止めに、被害は大きく／知らないうちに大掛かりな工事が ◆**十月** 49 オスプレイ一二機全機飛来、沖縄抗議の声一色／またもや米兵の女性集団暴行、闘いは、県議会「我慢の限界超える」と非難決議、米軍基地返還を要求、大宜味村でも住民の一割を超える抗議集会 ◆**十一月** 53 闘いは早朝五時から、トランシバー片手に／福島から素敵な贈り物 ◆**十二月** 58 衆議院議員選挙公示日、大手マスコミは沖縄問題の争点ぼかし、金権・売権の噂しきり／宜野湾市で今年最後のデモ行進、三千人が「オスプレイ配備反対」をサウンドに載せて

二〇一三年 ―――――― 64

◆**一月** 64 闘いは年末年始なく、早朝から始まっています／すでに私たちも来訪者へのレクチャー一人前に ◆**二月** 67 もう節分、浦添市長選・市議選の告示、新たな闘いの始まり／浦添市の市長が基地反対派の勝利に、新たな拠点が出来た?!／「これまで大金をつぎ込んできた防衛族の悲嘆が聞こえるよう」／高江の環境破壊が、工事現場では早くも土砂崩れが ◆**三月** 73 愛媛の上空でもオスプレイがブンブン、伊方原発稼働反対に拳をあげる／今年の建設費は五億五千万円余 ◆**四月** 75 新年度になり教育問題に話題集中／ドイツからの女性と真剣論議／「四・二八政府式典に抗議する『屈辱の日』沖縄大会に一万人／学生、高江を朗読劇に。いいね ◆**五月** 84 またもや米海軍兵が女性のアパートに侵入事件／梅雨の晴れ間の平和行進 ◆**六月** 88 沖縄市のサッカー場にダイオキシンのドラム缶ザクザク／東村高江の座り込み六年、報告会は満席 ◆**七月** 89 いよいよ七月。工事作業強行は確実、炎天下の攻防戦となりそう／沖縄は、参議院議員選挙と那覇市議選で、熱気むんむ

二〇一七年

やんばるの風のなかで

― みどりの沖縄すわりこみ日記 ―

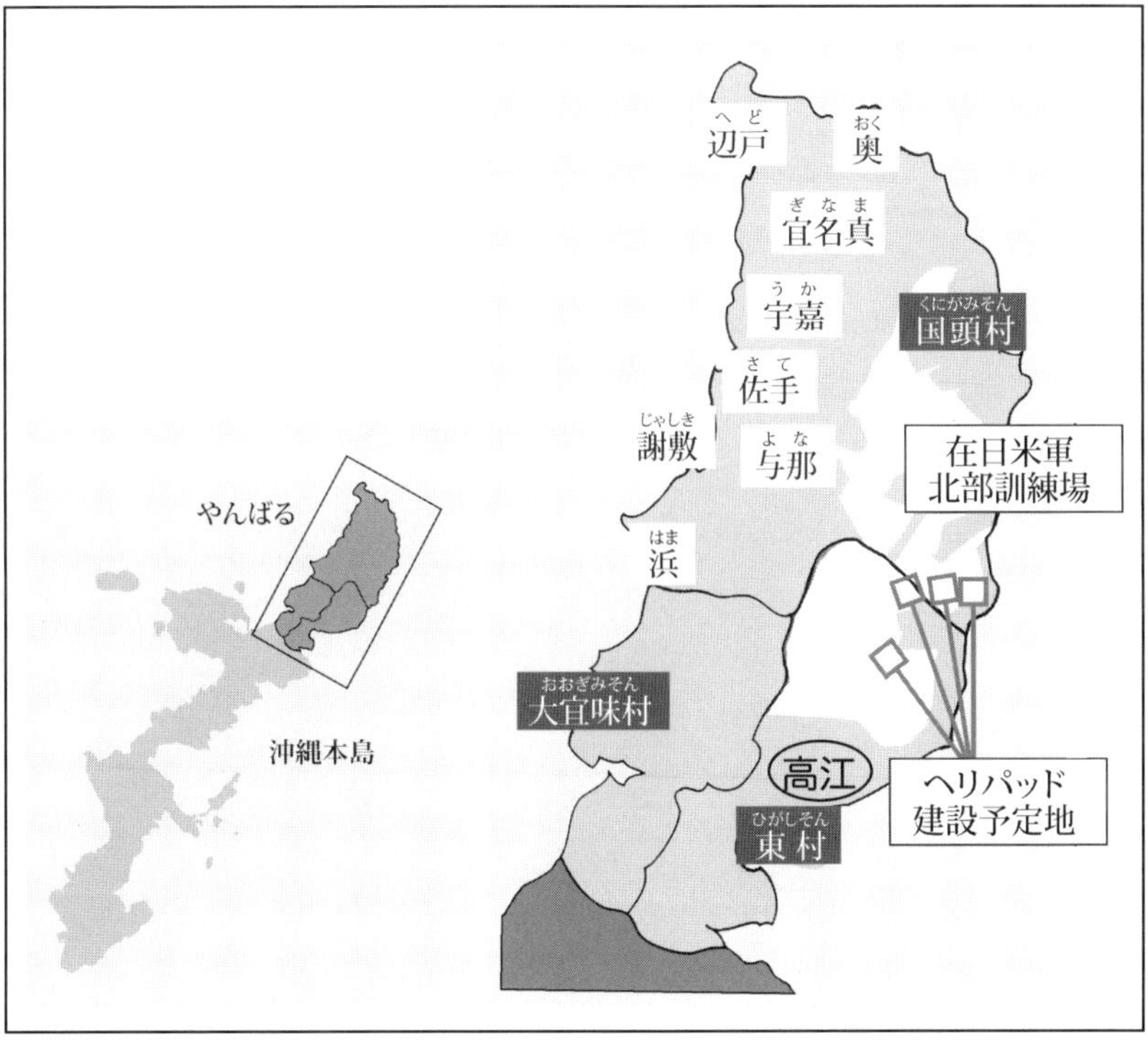

二〇一一年　六月〜十二月

六月から十月までは見習い

　五月一七日、大宜味村に借り入れた住居に入居。家財を整える間もなく、六月六日、早速、東村高江に。日差しが強い。名護平和委員会の大西輝雄さんが木陰でニコニコしています。大西さんはかつての「戦跡巡り」に同道して下さった方。沖縄平和センターの山城博治さんが来訪者の青年たち一五、六名を相手に熱弁をふるっておられます。

　大体の地形を頭に入れて、早々に下山。翌週月曜日早朝に出かけると隣村の大宜味9条の会の方々が来られ、紹介されたところに「住民の会」の伊佐さんが来られて、座り込みを手伝いたいと申し入れると、すかさず、大宜味9条の会が月曜日を担当されているからご一緒に、と言われ有難く同意。早速9条の会に入会させていただきました。

　それからの約四カ月は、毎月月曜日に高江に通い、次から次への来訪者に代わる代わる説明をされている方の声に耳を傾けての学習。高江に向かわない日々は、部落や大宜味村の様々な行事に誘われたり、近所の方々とのおしゃべりに加わったり、はたまた、村史や村の議会史を読みふけるなど、興味の尽きない日々でした。

７年間住んだ我が家（左奥の白い鉄筋の家）

11月7日（月）澄んだ秋風に癒されて

ついこの間まで、カンカンカンとけたたましかった『オオシマゼミ』の鳴き声も弱弱しく感じるヤンバル高江のテントには、樹々の僅かな湿り気を含んだ秋風が心地よく通り過ぎていきます。

今日のN4（A）のテントには、平良啓子さん、金城文子さん、私たち夫婦の四人が当番。

N4（B）、N1の担当者の夜番を終えて帰る人、来る人が行き交い励ましの声も行き交います。

人通りが途切れると新聞報道を巡ってのユンタク。TPP、民主党前原誠司氏や防衛大臣中谷氏の来沖など話の種は尽きません。

一〇時頃、住民の会との協議は済んでいるからと山道の補修の業者が車二台と三人で丁寧な挨拶をして作業場へ。

テントの端に木登りトカゲが挨拶にきて草を食んで消えました。

地響きが近づいてきたと思ったら、米軍のジープ、トラックが七台、当たり前のように通っていきました。

そこへBテントの屋良さん、住民の会の伊佐育子さんが来て、ハブの話題等で持ち上がることしきり。

そろそろ昼食時間、気分転換を兼ねて、新川ダムへお手洗いに。

ここは日差しが心地よくさわやか。

何事もない時間が過ぎていきました。

東村の議員と防衛局の職員九名が横柄に来訪

一時半過ぎ、どやどやと車五台がテント脇に乗り付けられました。

先ず先頭で顔を出したのが「防衛局のものですが、この車は動かせませんか」と社大党（沖縄社会大衆党）の宣伝カーをさします。かなり横柄、「私たちのものではありませんから」などの問答していると、続いて降りてきた人たち、そこに伊佐育子さんが来て知人らしくなにやら話していましたが、来訪者は車ごとBテントへ。防衛局の職員が鍵を持っていたらしく、ゲートを開けて更にそろってヘリパッドの地点に入りそこで車座になって協議していること約四〜五〇分。育子さんによると七名が東村の議員と議会や村の職員など、後が防衛局の職員らしい。

そのうち、儀保さんが駆けつけてくれました。住民の会の方々に連絡を取りましたが、それぞれ所要で出払っていて留守とのこと。そうこうしているうちに出てきた来訪者は、それぞれ車で帰っていきました。

防衛局の一台だけがN1まで行きましたが、程なく帰っていきました。私たちは、中谷氏や前原氏からネジを巻かれた結果ではないかと推測した次第。「そろそろ動きが始まるのではないか」というのはそこにいた人たちの共通の思いだったようです。

轟音と共にヘリからの降下訓練を約一時間

四時過ぎ、バリバリと轟音が近づいたと思ったら、ヘリが大きく頭上を旋回、ヘリパッドのうえにホバリング駐機して、縄を下げ、隊員を二人降ろして去りました。すぐ又、旋回してきて降ろした二人を二〇メートルくらいのホバリングで引き上げて去り、その繰り返しを五、六回、時にはパッドに停機しての繰り返しで五時頃までの行動のよう。私たちもそこで帰宅となりました。知らぬ間に夕暮れが早くなり日差しも弱くなっています。今年も後二ヶ月足らずとなりました。

11月14日（月）午前中は雨、今日は何事もなし

大宜味9条の会のメンバーは、それぞれ午前中は所要のため私たち夫婦の二人だけ。夜を担当する方々や他のテント担当者、住民の会の伊佐さん夫妻が来られた以外は、来訪者無し。雨が降り出し吹きつける風が冷たく、伊佐さんが応急にテントで風対策。しのぎやすくなりました。午後、平良さん、金城さんが参加。雨も上がり賑やかな会話の始まりです。

今日の話題は、私も参加した日曜日の沖縄・女性9条の会の沖縄従軍慰安所めぐりから。沖縄には一五〇箇所以上もの慰安所があったこと、その生々しい情景がその慰安所跡で証言者の話として報告されたことの強烈な印象がついつい、熱の入った話となりました。

慰安所は、私たちが座り込んでいるこの東村にもあったことが明らかにされています。

伊佐さんに訊ねると『それは川田にあったらしい』と。そこはダムを造るために朝鮮人が連れてこられ、その人たちのために朝鮮の女性たちが連れてこられたのではないかと。「その跡を訪ねられるかな」と聞くと「ダムの底になっているのではないかな」と伊佐さん。

※慰安所めぐりの資料によるとこの北部には、名護市に

三箇所、伊江島に三箇所、本部町に四箇所、今帰仁村に二箇所となっており、軍隊のいたところに必ず作られたと記されています。

鳥が道路に急降下しました。「あ、トカゲ！」。そのトカゲを咥えて飛びたとうとした瞬間、私たちがテントから走り出して鳥は飛び去りました。その木登りトカゲは立ちすくみ動きません。もう駄目かとつつくと慌てて森に逃げ去りました。

椅子の下には二センチ程の生きた青虫に一ミリほどの蟻軍団が襲いかかっています。青虫は頭を振り、胴をくねらせて逃げようともがきますが、執拗な蟻の攻撃のまえに一〇分後には息絶えて瞬く間に運ばれていきました。

テントに沖縄防衛局の次年度の沖縄米軍基地工事入札の資料が届けられました。これらに係わる費用は全部日本持ち。分かっていてもむらむらと腹が立ちます。消費税引き上げ、年金制度改悪、更には保育予算の国庫負担削減の文字が新聞で踊っています。

東シナ海は少し白波が立っていました。海の色も夏のキラキラした装いから沈んだ色合いに変わったように思うのは気のせいでしょうか。

11月15日（火）　いよいよ攻防戦開始？

防衛局が動く模様、との情報が届いて工事入札会社の動きがあるかどうか、国頭村の建設会社の門前を一時間ほど見張っていましたが動き無し。やれやれ、今日は動かないようだと自宅に帰り一時間もすると高江から、防衛局が「大挙押しかけてきている」との連絡があり高江に急ぎました。

塩屋湾に沿う道々には赤いハイビスカスが鮮やか。高江への道々のススキは大きく風に揺れておいでおいでと私たちを迎えています。

N1テントに着くと既に防衛局の職員等四〇名あまり、ガードマン二〇名ほどが無表情に人間バリケードを二重に張って、「工事を辞めてほしい」と訴える住民や県民に対峙しています。警察官が一〇名ほど防衛局の職員や私たちを遠巻きにしています。

次々に駆けつけてくる仲間たち。社民党の幹部、名護市議、那覇から牧志氏も駆けつけ、警備員にも聞こえるようにヘリパッド建設の問題点や疑問点をパネルを使って説明、黙って聞いていたガードマンが「知らなかった」と小さい声でぼそり。工事現場には、ゲートが開かれて作業員が八名入って測量などの作業をしていますが、防衛局は重機をゲート前を封鎖している車に近づけて、重機を入れさせろの一点張り。コチラ側は「自然を壊さないでほしい」「住民の暮らしを壊さないで」と口々に訴え続けてのやり取り。

時折、県警の交通課の職員が来て「車をのけなさい」と警告しては道路のわきにひきさがること三度。

対峙は続きましたが、防衛局側は三時半に引き上げていきました。さて明日はどうなるか。

11月16日（水）

「ヤンバルのチョウチョの命を絶やさないで」チョウチョ学者の必死のねがい

高江には朝から続々と支援者が車で駆けつけてきます。県内の南部から、中部から。

しかし、今日は防衛局は姿を現しません。「昨日のはパフォーマンス？」「いやいや、あちらはやる気ですよ」「オバマの機嫌をとらなきゃならないから」などなどの会話も流れるなか、あれほどけたたましかった夏の森の住人、オオシマゼミの鳴き声も、今は静か。

「あのう、私、蝶が好きで研究しているものですが」と小柄で若い女性が、パネルを持って現れました。

「実はこのパネル写真の蝶は、リュウキュウウラボシシジミという蝶で、日本では沖縄本島北部（国頭村、大宜味村、東村）と西表島だけにいます。北部と言っても局所的にしか分布していなくて一日に二頭見れたらバンザイものの数少ない蝶です。準絶滅危惧種に指定されていますがデリケートな環境にしか生きられず、絶滅危惧種として扱うものと私は考えています。私は高江でこの蝶が多く発生する生息地を見つけました。一〇月一日からほぼ毎日通い、卵、幼虫、蛹、成虫のすべてを記録しました。高江はこの蝶が生きることの出来るとても貴重な生息地です」と一気に話し、「私は一二月一〇日に東京大学で開催される日本蝶類学会で発表します」。

「この調査の中でノグチゲラが餌を食べたり雌雄でいるところにも出会いました。貴重な蝶や鳥がいる高江の自然は絶対に壊さないでほしいのです」

白くて小さいかわいいチョウチョを大写しにした写真を前に必死で訴える宮城秋乃と名乗った女性は『日本鳥類学会会員、沖縄昆虫同好会会員』、一人で山野に分け入り蝶を追い研究をしているという姿は神々しくさえ見えました。

「高江の自然の貴重さならいくらでも話せます。私の研究で少しでも高江の自然を守れたらと思います」と。

この声を野田総理大臣はどう聞くのでしょう。

どうも今日は防衛局も来ないらしいと判断、病院の予約もあり私たちは一時で下山しました。

11月17日（木）

再び防衛局襲来、対峙すること約六時間

早朝「今日、また来てるよ」との報に駆けつけました。すでに双方、それぞれ四〇人あまり。今日は静かに、しかし眼力をこめてそれぞれがにらみ合うこと約六時間。

作業員が八名ほど森の中に入り作業したほかは、重機を入れることにならず午後三時半ころ、防衛局のメンバーと作業員は引き上げて行きました。

一五日とは違って、今日は警備員もリラックスした様子。決して暴力的な行動を取らない仲間たちへの信頼が出来たのかとも思われる光景でした。

12月26日（月）

辺野古移設の環境評価書で緊張の一日

私の背中の骨折で一ヶ月あまりご無沙汰していた座り込みに参加。二人分の弁当・お茶・コーヒー、息子から贈られてきた愛媛のみかんを提げて八時五〇分到着、既に大宜味村からの四人も座っていました。

今日は防衛庁から辺野古への基地移転の環境評価書が沖縄県に届けられることが予想され、座り込み常連の殆どが沖縄県庁に早朝から詰め掛けています。

「高江住民の会」からも仕事を置いて出かけており、昼前、県庁前には早朝から約三〇〇人が県庁のすべての出入り口で座り込みをしているとの情報が届きました。テント内には既にストーブが置かれハタハタとテントを撫でていく風が冷たく感じられます。

七〇〇〇ページもあるという評価書について、多くの専門家から多くの欺瞞と非科学的な調査や数値の過少化などの問題点が指摘されています。

一方、十分な論議もなしにいきなり知事が要望する次年度予算額が、満額に近く認められ伝達されたというニュースに「金で頬を叩く」政治が「やっぱり」という声を巻き起こしています。

午前中は滋賀県と神奈川県から大学の関係者の三人をはじめ何人かが支援とカンパを届けに来られました。

午後、沖縄で大会を済まされたあとの歴史教育協議会のツアー一七名が来られました。

先月二四日からここ沖縄で開催された今年の平和大会に参加された方々もその前後に多くの方がこられています。

宮城県の米軍基地がある王城寺ヶ原から、兵庫県から、そして外国代表も来られたとか。愛媛からの女性六人も—。持参された真新しい寄せ書きやメッセージが華やかに風に揺れています。

訪問者が途絶えたテントでの会話の一つはここ「ヤンバル」の沖縄戦の模様や出来事の数々。

一昨日、東京の和光学園の幼・小・中・高の校長をはじめ、教職員や保護者の学習旅行団がヤンバルに来られて「大宜味9条の会」の私たち三人が名護のホテルに招かれたことに端を発し、そこで話題となったヤンバルの沖縄戦での「護郷隊」（ゲリラ・防諜を任務にさせられた青少年の軍隊組織）や会場となった名護市・タニューホテルが元日本軍が駐屯して作戦を司令していたところから、そのホテルには今でも幽霊が出るなどの話に花が咲きました。

激烈・悲惨だったここ北部での沖縄戦の戦中・戦後は今でも人々の暮らしの中に色濃くあります。

和光学園の一行が訪ねたというところの一つに、名護市と大宜味村の境目にある「源河」という名護市の部落の山中に戦争中、沖縄中から集められ隠されたという天皇の「ご真影」などの隠し場所に碑があるそうです。

米軍に見つけられ破壊されると大変だということで山深く隠されたのだと。

あらためて訪ねたいと思います。

ノグチゲラ　撮影／森住卓

二〇一二年

一月は既に座り込みが始まっていますが、私たちは九日（月曜日）が担当。県庁では辺野古新基地建設に向けたアセス（環境評価準備書面）を巡る攻防が続けられています。政府、防衛庁のアメリカへの忠誠心のポーズは噴飯ものです。高江での新しい動きが早々から始まるでしょう。沖縄を囲む海は、北風に煽られた白波が激しいうなり声を立てて浜に押し寄せています。今年も微力ながら、座り込みに参加することで反対の意思を貫いていきたいと決意を新たにしています。

1月9日（月）　今年初めての座り込み

「大宜味9条の会」の座り込みの常連となった六名が先ずは新年のご挨拶。

防衛局が御用納めの日の未明四時に県庁の守衛室に辺野古の環境影響評価書を持ち込んだ「茶番」劇、その姑息さにやはり一同の怒りが口をついて出ます。

次々に出てくる評価書の不備やどうでも新基地をつくることを目的にした評価書の報道に危機感は一歩進みました。

時折雨も落ち、気温はやはり低い。ストーブがあり

東村高江：座り込み常連の仲間たち

がたい。住民の会のメンバーや激励の何人かのあと、福島からの母と子が友人とともに立ち寄られました。こどもは小学校三年生。放射能を逃れて沖縄に移住してきたといいます。祝日を北部へのドライブに来て立ち寄ったのだそう。沖縄には福島からの移住者は約六百名、ひとしきり、福島での被災への質問が飛び交い意見が交わされお互いを激励し合う場面となりました。原発が引き起こした災害の広がりはどこまで続くのか、あらためて怒りを共有。親子達は元気に手を振りながらテントを後にしました。

N4・B担当の沖縄県平和委員会会長が来テント、この北部訓練場での米軍の演習の実態を一〇分ほど話されました。

罠を仕掛けてそれからの脱出・ヘリからの降下や吊り下げは勿論都市型の攻撃訓練・デモ隊等の排除訓練等々、自衛隊もこの沖縄で都市型の訓練場を持っていることなどもう少し詳しくお聞きしたいと思う間もなく席を立たれました。いつか詳しくお聞きする時間が取れればと思います。

あれほど酷い「人殺し」が行われ島民をずたずたにした沖縄で連綿と「人殺し」の訓練がされていることの不条理を早くなくしたいね—またまた「ワジワジ」の思いがテント内を覆います。

さて来週はいよいよ「防衛局が乗り込んでくる」との意見は一致するところ。年度末も近く三月からは鳥達の営巣のため工事は中断する約束になっています。

「とにもかくにも基地を強化したい」日米政府の野望が県民を分断しにやって来ます。今はヤンバルの森の「住人達」の声はありません。冬眠？

1月16日（月）

今日は静かなり
小雨と時折突風がテントを揺らす

今日はお葬式や所用で担当は三人。朝から小雨。時折突風が吹きつけあわやテントが？　いえいえこのテントは絶えず住民の会のメンバーが座り込みの方達がしのぎやすいようにと手入れをされています。今日はブルーシートがきれいな波板になっていました。

森の中から青年が一人。時折長期に座り込みに来る北海道出身の青年。三八歳、森の中にキャンプ用のテントで寝泊りして参加しているといいます。この青年、今は住所不定、しばし世界漫遊の体験談に話沸騰。

インド、ネパール、スペイン、タイ、ヴェトナムなどそこここの食習慣や生活習慣、はてはトイレの違い等とともにそこから見える日本の「貧しさ」、なんでこんなに変な政治屋がのさばっているのか、他国に比べて余りにも怒りが弱い青少年たち等々、話題は尽きません。今、北海道は零下の日々。

来週にはそのシバレル北海道に帰るといいます。来週は住民の会を代表して伊佐さんがアメリカへ要請団員として発ちます。

夜、「明日は防衛局が来るから来てほしい」と要請が入りました。「名護での骨の検査予約を入れているので昼から参加する」と返事。

1月17日（火）

来た！来た！来た！　防衛局と警察

診察を済ませて高江に直行しました。

高江は昼食の時間。防衛局職員三〇人ほど、業者約一〇人、名護警察から約一〇人それぞれ昼食休憩。支援者も四〇人弱。

三三五五、路端で小休止中。昨日とは打って変わり天候は晴れ、日差しが暑いほどです。一時になりました。防衛局の職員がテント浦のゲート前に集まり打ち合わせを始めました。ゲート前には統一連や支援者の車がゲートを封鎖しています。打ち合わせが終った職員は業者にはいれるはずも無い重機を車の屋根越しに向けて写真撮影、私たちは一斉に車の前に椅子を並べて対峙します。車を背にした私たちの前には大きな横断幕。それを挟んで局員が一斉に、そして口々に声を張り上げだしました。

「交通妨害はやめて下さい」「工事の邪魔はしないで下さい」「北部訓練所返還の邪魔はしないで下さい」

「何いってんの、うそいうなよ」。つい野次が飛びます。

「ここは道路です、座り込まないで下さい」「テントに入ってください」

「大きなお世話だよ。どこにいてもいいじゃないか」と声が出ます。

防衛局員の服に手が触れただけで「あ、今暴力が振るわれた！」とがなります。警察官は遠巻きに静観しながら一人は横断幕に沿ってビデオを構え双方の動きに目を凝らしています。

こちらは横断幕を顔の高さまで上げました。口々に「退いてください」と声を張り上げている防衛局局員たちの声もカメラを回してこちらの面々を威嚇する行為も難しくなってきました。

対峙すること約二時間、途中警察官から「警告します。交通妨害の恐れがあるからここを空けてください」。「ハイ分かりました」と頭を下げ、再び座り込む。「あれも仕事だからな」と地元の人の話。上空には米軍ヘリ二機がバリバリと轟音を立てて飛び回っています。住民の話では森の木の多くがなぎ倒されているといいます。

「この森を壊さないで！　環境を壊さないで！」チョウチョのプラカードを掲げて小柄な蝶学者が局員に迫っています。

局員達の声も小さくなり、地べたにすわり込む職員も出てきて三時半、業者に撤収の声をかけてそれぞれ車に分乗して去っていきました。「お疲れ様でした。」二二日は新防衛大臣田中直紀氏が来沖するとか、早々の発言取り消しやお手つきの連発、「『お粗末』とは皆の共通認識だね」誰かが言いながら車に乗り込みました。私たちも家路に！

1月19日（木）

朝から一日攻防戦

オーストラリアからも座り込み参加

早朝、「今日は防衛局が来るらしいから来てほしい」と要請が入りました。急いで冷や飯で弁当を作り直行。

一〇時三五分、ダンプカーに重機を載せ、三台のレンタカーに防衛局職員一二名、業者など九台の車が到着。すぐさま道路占有の標識を並べ、テント前に重機を降ろします。防衛局員は小型のハンドマイクを手に手にがなり始めました。「工事を始めますから座り込みをやめて下さい」「工事の邪魔をしないで下さい」。一〇人が口々にまくし立てます。そのうち、名護警察署員が一〇名到着、道路の反対側に黙って立ちます。そのうち停めてある車輛のナンバーを記録しカメラとビデオを回し始めます。マスコミのカメラも四、五台。双方の動きを追います。私たちは約三〇名、那覇では辺野古のアセスの協議がありそちらも緊迫しています。

車と横断幕の間に椅子一列、横断幕越しにがなる防衛局員の声を背に沈黙して座ります。約一時間半、瞬時も休まずがなりたてた防衛局員も昼食休憩、警察官も私たちも昼休み。午後一時が過ぎました。戦闘開始とはいっても唯黙って座るだけ。防衛局員が動きました。横断幕に姿を隠して座り込む私たちに業を煮やした局員は重機を移動させ、ダンプカーを私たちの真ん前に置き、その上に一列に立ち並び横断幕越しに上から銘々がハンドマイクで声を浴びせる。顔が見えない相手に「退いてください」「車が入ります」と怒鳴る防衛局員の疲労も大変なはず。私たちは違法駐車でもなく完全非暴力で道路脇に唯座っているだけ。その闘いは意外に疲れます。私たちは後ろ向きに座り直します。

琉大の阿部教授が外国人男女を伴ってきました。オーストラリアのジャーナリストという紹介。ともに座り込みを始めました。

午後三時、雨が落ちてきました。傘が開きます。防衛局員は少し凌いでいましたが撤収となり、座り込みも解かれました。

終わりの挨拶であらためてオーストラリアからの来訪者の挨拶。

「私たちはオーストラリアのダーウィンから来ました。アメリカはダーウィンに海兵隊の常駐を始めています。今二八〇人が来ていますがこれを二八〇〇人にするといっています。私たちは反対です。ダーウィンにはウラン鉱も多くこれも心配です。沖縄の皆さんの闘いを学んで私たちもがんばりたいと思います」

司会者は「環太平洋のどこにも米軍はいらない。一緒にがんばりましょう」と。続いて二一日にアメリカの議会等に普天間基地撤去、ヘリパッド建設中止等の要請団の一員として渡米する「住民の会」の伊佐さんへの激励等を行い散会しました。

1月20日（金）

防衛局が法律違反！
重機を下ろさせない闘い

前日、ダンプに上がってがなるために道路で重機を走らせたことは道交法違反と追求。

今日は重機を下ろすことが出来ません。おまけに重機がダンプカーの重量制限を越すことが分かりました。

「公務員が法律違反をしていいのか」「百キロも重量オーバーだ、警察は見過ごすのか」、「工事をさせてください」「抗議行動は別のところでして下さい」、そんなやり取りもあり、私たち約二〇人は黙って座るのみ。局員は口々にがなって今日も一切の作業が出来ないまま三時半に帰っていきました。

1月23日（月）今日は当番の日

防衛局員は田中防衛大臣と事務次官のお守りで高江はお休み　替わりに枯葉剤調査隊が

今日は寒い、雨が降ったり止んだり。次々に来訪者が来ます。対馬丸遭難生存者の平良啓子さんと座っていると「対馬丸遭難の体験が聞きたかった」と一時間ばかり体験の講演会が一〇人ほどのテント内をシンとさせます。啓子さんは「自分が生きて帰ったことで亡くなった従妹や目の前で死んでいく人を助けられなかったことで殺したような自責の念があり、戦争は被害者を加害者にもするむごいものだ」としめました。

枯葉剤の使用場所が目の前に

このN4テントの道路を挟んだすぐ前に、米軍が枯葉剤・ダイオキシンを使った跡があり、その調査に東京から「環境影響研究所」の所長と関係者一行が来訪。米軍が返還して何年にもなるのに草一本生えてないところが数箇所ありそれを調べるのだとのこと。なるほど不自然に森の中に赤茶けた土しかない広場のようなところが数箇所。

ここには米軍の車両等の洗車場だったという話もあり、壊されたコンクリート片や人工の溝跡があります。調査隊は政府や自治体が『アメリカが「無い」というから調査はしない』という事に抗して自分たちで立証する運動を広げるための調査に来たと言います。

1月24日（火）、25日（水）、26日（木）

防衛局職員、声を枯らしてむなしく帰る

雨が降ったり止んだり、気温は九度ぐらいか。一〇時過ぎ、防衛局職員、業者、警察官が車を連ねてやってきました。

私たちはゲート前に連ねた車と横断幕の間をシートで覆い、静かに座り込んでいます。

ところどころは黒いこうもり傘でビデオやカメラを遮断。防衛局員はハンドマイクを一〇本に増やしてきました。

重機を運んできたダンプはひとまわり大きく重量オーバーの汚名を返上。重機を私たちの前に下ろし、一斉にマイクで「仕事をさせて下さい」「座り込みをやめて下さい」「業者が困っています」と口々に叫び続けて一時間半、昼食休憩を挟んで三時二〇分まで。顔も姿も見えない相手に声もかからから。二度ほど警官が「こちらは名護警察です。威力妨害の恐れがありますから座り込みをやめて下さい」といいます。

二七日金曜日は来ませんでした。はて??

1月30日（月）、31日（火）、2月1日（水）

防衛大臣、沖縄防衛局長、

またまた恥の上塗り？で高江の工事ストップ

不用意な暴言が次々に県民の怒りを買い、大臣や局長が代わったと思ったら新大臣も早くもノックアウト寸前、局長は普天間を抱える宜野湾市長選挙で公職選挙違反が暴露され国会でテンヤワンヤ。工期末を迎えた高江にはついに防衛局員も姿を現していません。

加えて辺野古のアセスもオールケチョンケチョン。アメリカでは普天間撤退論が公然化しています。アメリカに沖縄の声を伝えに行った市民代表も大活躍。次は名護の稲嶺市長が出かけます。報告は色々ありますが「日本政府に言うべきではないか」との意見があったと。ご尤も。でも日本政府は米政府の言いなりだから草の根の声を両国で広げるのだとの意見にはあちらでも「ご尤も」と。

『普天間の市長選挙、六月の県議選挙の結果が沖縄の情勢を左右する』ということは沖縄の万人が痛いほど感じています。

心ある人のご支援を！　県民の願いです

2月6日（月）

ムカデの唐揚げは最高、青虫は踊り食いの虫博士

澤田章子さん一行が激励に

午前中、沖縄防衛局長・真那部氏の宜野湾市長選挙に絡む選挙違反事件もあってか、防衛局職員も来ずテントには七人、国会論戦のあれこれが話題に。国家公務員の長年の選挙への介入の実態にワジワジの声しきり。

やがて話題は移り「あのね、世の中にはいろんな人がいるよ、私の知り合いに、虫なら何でも食べる人がいるよ」。

「どんな？」「例えばムカデとか、蝉とか、青虫とか、虫なら何でも食べるよ、美味しいんだって」

「蛇や蛙は戦争中に食べたけど、青虫はね」など虫嫌いの人もいて話題沸騰。そこへ住民の会の伊佐さんがこられて「午後には作家の澤田章子さんが来るそうですからよろしく」と言い帰っていきました。

持参の弁当で賑やかな昼食時間の後、来客。

「えっ、この人よ、さっき話をした虫博士は、噂をしたからだね」「僕の？　へー。こんにちは。私の同級生の澤田さんを案内して来ました」。

私「民主文学の澤田さんですよね、誌上でお目にかかっています」「え、会員ですか」「いえいえ、唯の読者です」などのやり取りがあったあと、担当者が澤田さんたちにここの取り組みを説明。

一方私たちは早速案内者の虫博士に質問の集中です。

「さっき貴方が虫をよく食べると聞いたけど…」

「えーそうですよ、虫は美味しいですよ、キャベツを食べた青虫なんか、踊りでうまいですよ」「ムカデは毒はないんですか」「唐揚げにしたら大丈夫ですよ、食べられない虫は有りませんよ」。一同絶句。

澤田さん一行の女性三人からカンパを頂きグッズを買ってもらうと虫博士は「私が澤田さんたちを案内してきますね」と車で他のテントやヘリパッド周辺の案内に出かけました。

虫博士は高江の常連でもあるらしい。

一時間ほどして、帰ってきた一行は、写真を撮ったり少し歓談して高江を後にしました。澤田さんは、柔らかくゆったりとした気品のある人。時折、米軍の車両が我が物顔で通り過ぎて行きます。二月になり年度末を迎えても工事に来ない防衛局について色々憶測が交わされ、―宜野湾選挙の結果を観ているのではないか。―局長の問題がどうなるかだろう。―これが全部税金なんだからいい加減にして欲しいね。等々話題は尽きません。風が冷たくなってきました。もう五時、今日はこれで帰りましょう。

2月13日（月）

悔しいね、宜野湾市長選挙

ため息は朝から一二回目

昨日投開票された宜野湾市長選挙は九〇〇票の差で惜敗。伊波洋一さんもさぞかし無念でしょう。敗因は何か。これで知事はどう出るか。政府は？　防衛局は？　朝九時にテントに集結した当番の面々に笑みはありません。

「あんた、それでため息二二回目だよ」「だって悔しいさー。沖縄の教育がまた一歩後退するさ」「日本会議の市長だからね、石垣の二の舞にならないようにせんとね」「仲井真知事がそうとう動いたてよ」「これからの知事の動きが危ないね」「県議選をがんばらんと辺野古がやられるよ」「アメリカが選挙中に切り離し論を発表したのはこの選挙をねらったんだろうね」「そりゃそうさ」「相手側は去年の九月ころから市政奪還と知事選を睨んでこの選挙を仕掛けてきたんだね」「そうよ　伊波さんを知事にさせないことと、辺野古移設を通すための日米政府の仕掛けだと思うよ」「日米政府相手の選挙戦だけど、宜野湾市民の多くが地縁や血縁の選挙で、政策とは無縁の人が多かったな」「宜野湾市民だけでなく、沖縄だけでなく日本の針路の問題だけど、耳貸さんさ」

お昼に伊佐さんが大きなオードブル二つに枝豆のおにぎりを持ってきました。「選挙のお祝いをしようと思ったんだが、みんなで食べて」。私たちは昼食終了後。で声の届くところに電話。たまたま訪問してきた若夫婦などをふくめ一〇人ばかりの昼食パーティーとなりました。それでもオードブル一つは残り「とうたんや」へ。（とうたんや＝高江の支援者のトタン屋根の簡易宿泊所。素泊まり一泊五百円でベッド一つが借りられる）

午後には労働平和センターの山城事務局長もこられて、「声も出ないよ、やられたな」。

若者はすがすがしく爽やか

ひとしきりの意見交換も終ってまた元の六人のところに熊の毛皮のズボンの青年が一人の女性を連れてすたすた、一様に目を見張ります。

「初めて見たよ、そんな格好」

「これいいでしょ、こどもにもてるんですよ、もうすぐ暖かくなってははけなくなるから」

「どこから来たの」「名護市に家借りました。東村になかったので」「移住？」「ハイ」と言いながら、傍にいた和歌山からの旅人という二五歳の宮崎さやかさんのウクレレベースを手にとって弾きだしました。

「貴方、音楽家？」「一応」「何でここに？」

質問が次々に飛び出します。「ここ東村には音楽する人多いよね、UAさんとか」「僕、そのUAさんのベースやってるんです」「そう、UAさんは9条世界会議でも歌っていましたよね」「そうです。全国にファンも多いんです」等々若者二人相手に話が弾みます。

「三・一一に名護でコンサートと集会をするから是非きてください。沖縄に住むミュージシャンが結集するので是非お願いします」と言い残し若者二人は去って行き、私たちも家路に。

2月20日（月） 今日は寒い。一三度か

ここ三日ほどはすこぶる寒い。

テントには先着が既に四人。ストーブが焚かれていました。

「今日は一三度位かね。昨日はもう少し寒かったよ」

次々月曜日の常連も来て九人。中東情勢とその歴史について質問と説明が展開されていきます。

住民の会の事務局長が来ました。「今日も防衛局は来ないようですね。このままこなければいいのですが、いま、業者の契約がどうなっているのか調べているんです」と他のテントへ。

野に山に庭先にまで出没する猪
猪を仕留めたり

昨年の台風でシイの実などの餌が無く猪にユリの根まで食べられた、芋等全滅、裏道に出てくる猪は痩せてヒョロヒョロなど。

Bテントで猪がしとめられたという写真が掲示板に貼られています。先週金曜日、テントのフェンスに現れた猪を担当者が撲殺。猪鍋になったとか。

昼近く、北海道平和委員会から男女の青年四人来訪。北海道の今日は猛吹雪、でも沖縄も寒いと言います。一人は短パン。二泊三日で辺野古と高江を訪ねてきたといいます。頼もしい限り。

野田首相も田中防衛大臣も
どんな神経しているのかね、
土曜、日曜に来るなんてさ

平和センターの山城事務局長が顔を出して「立て続けに防衛大臣、首相が来る。その度に抗議集会や抗議行動が展開される。沖縄の平和運動に休む暇は無い。土日に来るなんて、県の職員もたまらない」。

猪を仕留めた内の一人は山城さんだそうな。色々話題は豊富です。

四時ごろ、あの虫博士が来訪。再び虫談義。今の本

職は自然観察指導員。植物と昆虫達の関係をこどもたちに教えたいと、その情熱がほとばしります。「何を食べているかでその虫が食べれるかどうか、たいていのものは食べれるよ」魚も動物も植物にも豊富な知識。姿を消したと思ったらしばらくして森の蜘蛛を六匹。その蜘蛛を次々に口にパクリ。

一同、ヒヤー。今日の締めとなりました。

帰りの道々のハイビスカスは色とりどり。

3月12日（月）

二週間ぶりの高江、

一四日の判決が気がかりな空気

二週間ほど松山に私用等で帰松、慌しい日々をクリアして、高江は二週間お休み。高江は既にノグチゲラなどの営巣期間になるため、工事は三月から六月末まで中止になっています。でもテントの座り込みに休みはありませんが、N4・B、N1テントは今日は無人。

大宜味9条の会のメンバー五人が担当、東京の写真家・山本さんが藪の中に三日間の野営のテントを張っています。

そこへ福島からの移住者・遠藤さんが裸足で単車に乗って来テント。ひとしきり原発事故の現状が語られました。「マッサージのボランティアに行ったが、仮設に住む二キロで被爆した人の腿が爛れていたが放置されている」「現状の報道規制が敷かれている」などなど。新たに単車で立ち寄った青年はアフリカ的扮装、背中には大きな袋を背負っています。この青年を中心に新たな話題が展開、昨日、隣の名護市の公園で多くの沖縄在住のミュージシャンが呼びかけて開催された、八時間にも及ぶ「原発反対」の二千人以上の参加者で盛り上がったイベントに参加して来たといいます。岡山出身の青年は今、伊江島でアルバイトをしていると言い、伊江島の今とそこで闘われた非暴力の米軍基地反対の歴史が居合わす人の語りでテント内が熱を帯びます。

「あ、もう伊江島への船が出るので帰ります」「その背中の大きな袋は何?」「これはアフリカの太鼓」「叩いてみて!」「では」

そして青年は天に手を合わせ祈り、〝ジャンベ〟にまたがり打ち始めました。その音色は高く低く柔らかく高江の森に響きます。陶酔した感の表情が解けた青年の顔はこれ以上の穏やかさは無いと思われるほど。

そして深々と居合わす人々に頭を下げ、「また来ます」と単車で走り去りました。

伊佐さんと住民の会の高橋事務局長がきて「水曜日は裁判のため住民の会のメンバーが来れないからよろしく」。「いいですよ私たちが来ますから」。それにしても気がかりな判決ではあります。

3月14日（水）判決の結果を待ちジリジリ

今日は住民の会の〝モーリー〟こと森岡さんと私たち夫婦が担当。支援者が次々に来訪。沖縄県退職教員共済会のメンバー二〇人がお茶のさし入れを持ってバスで来訪。

レンタカーで岐阜からの若いカップル。今日も和歌山の宮崎さん（二五歳）がウクレレを持って来訪。古堅実吉さん一行三人がバナナ持参で来訪。琉球新報の記者が来訪。

二時、ヘリが轟音を響かせて旋回を始めました。ヘリパッドへの着陸は五回、旋回回数は一〇回近く。「裁判への脅しか」の声も出ます。

三時過ぎ裁判所からの一報が入り、「不当判決」。あくまでも住民を敵として、米軍基地建設を推し進めようとする日本政府の意図を汲んだ、司法の憲法無視の判決。何と惨めな日本政府の飼い犬のような裁判所。有りそうなことだとは判っていても怒りが収まらないテント内の空気。次々に判決結果の問い合わせの電話も入ります。

「そんな脅しに負けませんよ、私たちは！」

あらためて決意が広がる今日の結末でした。

3月19日（月）

三月に入ってからの工事は、鳥達の営巣のために六月までは工事は中止。それはいいのですが米軍のヘリの訓練はお構い無しとは、どう考えてもおかしな話。工事の音が鳥たちに影響するのならヘリの爆音が影響しないはずは無く、「それは米軍の行動だから防衛局は何もいえません」という事らしい。

日本列島には雪の情報もあるけど、山も寒く、ストーブを焚きました。静かです。来訪の支援者は立命大学の教授が春休みで泊り込みで三日。しばらくツータンヤに泊り込んで座り込みに参加していた宮崎さんが明日は帰るとか。情が移ります。「お元気で、また来てね」「ハイまた来ます」。秋には会えるかな。

3月26日（月）

私たちの車の前を走る大宜味9条の会代表・平良さんが乗った車に随行車が。ＮＨＫの取材班です。沖縄返還記念日にあわせての取材、朝早くから家にも入り込んでの取材とか。返還された日の情景を思い出してくれとか、返還闘争のこと等。五月一五日にＢＳ特集で放映されるといいます。

平良さんによれば、ＮＨＫのほか、毎日新聞や映画会社からの取材など目白押し。それに講演活動と多忙を極めている様子。なのに高江には可能な限り駆けつけます。

朝から鶯が声を林に響かせています。山々の緑は日を追うごとに色を重ね命がむせ出てくるような感じ。

道路脇のブーゲンビリアの赤が目に飛び込んでくるよう。今日の来訪者は三組。来訪者が入れ替わるたびに話題もかわり、飽くことがありません。道路を挟んだ向いの林に有った仮設トイレが撤去されていました。今まで黙認してきた営林署が、撤去を命じてきたとか。仲間の些細なミスから監視が入るようになったとか。はるばるテントを担いで支援に来る青年たちの寝場所がなくなります。さて。

裁判で不当な判決を出された伊佐さんが上告しました。当然です。しかもこれは民事裁判。罪人ではありません。これを許せば国の横暴に反対して抵抗の行動を取るものはすべて法律違反にすりかえられてしまいます。

国民の意見表明権も示威行動も圧殺したい政府の司法を使った横暴に負けてはいられません。

4月1日（月）

もう四月、田中防衛大臣が迎撃ミサイルＰＡＣ３で北朝鮮の「衛星」ロケットの破壊措置命令を出しました。Ｐ３ＣとＰＡＣ３も分からない大臣。

もしその使用があった結果のことを想像できるのでしょうか。テントでは自衛隊を与那国島に配備するためのパフォーマンスではないか、とか、自衛隊を使った演習の一つとかいろんな意見がありました。早朝から四人の来訪者。大学の女性教授と学生三人。居合わせた伊佐さんから裁判の報告を受けた後、大宜味9条の会の代表であり、対馬丸遭難の生存者の平良啓子さんから、約二時間に渡っての語り。青年たちは身じろぎもせず聞き入っていました。高江の座り込みの現場での話に感動もひとしお。これから辺野古に行くという青年たちは、「僕たちもこれからがんばります」「忘れません」と。途中から話に聞き入った女性二人は涙さえも浮かべて…。

午後からは車二台に分乗した中年の一団が来訪。東京商社9条の会の一行九名の面々。読谷村のチビチリガマの「サトウキビ畑」の歌碑の除幕式に来たのだといいます。オスプレイの説明等を受け、一山のお菓子を土産において次は辺野古にと車上の人。

後は当番のメンバー四人のユンタク。日も長くなってきましたが、今日はここまでと帰ることにしました。東シナ海の波は穏やかです。

4月2日（月）

大宜味村から東村への国道三三一号線の道々には色とりどりのアマリリス、ハイビスカスの花々が爽やか。

朝一番、情報が入ってきました。

今年度の高江の工事を請け負ったのは、沖縄選出の下地議員の兄が経営する大米建設。この建設会社は他の米軍基地の工事も請け負っており、沖縄では業界三位の地元の大手。

国民新党の下地議員は、アメリカに行って、オスプレイに試乗して、安全をPRしたり、県内の各市町村を訪問して、東北の瓦礫の受け入れを要請して歩いたり、とにかく派手なパフォーマンスが目に付きます。ところが、この議員のお父さんは、海運を含む運輸会社の経営者だとか。

きな臭い話ではありります。とりわけ、高江のヘリパッド建設を請け負ったのが大米建設になったということで、高江には緊張が走っています。だって、与党に深い関係があり、警察、防衛局ともに協力する可能性が深まったと思われるから…。

今日の来訪者は大学教授や大学生三名、今日も「商社9条の会」のご一行。東京ど真ん中の大手商社に働く人たちの「9条の会」男女約一〇名。華やかで賑やかなご一行でした。

4月9日（月）

はだしの青年と一日論争

愉快、愉快、若者は頼もしいね

昨日からツウータンヤに寝泊りして座り込みに参加

という二七歳の青年、庄司君とテントの卓を囲みました。見れば彼は裸足。「どこから来たの」「生まれは埼玉、沖縄に入って一ヶ月くらい歩いています」「裸足で?」「ええ、ずっと。昨日東村の浜の塩が引いていたので浜伝いに歩いて、ダムの崖を登って着ました」「怪我しない?」「少しはするけど、すぐ直りますよ」。足を見せてもらうと所々に傷があり、その皮膚は硬そう。

「僕ね、沖縄の基地は無くさないといけないと思うんですよ、そのためには憲法をもう一度国民が採択する必要があると思うんですよ」という提案から始まって、四人の9条の会会員との論争が展開し始めました。

「何で憲法を変えるの」「だって、あれは押し付けられたとか言うじゃないですか。武器は持たないとなっているのに、基地はある、自衛隊は居る、戦争もしかねないでしょ。だから国民がもう一度憲法を採択し直したほうがいいと思うんですよ」「君、安保条約って知ってる?」「聞いたことはあります」「何で日本に米軍基地があるか知ってる?」

平和条約、安保、日米地位協定、経済協力等々の現状などなど、それぞれがその歴史や現状を庄司君の意見も挟んで延々、三時間余会話が弾みました。

来訪の集団が二組来られたのを期に彼は、「昼飯を食いに行ってきます」と裸足ですたすた坂を下って行きました。二時過ぎ、再び姿を現した彼との会話が弾みます。

「君ね、これからどこに行くの」「中国を通ってアフリカまで行きたいと思うんですよ」「お金がいるでしょ、どうするの」「僕は北海道の漁船に乗って稼いで来ましたから大丈夫です」「アフリカに何しに行くの」「アフリカの自然の中で生きている人に逢いたいんですよ」「アフリカも色々で国によって違うから、行く前にその国の歴史なんか、勉強していくといいと思うよ」。「僕もソウ思います」と言い、日本の教育制度やあり方への激しい怒りをぶつけてきました。それから教育問題のあれこれが語り合われ、少年時代に深く心に傷を負わされた痛みが伝わってきます。別れには「これから安保条約を勉強してみます」「頑張ってね」が挨拶となりました。後日談、この青年、このヤンバルでハブを食べたいと言っていたとか。那覇での集会に無銭で歩いて裸足で出かけ、帰りの道々では、「仕事をするから飯を」と漁場や養殖場で仕事をしながら卵を一〇個大事に抱えて帰ってきたとか。たくましい限りです。

4月16日（月）

朝から米軍ヘリが轟音を響かせて頭上を旋回してぃます。Ｎ４テントのすぐ横のヘリパッドを中心に何度も旋回し飛び去ります。

鳥達の営巣を邪魔しない工事中止は歓迎ですが、このヘリの爆音に何の抗議もしない環境省も県当局にも腹が立ちます。カエルの孵化にも影響があるというのに。

今日の担当は三人と久しぶりの僧籍をもつ住民の会の弘文さん。

弘文さんは福島県出身の青年。中々の博学青年、宗教者が平和のために行動するのは当然のこととその語気は激しいものがあります。

一ヶ月ほど、福島や北海道を訪れてきたと福島の現状等が語られました。今日の来訪者は、午前中に埼玉県の鴻巣革新懇の方々九名。

午後は、静岡・富士宮年金者組合一四名。熱心に事務局の高橋さんの説明に聞き入っておられました。

高江の座り込みの「名物」になっているのが釜が崎のおっちゃんこと「佐久間力さん」。来訪者の中には佐久間さんに逢いたいと来られる方もおられます。佐久間さんは高江の座り込みをはじめからしてきた人。

多くを語りませんが大阪の釜が崎でも活動し、辺野古の座り込みをしていて、高江の闘いが始まり高江に来たといいます。ここ一年ほどは、朝七時頃から午後一時頃まで、東村の「目抜き通り」役場近くの三叉路で、一人で旗を立て道行く車に手を振り声をかけて訴えをしています。体調を崩した時以外は雨風に関係なく立つ姿は、座り込みに参加する人ばかりでなく、多くの人の激励にもなっています。

トルコでオスプレイが事故で墜落したというニュースが報じられた翌日には、見ず知らずの車三台から「頑張ってよ」と声をかけられたと嬉しそうでした。佐久間さんは無類の煙草好きの七一歳。今は高江の借家に一人住まい、「自分の信念と思いのたけで生きていることが幸せ」と笑っています。

4月23日（月）

今日は大宜味9条の会のメンバー五人が担当しました。来訪者は、那覇の青年に伴われて、広島の青年が一人。

私たちが居る時、必ず立ち寄られるのが伊佐真次さんのお父さん。二匹飼っているという山羊の餌の葉っぱをとるために鎌を長い棒にくくりつけ、老犬を従えてこられます。そしてほんの三〇分ほど、ウチナー口で、戦前戦後の体験を語ってくれます。

それは実際にみていた少年のころの近所にあった慰安所の実態だったり、米軍の土地取りあげの様子など色々。興味は尽きません。

「私の母の従兄弟が戦争中、朝鮮で警察官をしていて、朝鮮人の女性を拉致するのにその夫には銃剣を突きつけて脅してその女性を従軍慰安婦にしたと母に言っていたよ」「その警察官は、戦後は運送業をして、個人タクシーが免許制になった時、その利権で暴利をむさぼったさ、私にも免許をとってやるといったが、断ったさ」

そんな会話を交わして、「犬が帰りたがっているから失礼します」と山を下っていかれます。

4月24日（火）大阪AALAご一行・一六名来訪

澤田有理事長、四谷光子副理事長、吉田事務局長をはじめ、一行一六名の方々が来るとの報せ。出迎えをすべきかどうか迷いましたが、闖入者になるような気がしてやめました。夜、四谷さんから電話で「何でよ、せっかく貴女がいると思って来たのに」と叱られました。

その電話によると、「やっぱり、分かっているようでも、現地を知ることが大事、報告に涙が出たわよ」とのこと。

全国の仲間の連帯の輪を広げる為にも、とにかく現地に来て、米軍のやっていること、国がやっていることを目でみて実感してほしいと思います。

4月30日（月）

もう梅雨入り、土砂降りになったり止んだり

今日の当番は六名。来訪者は全教の書記さんご夫妻、琉球大の学生六人と激励二組。

午後、先週の裸足の青年、庄司君が相棒を連れてやってきました。

今日は山の幸を採集して料理するとか。相棒は香川出身の頭をツルツルにした修行僧のような色白の青年。バイト等をして旅に出かけて一週間目とか、あま

り喋りません。唯ニコニコして人の話を聞いていま
す。
「この間の憲法の話、面白かったね」「勉強になりま
した」「ソウ、それはよかった。でいつまで居るの」「憲
法記念日をここで過ごしたらそろそろ旅立とうかと
思っているんですよ。で誰か『憲法』を見せてくれる
人いませんかね」
傍にいた夫が「俺はいつも持っているけど、な」。
「それ見せてくださいよ」。かばんのポケットにいつも
持っている掌サイズの濃紺表紙の冊子を取り出した
夫。「ま、いいやこれあげるよ」。「まじすか、いいん
ですか、やったあ、ありがとうございます」と言って、
大事そうにポケットにしまう彼に、「安保条約は読め
そう?」。「いや見たことないです。手に入りませんか
ね」「今は持ってないし」。そこに住民の会の事務局長・
高橋君が来たのを幸いに「高橋さん、彼が安保条約を
読みたいんだって、パソコンで引き出してプリントし
てあげてほしいんだけど」。
「いいですよ、実は僕も読んでないんですよ、この際、
僕も読みましょう」「それア、だめね、早く読まなく
ちゃ」「すみません、勉強します」

裸足の彼と〝相棒〟は馬が合うらしく二人で山に
入ってしばらくすると「つわぶき」を一抱え担いで出
てきました。そして、もう一度夫に「アリガトウござ
いました」と胸のポケットを押さえて頭を下げて裸足
ですたすたと下っていきました。
いやー逞しい。再び会うことがあるでしょうか。9
条の会の平良啓子さんがつぶやきました。「いろんな
若者がいて頼もしいね。それにしても裸足での生活
は、身体にいいのよね。高江の子供たちはみな裸足ね」
また雨脚が強くなりました。沖縄はもう梅雨に入り
ました。四時過ぎ帰宅。

5月7日(月)

今日も静か　当番は大宜味9条の会五人
訪れる人も少なく林に鶯の声が響き渡ります。目の
先に大きな女郎蜘蛛が木にぶら下がり目を楽しませて
くれます。
テント内の話題は、沖縄の女性の生き方などなど。
男中心の世界に甘んじ忍耐を強いられてきた女性達の
話、その中で恋に殉じた逸話に時間が過ぎていきます。
昼下がり、アメリカ人のカバン・マコーマックさん

が浦島さんと来訪。流暢な日本語で日米の軍事行政を批判。大学を退官されて今はフリー、近く沖縄の軍事基地についての本を出版されるとか。

伊佐さんの裁判について「私を逮捕してくれれば面白いのに」。反骨の方とお見受けしました。

爽やかな風が吹きぬけていきました。

5月14日（月）晴　今日は賑やか　約三〇名の来訪

復帰四〇年の記念日、五月一五日を中心に県内各地からの平和行進が一三日から始まり、県内外から多くの参加者が、辺野古・高江にも来訪。

今日は、横浜・「沖縄講座」の一一名の方々が午前中に。宮崎から二一名の方々が午後に来訪。

沖縄講座の方たちは何度もこられている様子。深い説明は要りません。

5月15日（火）

沖縄復帰四〇年の記念日

空々しい野田総理の式辞

「祖国復帰四〇年を祝う式典」が五月一五日、日本政府と沖縄県の主催で開催されました。

この式典には、野田総理をはじめ、鳩山元総理も列席。沖縄選出の国会議員の多くは参加を拒否しました。野田総理は「沖縄の負担軽減に努める」と挨拶。県内の多くの意見は「白々しい」と。

その前には、普天間基地の撤去どころか、その基地の整備改修にアメリカから二百億円もの支出を求められ、断ってもいません。加えて危険極まりないオスプレイの配備にも「イエス」。

一方、日本会議等が主催する式典が一二日に一三五〇人を集めて開催され、仲井真知事が祝辞を送り、俳優の津川雅彦氏が記念講演を行いました。この集会は終了後、日の丸の旗を掲げて行進しました。

5月21日（月）　今日は、茨城ＡＡＬＡ一行三名のみ

午前中、当番だけの静かなテント、近づく県議選や新聞報道を中心に時事懇談。県議選の結果が今後の県政に大きく影響するだろうことは全員の一致するところ。

少数与党の仲井真県政が必死に与党候補を支援しているさまなどの情報が寄せられています。

今日も大きな蝙蝠が近くの木にぶら下がっていま

す。「あっ飛んだ！」。平和な光景。米軍ヘリ機は来ません。

午後三時ごろ、茨城ＡＡＬＡ事務局長をはじめとする三名が来訪。

住民の会・事務局長の高橋さんもやって来ての現況説明。

何しろ、本土のマスコミが殆ど報道しないため、沖縄の思いも現状も伝っていないこと、ＡＡＬＡの会員も知らないことばかりとか、二次、三次の訪問団に現場に来て見て聞いて知ってほしいと切々とお願いした次第。

「ヤンバルクイナの親子を見てきましたよ」「えっ！どこで？」「その向こうの道路わきで、かわいかったですよ」

医療生協の若い職員がカメラを持って立ち寄りました。最近はヤンバルクイナの目撃情報がよく寄せられます。

つい最近は、クイナが交通事故にあっていたとも。

何しろ、殆ど信号機のないヤンバル路は、自動二輪のライダーがひっきりなしに空気を裂いて走り抜けて行きます。ドライブの絶好のコースでもあります。ハブの死骸を道の真ん中に見るのはもう慣れました。

5月28日（月）　今日は虫博士以外来訪者なし

昼前、森の映画社藤本さん等、映画の宣伝に。「ラヴ、沖縄」目下上映中。

連日早朝から一時頃まで、一人東村の役場前の道路わきに立って訴えの手振りをしている佐久間さんが、珍しく腰を据えての話。彼が沖縄の基地撤去にかける思いを語っていきました。佐久間さんは七三歳。釜ヶ崎からやってきました。

虫博士こと松葉さんが名護の漁港から仕入れてきたという新鮮な刺身の差し入れを携えて来られました。例によって昆虫談義をひとしきり、手にしている小さなケースから青バッタを取り出してそのままパクリと口へ。

そこへやってきた住民の会の伊佐さんへ刺身の一切れに生きたバッタを添えて「どうぞ」。受け取った伊佐さん、「有難う」とパクリ、「少し苦いな」。居合わせた一同、あっけにとられて一瞬、静寂な空気が流れました。テントでは色々なこと、思わぬことが展開されます。

6月25日（月）

蝉の声がヤンバルの森を占拠し始めました。

六月四日は、台風の接近でテントが畳まれました。弁当を作りいざ出発という直前の連絡。一一日は午後から村の女性の乳癌・子宮がん検診のため、女性軍は早退。一八日は、またまた台風四号の接近が報じられ、テントを畳むとの連絡で座り込みはお休み。

二五日、久々の高江の森は、梅雨明けの青空が広がり、湿り気を含んだ熱気が充満。時折、森の下から涼しい風が吹きぬけ「ああ、涼しい！」。

六月もあとわずか、七月から工事が再開されるのは確実と見られ再開される予定といわれる地点近くのN1・GH近くにテントのシフト変えが行われています。

私たちが詰めるN4テントは、来訪者などの案内と受付が主な仕事。

今日は朝から来訪者が次々と来られ、森の中での説明会やテントの中で一時間以上の懇談などひっきりなしでした。昨日はさらに忙しかったとか。二三日・二四日と那覇で開催されていた「日本平和学会」に参加されていた方々が多く、専門的な質問が飛び交います。大阪の旭区平和委員会から二〇余名の方がマイクロバスで到着、道路わきの森の木陰に莫蓙を敷き、住民の会からの説明、大宜味9条の会代表で対馬丸遭難の生存者「平良啓子さん」の話、そして連れ合いの越智一郎が世界の米軍基地の中の北部訓練場についての話など、熱心なやり取りが展開されました。

参加者は、枯葉剤の影響と思われる森の中のいまだに草木も生えない箇所を熱心に写真に収めていました。

続いて来られたのは、イギリスの大学教授や関西の大学などの日本平和学会に参加された方々、住民の会の高橋さんからの丁寧な説明にメモを取り、熱心に耳を傾け地域住民の動向にも質問が飛び交いました。

沖縄の歴史的な住民感覚についても意見が交わされていました。立命館・平和ミュウジアムの経済博士が遅れて参加、さらに会話が広く展開されていきました。

午後からは新潟の日本平和学会参加者三名が、新潟の名産品のお菓子を土産に来訪、新潟での原発反対の運動の現状等に話の花が咲きました。

そこにヘリが一機、爆音を響かせて旋回してきました。急いでカメラを向ける三人、「やっぱりネ」「あんなに近くまで降りて来るんだ」など感心していました。

数ヶ月ぶりに埼玉の間島さんが来られました。また半年ほどここに常駐するとのこと。今夜からテント泊まりをはじめると、頼もしい限りです。

そして今夜は、森の中のレストラン「山ガメ」でジャズコンサートがあるそうな。「来られませんか楽しいですよ」「夜ここまではチョット」。ここ高江にはミュージシャンをはじめ多くの芸術家も移り住んでいます。

今週末は、高江座り込み五周年記念集会、沖縄各地ばかりでなく日本の各地からも参加者があるようです。大宜味9条の会も車を準備して大勢の会員の参加を呼びかけています。

私たちには座り込み参加一周年記念になります。さて今年の夏はどんな夏になるのでしょう。毎日高江通いになるのかも知れません。「もう今年限りにして欲しい」。住民の会の仲間が誰にともなく言いました。

7月2日（月）

今日は四七人の来訪、一瞬四国村の成立

一昨日の高江の座り込み五周年報告会に全国から参加した人などで、昨日も多くの方が来られたとか、今日は早朝から安保破棄実行委の方々一五名、東京・京都・埼玉など各地から労組の幹部をはじめとしたご一行。

愛媛労連や県教組の現況なども話題になり懐かしさがよぎりました。

スクーターで同行（？）の中島さんは高知の方、私たち愛媛、するとそこに旅の途中に立ち寄ったという若い女性が「私、香川です」すると今日からまた座り込みの常連となる方が「俺の母ちゃんは徳島」。一瞬、N4テント内は四国村になり笑いがはじけました。安保破棄実行委の方々は「いよいよ、安保破棄の時期が来たな、これ以外には解決の道はないよな」と記念写真をパチリ、元気に山を下っていかれました。

現在、座り込み箇所は三箇所、工事が再開されるであろう箇所に、シフトされ直されています。

二月末で一旦、エネルギー補充？に帰宅した本土の常連の方たちも次々に来ています。

車での泊まりこみも始まりました。

午後は、常連の仲間たち一〇名ほどの次から次の掛け合い漫才のような会話が展開するうち、中部から出来たてのハンバーガーを山ほど抱えての母娘の来訪、先月から毎週一回は来ているといいます。

　幼児期に沖縄戦を体験したとかで、オスプレイの映画を見たことがきっかけとなって、ここに来始めたんだと言います。「許せないサー」とソバージュの茶色の髪をなびかせて真っ赤な車で「明日またくるからよー」と陶器のような白い肌を持つ娘さんと仲良く帰っていきました。

　耳を澄ますとアカショウビンのさえずりが心地よく、蝉のなきごえが森を覆っています。

7月24日（火）

七月二度目の攻防
防衛局と業者の軍用犬と化した、
県警と名護署の警察官

　住民を体当たりで排除して、作業を違法に強行
　朝八時過ぎ、高江の座り込み現場には次々に支援者が車で駆けつけてきます。

　頭上には報道ヘリが旋回、今日は何事か起こる気配。

　一〇時過ぎ、Ｎ４ＡテントＢテント前に突き刺さるような太陽の光を避けて僅かな木陰で待機する私たちに携帯伝令が飛んできます。

「今、防衛局の車が四台、県道を北上している」「続いて警備員の車、警察の車も」「ダンプが二台、橋を通過」「あと二〇分で到着します。私たちは身体でダンプの工事を阻止します。ここからダンプを通さないように、座りましょう」

　と言っている間に次々と警備員、防衛局員、警察官の車が路肩に駐車、続いて大型ダンプが二台、その前に私たちは立ちはだかりました。すると猛然と警察官と防衛局員がマイクを持って体当たりをしてきて「道路交通法に違反します、妨害はやめて下さい」と警察官がマイクでがなり、まるで防衛局と業者の露払いのよう、まさに軍用犬。

　ダンプの前に座り込んでいる私、「痛い！」。「妨害はやめなさい！」と言いながら押し捲ってくる警察官と防衛局員。警備員は無言でダンプの前、防衛局員一〇名ほどが盛んに私たちの顔をカメラで、ビデオで撮りまくります。

　一〇日に隙をねらって入れられた大型クレーン車のアームがフェンス越しに伸びてきてダンプの砂袋を吊

り上げ始めました。

双方五〇人近い人たちの頭上で砂袋の移動をします。

一台目のダンプの砂袋が概ね運び終えたころ、支援者の一人が「このダンプは道路の使用許可を取っていません。道路交通法違反です」と名護署から情報公開で取り寄せた道路使用許可書の写しをかざすではありませんか。

それによると使用許可は、N４Bテント前となっており、ダンプはN４Aテント前での作業。

「名護署は道路使用許可がない作業を法律違反と知っても進めさせるのですか、直ちに中止させるべきです」

一斉に座り込みの仲間から拍手が沸き起こりました。

「それに人の頭上でクレーンを操作するのは労働安全衛生法違反です、防衛局はそれを承知で作業させている、控訴すれば直ちに首になります。作業を中止しなさい」

するとあれほど高飛車だった警察官と防衛局職員は、鳴りを潜め携帯電話などで連絡をとりながら、ダンプ一台の荷は乗せたまま、一応の引き上げとなりました。

この間約三時間、焼け付くアスファルトの上に座り込んだり、ダンプの前に立ちはだかったりの攻防戦。

「この高江にオスプレイのパッドは作らせない」闘いは、顔も手も足も真っ黒く日焼けする闘いでもあります。

その間に頭上では、米軍ヘリが二機、威嚇するようにバリバリ爆音を立てながら旋回しています。道路には武装した米兵を乗せたトラックとバスが十数台我が物顔で通りすぎていきます。

ヘリパッドを使えないようにすることもオスプレイ配備をとめる一つの方法、それには人の力が要ります。


―――・―――

いよいよ八月
一〇月に配備するというオスプレイ、防衛局はどうするか

第一週の月曜日は台風到来で県民大会も延期、テントも畳まれました。

8月13日（月）

今日は静か。当番の私たち大宜味9条の会の六人と住民の会のメンバー、県外の支援者等、国内外のニュースに花が咲きます。海兵隊のトラックが八台、兵士を満載して訓練場に向います。

続いてタンク等を積んだ軍用車、将校が乗っているらしい高級バス一台。「これから一週間のサバイバル訓練が始まるんじゃないか」「兵士は百名はこえるね」

それにしても暑い。あ、アカショウビンが走った。わーきれいね。そしてヤンバルの鳥談義がひとしきり。早くもオオシマゼミが金属的な鳴き声を森に響かせています。

8月20日（月）　今日は四〇人を越える来訪者

早朝、テントには三重県から高校生が来てすわっているではありませんか。夏休みで一週間は居るとか。そして教員をしていて再度大学院生になったという青年、来訪はすでに数回とか、頼もしい限りです。二人ともすっかり高江の住人。

一一時にという連絡のあった新婦人のご一行笠井会長と沖縄の大御所連二六人、写真家の嬉野京子さんとも久々に再会。カフェ「山がめ」での昼食をとりに賑やかに山を下って行きました。

笠井会長は、「あら私、愛媛に行くのよ」。「そうですか、愛媛の皆さんによろしく」と私。

続いて沖縄市職員退職者のご一行八人も山がめへ。沖縄教職員退職者のみなさんが御菓子持参で激励に。東京から教師の若いカップルが夏休みの旅行で。しばらく逗留？　すでに数度目の来訪だそうです。静岡や山梨からも。気になって気になって、と。

支援者の宿泊施設トゥータンヤには若い女性も既に二〇日以上泊まりこんでいます。そして座り込みのメンバーに食事を作って運んできたりと和やかな空気の渦を作っています。テントBにはひときわ大きい横断幕『命どう宝』が掲げられました。

8月21日（火）

朝七時、「今日工事が入るらしい」との電話連絡。あわててサンドイッチを作るのもそこそこに駆けつけます。

現場では、既に業者が草刈や砂利を固める工事などを始めている様子。何時大掛かりな工事車両が運び込まれるか、次々に支援者が駆けつけてきます。その数すでに五〇人を越えました。

一一時が過ぎ昼が過ぎても音沙汰なし。伊佐さんは高校生を伴って撤去させられていた簡易トイレの設置。高校生は穴掘り。汗が滴り落ちています。

ここでは携帯電話が大活躍。各テントで待機する仲間や防衛局や業者の動き等の連絡が飛び交います。三時過ぎ私たちは帰宅。

それにしても県民集会の取り組みが気にかかります。そろそろどことも秋の祭『海神祭』のおどりの練習や準備、九九の日（急救の日）で防災訓練などの自治体の行事がメジロ押し。村ではこれらは総出の取り組みです。政府も米軍も県民大会を見守っています。そして基地建設推進派も。高江でも統一色の「赤色」が徐々に増えてきました。

8月22日（水）

「防衛局が平良を通過、できれば来て」

今日も七時に電話が入りました。外は雨、でも行かなきゃ。おにぎりを六個だけタッパーにつめ合羽持参で駆けつけます。途中は降ったりやんだり。雨の中の攻防戦は初めてで想像ができません。

高江につくとそこは豪雨、雷がとどろき、テントの中を水が走っています。テントでは一〇人ほどが待機していました。聞けば既に七時過ぎ、防衛局員と警察に守られて一〇人ほどの作業員がN４Aのテント横から入っていった後でした。

「ここは提供地だから、出ていけって、防衛局員に突き飛ばされて眼鏡が飛んだんだよ、草むらでめがねを探しちゃってさ」と泊り込みのメンバーが苦々しく笑いました。

ますます雨脚は強く、どこかで雷がドドーンと鳴りました。しばらくすると携帯からの連絡で「Ｔさんちの近くに落雷があった、そこは危ないから避難したら」。「これでは作業もできないな」「業者も帰ったようだ」

私たちも二時間ほどいて帰宅。

台風一四号の仕業ですが一五号も近づいて来ており、今週はこれまでではないかとの予測です。

8月23日（木）

今日は休もうか、と思っていたところに「防衛局が警官と向っている、できれば来て」とまたもやSOS。

朝食もそこそこに車を走らせます。

高江着八時二〇分、すでにひと悶着あって、防衛局と警官に守られた業者五人だけが作業に入り込んだとのこと。朝六時過ぎの話。でも業者の幾人かは入ることができず防衛局員たちと山を下りそれを追って追跡の車が出たところといいます。それにしてもこちらが手薄の早朝をねらっての強行作業、防衛局は何が何でも九月中旬には、オスプレイを普天間に配備すると発表、一方で森本防衛大臣が沖縄詣で。「安保とアメリカとの約束を守るために、沖縄県民は危険を我慢してほしい」との懇願のようです。

支援者の数は、一台また一台と増え続けています。大宜味からも五人です。作業員は草刈等をしている様子、一二時、今日はこれ以上の大きい工事はない模様で大宜味のメンバーはひとまず帰路に。それにしても闘いは根気の要る忍耐、忍耐、我が身我が心との勝負です。

八月二五日からは、歴史的な大型で強い台風が接近中。最大の防災体制を早めに！　でテントはまたもや畳まれました。

さて、来週からまたもや大掛かりな攻防戦がある予感。

森本防衛大臣が頭を下げて「オスプレイは安全、事故は操縦士のミス、だから配備に協力を」と厚顔無恥に来沖。新たな怒りが県内を駆け巡ります。日米両政府の特使？

「一日も早く退陣せよ！」

でも同じような顔が出てきたら嫌ネ。

9月3日（月）　いよいよ?!

既に業者は朝六時過ぎに防衛局職員に守られて、四人が作業についた後。仲間たちが抗議して責任者は帰ったといいます。私たちは、その時間に来ることは体力的にも無理があるためかないません。泊り込みの体制も限界があり、その隙をねらっての強行作業が続いています。

9月7日（金）　愛媛からのご一行一七名来訪

今日は愛媛から平和委員会の一行が来られるというので、昼過ぎから待機。一行一七人が来られるという時間予定は三時。住民の会のメンバーも茣蓙を敷いたり、椅子を並べたり待つこと三〇分、ようやくバスが見えました。バスから降りてくる面々は、その多くが知故の方々、久方ぶりの再会でした。

その参加者の内、二人が九日の県民大会に参加するということで私たちの家に泊まることになりました。

9月9日（日）県民大会

台風で延期になった県民大会となりました。私たちの部落からは愛媛からの二人を含め九人、村実行委員会が準備したマイクロバスで八時に出発、会場までは高速道を使って二時間。途中、副村長も乗り込んでこられました。

会場周辺は既に渋滞、人・車で赤色が満ちています。バスの駐車場から会場までは二キロほどの行進となりました。

集会は一一時から、その前の文化行事は既に始まっています。太鼓を伴う沖縄メロディーは集会の雰囲気を高め心を一つにしていきます。林立する各自治体の幟、多種多様な団体旗が一層県民の大会だと実感させます。思い思いにつけられているゼッケンや帽子にも「オスプレイ来るな」の意志が明示され、照りつける太陽にジリジリと焼かれながら会場は潮が満ちるように埋まっていきます。

私たちも前後に赤い画用紙のゼッケンをつけ座り込みました。シャツは真っ赤なTシャツ。

会場が満杯になり掲げた幟が畳まれて一一時、集会開会。

壇上はかすんで見えません。

マイクからの声を頼りに演壇の姿を確認するのみ。全市町村長・議長、全県議、女性・青年団体、労組、各職種団体、経営者団体など県民組織の殆どを網羅した実行委員会、これぞ県民大会だとあらためて確認しました。『オスプレイの配備をやめよ』これは沖縄から見れば、アメリカ政府の下僕のように見える日本政府への激しい怒りの声です。そしてなぜ、日本政府はこれほどまでに沖縄の基地を強化したがるのか。敗戦後一日たりとも戦争の音が絶えたことのない沖縄をさらに世界の戦争の拠点にする愚にあらためて激しい怒りが湧き起こります。

空には報道ヘリが舞い、こども達の風船が舞い上がります。『ここを出発点に運動の強化を』同感です。帰りのバスの中で持参のおにぎりを食べながら、三時すぎに帰宅。

県民大会には、もう一人佐々木美保さんが参加されたようで、集会場で地元テレビのインタビューを受け発言する姿がその夜のニュースで県内を駆け巡りました。

一四日に開かれた南風原町民大会で、高校生の代表・田本さん（一七歳）は「米軍が日本の有事を守ってくれるといっても平和な日常で私たちに危険が及ぶのなら何の意味もない。事故が起こってからでは遅い」と懸命に訴えました。

「沖縄の空にオスプレイはいらない」

全ての県民の声です。

9月10日（月） 今日は私たちの座り込みはお休み

松山からの遠来の客を沖縄本島最北端の「辺戸岬」に案内。

ここは沖縄返還闘争の記念の地。海を隔てた本土の最南端与論島とかがり火を焚いて、連帯を強めたところ。沖縄返還闘争の碑があります。海上の二七度線上で、双方からの船で海上大会を開いた感動のニュースが全国の沖縄返還を願う人々を鼓舞しました。

あれから四〇年、沖縄の苦難の闘いは形を変えて続いています。

「ずうーとョ」「いい加減にして欲しいネ」「基地と自衛隊が居なくなったら何んぼか平和よ、沖縄は」「無駄なお金を使って、人殺しの訓練は止めて欲しいネ」

沖縄の女性達の会話です。ほんとに。

「またきてね、何もお構いは出来ませんが、きれいな海と山に癒されに」。松山からの友人を乗せた飛行機は飛び立ちました。

9月17日（月） 台風一六号が高江の道を通行止めに

一六日、沖縄本島を襲った台風一六号は、我が村の国道、村道、農道、林道に三一箇所の被害をもたらし、わけても我が家のすぐ近くの山崩れは、村道を押し流し国道まで土砂が流れ出して、国道が通行止めになりました。その下の民家四軒が避難、うち二軒は退去となりました。昼夜の復旧作業で通行止めは解除。高圧線の切断で一昼夜の停電。この台風の被害は、高江に行く東村の道路を陥没させ、通行止め。お陰で私たちの月曜の当番はお休みとなりました。

しかし、報道によると防衛局は着々とヘリパッドの造成を行っており、米軍の北部訓練場の入り口をも使っての土砂などの搬入が行われたとのこと。

ヘリパッドに囲まれる住民には何の説明もなく、オスプレイパッドの造成を急ぐ政府の国民をないがしろにしたやり方に住民の怒りはさらに強くなっています。

でも、仲井真沖縄知事と東村村長は、オスプレイ配備には反対しながらヘリパッド造成には賛成。それがオスプレイパッドのための造成であることは明白なのに。そして東村村長は言います「高江の人には悪いが、少人数だから我慢してもらいたい。基地の縮小になるのだから」

どこかで聞いたような台詞。「日本の安全のためだから沖縄には我慢してもらいたい」と。

9月24日（月）　久しぶりの当番

三週間ぶりの当番となりました。二つの台風を潜ったテントの周辺は、模様が替わっています。

各団体等から寄せられてきた横断幕も真新しくはなやかになっているような。

泊まりこむ支援者の顔ぶれもいくらか入れ替わり、「旅の途中だけど沖縄に行くのなら辺野古と高江には行くべきだと見知らぬ人に言われたから」と単車から降りてくる青年、先輩に「どうしても行って来い」といわれてきたという青年。そして一昨年、愛媛国際女性デーの講師に招いた元沖縄労連女性部長の川崎さんが、二人の友人とともに三線を抱えてにこやかにやって来ました。昨年の宜野湾市長選挙で出くわして以来の顔合わせです。

続いて「東京から来たんだが、日本の安全を守るためには、普天間基地の辺野古への移転は止むを得ないと思う。この高江のヘリパッドは必要だと思うが、実際の現場を見て、地元の人の意見も聞いてみたいとやってきた」という中年の旅行者がふらりと入ってきました。大宜味9条の会・事務局長・金城さんと私の二人が応対。延々約二時間、和歌山から来たという大学生も一緒に、沖縄の歴史、沖縄戦での経験、戦後の沖縄等々、時には共感し東京から見ればという意見も出されて、話は現政権への批判やアメリカの政治など、次から次の話の展開が面白いほどでした。そこへ再び川崎さんが三線を持って来ました。外は霧雨が降ったり止んだり。肌寒いほどの気温です。川崎さんは糸満市でラジオのパーソナリティもやって居る方。高江の闘いや思いを作詞作曲した歌を甘く澄んだ声で披露してくれました。続いて、辺野古の闘いを島歌の替え歌で披露。

東京からの旅人は、「もう一度、考えて見ます。やはり現場に来ないと分からないことが多いですね。有難うございました」と帰っていかれました。

ヤンバルの森には、金属的なキーン・キーンというオオシマゼミの鳴き声がひときわ高く響きわたっています。もう秋の気配です。霧雨が止みました。

明日は火曜日、防衛局の職員と業者が作業にやってくるでしょう。高江の緊張は続きます。

聞けば、台風は高江の住民の会のメンバーの上にも爪跡を残し、その補修に大変な様子。水タンクが車を直撃してドアもガラスもグチャグチャ、寝泊りしているハウスの屋根が飛んだ、畑の小屋が崩れた、パパイアが全滅、バナナが倒れたよ等々。

ところが今週末の二八日には、さらに一七号が押し寄せてくるというニュース。

「え、オスプレイも二八日に普天間に持込むといってたよ、台風と一緒に来るのかね」「！」

どんな展開になるのでしょう。

9月26日（水）　知らないうちに

今日も防衛局がやってきましたが、工事ゲート前を全て素通りしていきました。業者が現れないので警戒を続けていたところ、Ｎ4より重機の音が。

私たちの目の前で大掛かりな作業が行われています。何時、どこから侵入したか分からない作業員も数名確認できました。

このような欺きが繰り返されては現場で止める事は不可能ですが出来る限り抗議を続けます。

――・――

県道7号線沿いにあるN4・Aテントの後ろにある訓練場への入り口金網の向こうのヘリパッドをオスプレイパッドに改造しつつある

10月8日（月）

今日、午後三時過ぎには愛媛への一時帰郷のため、那覇から松山空港の空を走ります。

八時に家を出て高江のテント着八時四〇分。既に支援者四人が新聞を広げています。静かだ。月曜日には工事には来ません。

東京から二、三ヶ月ごとに支援に来ているT氏とラテンアメリカの情勢について二時間近く話し込みました。

キューバ、ニカラグア、パナマ、グアテマラ、そしてコスタリカ。世界の不平等と格差をなくし、外国軍基地を内政干渉の暴力的拠点として排除する世界の流れを作っている地域として話は尽きません。コスタリカについての評価は一致しませんでした。

オスプレイ一二機全機飛来　沖縄抗議の声一色

六日、県民の激しい配備拒否にも関わらず、米海兵隊のごまかしの事故報告をもとに安全宣言を行った日本政府と米軍は、早速普天間へのオスプレイを飛ばしてきました。

日本政府は配備の〝既成事実化〟と普天間以外の基地問題の前進や振興策で反発を押さえ込む姿勢。

防衛省幹部は「無事に異動できた。今後は丁寧な説明と運用実績を積みながら安全性を証明し、地元の理解を徐々に進めていくしかない」と語っています。

森本防衛大臣は「特に重点的にやりたいのは、オスプレイを安定的に運用し、同時に普天間基地問題を前に進める道筋を作っていきたい」と意気込んでいます。

既成事実化や振興策で沖縄の反発は何とかなるとの政府の認識は、一層県民の怒りを燃え立たせています。

騒音防止協定破り夜間飛行、集落上空もブロックつりさげ、繰り返す危険行為

日米両政府が合意したとされる「安全策」で「最小限に制限する」とした夜間飛行を沖縄本島全域で実施。配備から僅か二、三日目に合意に反する飛行が繰りかえされています。

オスプレイは、配備後、我が物顔で飛び回り、県民をあざ笑うかのようです。

伊江島ではタッチ・アンド・ゴウを繰りかえし、今後、夜間訓練が本格化すると見られています。

また、昼間の飛行訓練の振動で保育園児が昼寝中、泣いて飛び起きた、と普天間飛行場近辺の保育園から通報があり、あまりの騒音に、防衛局に調査を依頼したと報道されています。

――・――

またもや米兵集団女性暴行
県議会「我慢の限界超える」と
厳しい非難決議、基地返還も

一〇月一六日未明にまたもや米海兵隊二名が、帰宅途中の女性を襲い、暴行を行った挙句、女性の所持品を奪いその金で酒を飲んだという事件が発生。

オスプレイ強行配備に全島が怒りに燃え上がっている矢先の更なる蛮行に県議会を初め、県内市町村は次々と臨時議会を開き、抗議・非難決議を行っています。その矛先は、米軍であり、米軍のメッセンジャーと化した防衛省、日本政府です。

県議会は、「激しい憤りを禁じえない」と強く批判する抗議決議と意見書を全会一致で可決。被害者への謝罪と完全補償や日米地位協定の抜本改定のほか、個別の施設名を特定せず、初めて在沖の全米軍基地を対象とした「返還の促進」を要求しました。

本土復帰から昨年末までに米軍人らの犯罪件数は五七四七件にも上ると指摘。「米軍の再発防止への取り組みや教育は機能していない」と米軍の対応を非難、「県民からは米軍基地の全面撤去の声も出始めている」と指摘しています。

沖縄 怒りの結集、住民大会次々
基地のない大宜味村で三三〇人結集

本島北部の大宜味村は、人口約三三〇〇人、基地を持つ名護市と国頭村、東村の北部訓練場に囲まれた基地のない村。

一六日夜、住民の一割三三〇人が参加してのオスプレイ配備に反対する村民大会が開かれました。

九・九県民大会後、各市町村で開かれている住民大会は、南風原町、名護市、八重瀬町、与那原町に継いで五箇所目です。

村民大会は、村長や村議会、教育委員会、ＰＴＡ会ら村内主要団体を網羅した実行委員会で、ポスターや村内放送で呼びかけられました。

村長は「わじわじー（怒り）の結集。オスプレイを引き揚げさせるまで声をあげ続けよう。居座り続けるなら全基地反対の県民総意の声をあげ続けよう。軍事基地のない平和な沖縄を基地のない大宜味から」と呼びかけました。

議会、老人会、婦人会、青年会の代表に続き、大宜味村9条の会代表の平良啓子さんは「オスプレイパッド建設が進む東村・高江では、住民が生活に追われながら建設阻止する闘いが六年目に入った。私たちも阻止のためにがんばろう。本土の人と一緒にオスプレイを撤去させよう」と訴え、村社協会長は、『ヤンバルに基地はつくらせない。大宜味は団結してがんばろう』と声をあげ、参加者一同がんばろうと決意を固め合いました。

住民大会は、西原町、中城村、今帰仁村、金武町、北中城村、竹富町と相次いで開催されているほか、一〇日に開かれた県町村議会議長会も抗議決議を採択。県民大会代表は、座談会を開き「県民党」で反対運動を継続すること、万一事故が発生すれば「全基地閉鎖」の事態になると警鐘を鳴らしました。

もものしく米軍と自衛隊が日米統合演習
自衛隊から三万七千余人、米軍から一万人

二〇一二年度の日米共同統合演習（実働演習）が五日から、うるま市の米海軍ホワイトビーチ、辺野古のキャンプ・シュワブ等米軍基地を中心に行われています。

海上自衛隊からはイージス艦八隻、米海軍強襲揚陸艦三隻などが集結。航空機も。

ホワイトビーチでは、水陸両用艇が上陸と離岸を繰り返し、自衛隊の艦船からは、複数の小型ボートに乗った隊員らが上陸したといいます。

辺野古沖では水陸両用車一五台が海岸から上陸、キャンプ・シュワブに入りました。

米軍、夜一一時以降外出禁止令も何のその、
またまた蛮行、一斉に基地撤去の声上がる

女性集団暴行事件を引き起こした米軍は、全隊員の夜間一一時以降の外出禁止命令を出しましたが、二日、米空軍兵による住居侵入と住人の中学生を殴るという事件が発生。県内全政党、自治体は一斉に抗議の声を挙げています。

しかし、藤村官房長官は、「加害者の引渡しは求めない」と表明。沖縄県警は、日米協定の「凶悪犯罪に該当しない」として米兵を逮捕せず米軍側に身柄の引渡しを求めない方針。これに対し県民は「どこの政府か」と怒っています。

10月29日（月）

遠来の友人母子も参加しての久々の座り込み

ヤンバル路はススキがおいでおいでをしています。カンカンと金属的な鳴き声のオオシマゼミも心なしかその鳴き声は弱々しげ。

高江の空気はあくまでも爽やかで、三週間のご無沙汰の間にすっかり秋が深まっていました。

最近は月曜日にも防衛局と作業員が工事を強行しようとあの手この手でやってくるとのこと。

工事現場に入るのも神出鬼没で、山を知らない作業員が山で迷い、あわや遭難になる寸前にもなりました。

それにしても、オスプレイ配備に反対する県知事、東村村長が、オスプレイパッド建設には、口をつぐんでいることに批判の声が上がっています。又、高江にもオスプレイが地響きを立てて飛来、訓練を開始、住民の不安が増しています。

またもや合意違反の米軍を弁護―沖縄防衛局長

沖縄に配備されたオスプレイがヘリモードで市街地上空を飛行していることについて、武田沖縄防衛局長は、記者会見で「直ちに日米合意に違反するとは確認していない」と語り、同機が完全な運用能力を持ったかについて「米軍側から連絡は無い」と語りました。

一方、防衛局は、普天間のオスプレイの飛行実態を普天間飛行場が一望できる嘉数高台で防衛局員が目視調査を交代でしています。住宅上空をヘリモードで飛び、騒音防止協定で夜間一〇時以降の飛行は禁止されているにも関わらず飛行が確認されるなど合意違反が相次いでいることに『現時点で明白な違反は掴み切れていない』としながら、調査結果は公表しない、としており『違反は確認されない』とするなど、住民の心を逆なでしています。

野田政権の「県民を踏んだりけったり」
もう騙されない、許さない
「理解してもらう」は
「言うことを聞いてもらう」の脅迫の言葉

11月5日（月）　トランシーバーで朝五時から

今、高江は防衛局・業者がゲリラ的に工事現場に入り、何時の間にか工事を進めている状況がある中、どこからでも入れる基地の道路沿いを監視する行動を行っています。しかもそれは朝五時頃から午前一一時まで。

オスプレイが普天間に配置されて以来、普天間周辺での抗議行動もあり、住民の会も支援者も手分けしあって、高江での座り込みがめっきり減っています。その状況を絶えず防衛局側も偵察している様子。

監視行動は、六〜七点の拠点でそれらしい車の行き来をトランシーバーで連絡しあうというもの。

観光客や農業者等行き交う車は多種、それらしい工事車両を監視するのもなかなか。私たちはとても朝五時からは参加できません。

遠く東京や埼玉から泊り込みで来ている支援の方々は「朝五時からの行動は一日が長くて!」、高江は沖縄といっても山の中、寒さがそくそくと足元から這い上がる季節となりました。　暖かいコーヒーや熱いお茶が嬉しい座り込みです。

11月12日（月）　素敵な贈り物

背中や足元に寒さを感じ始めた座り込み現場に素敵な贈り物が届いていました。

大阪の支援者が福島の被災地に注文を出して作ってもらったという手編みの毛糸のカバーをまとった座布団が二〇枚ほど。

昨年私が準備した座布団は、すぐに雨に打たれもう影も無くなっていて、「もって来なくちゃ」と思っていた矢先のすばらしい贈り物。気持ちがホッコリ暖かくなりました。

車で寝泊りとはいえ、夜の監視はつくづく大変だろうなと思う季節になりました。

11月15日（水）　群馬民医連・長野医療生協の平和ツアー同行記

一四日から一七日までの三泊四日の日程で、平和ツアーで来て居る群馬・長野の医療生協退職者の、ツアーの一部に同行しました。

このツアーの責任者が、五〇年前、中国から招待されて約四〇日間、中国全土を訪ねた青年訪中団一〇人の内の仲間で、再会したのは一三年ぶり。ツアーは二六人のメンバーでした。

一五日、朝八時に名護のホテルを後にした一行は、名護小学校脇の小高い丘に立つ第三護郷隊の碑の前に。

沖縄戦で護郷隊として召集された一四歳から一七歳までのヤンバルの少年たちが中野陸軍士官学校出の将校から徹底した遊撃の訓練と指導を受けて隠密部隊として戦禍の中を駆け巡り、食料強奪や日本兵の尖兵にされ、命を落とし、仲間を撃ち我が家にさえも火を放ち、生き延びえた今もその心の痛みを抱えているという護郷隊員の悲劇、その事実の一つ一つをガイドをされた川満さんは丁寧に説明されました。

川満さんは今もその方々の聞き取りをされているといいます。

続いて名護市の街はずれ内原区に広がるサトウキビ畑に点在する家々、かつてこの地域が「武田薬品」が所有していた「武田薬草園」。東京ドーム一〇個分の広大な土地にコカインが栽培されていました。

コカインは手術などの麻酔薬として重宝でとりわけ戦時中には戦前の三〇倍のコカインが栽培され、第三中学・女学校の生徒も生産に狩り出されたといいます。このコカインは軍部に買い上げられ武田薬品は莫大な収益を上げたそうです。今も当時コカインを乾燥していたという建物がありますが、米軍によって撤収された薬草園は、民間に払い下げられ新たな畑や家屋となっています。中にはいまだに弾痕のある家屋もあります。

バスは、東村高江に向かい、途中、大宜味村白浜の日本軍が三〇人の住民・避難民を虐殺したという「トノキヤ」事件のあった場所を通りかかり、その説明にツアーのメンバーは声もありませんでした。

11月19日（月）

まだまだ早朝からの監視活動　何故か動きが見えません

「標的の村」を見た！　ミュージシャンの仲間に行けと言われたー。「一度は来なければ」と思いながら遅くなった！　など今日は次から次に来訪者が来られて、対応におおわらわ。

中部からダンボール七つの差し入れを持ってこられた社長さん。親の戦争体験だけでなく、今の沖縄をしっかり知りたいと真剣に高江の現状を聞いておられました。そこに高齢者と中年の女性がお菓子を抱えてこられ、「あんた、〇〇さんでしょ」「いやー☆☆さんこんなところで、三〇年ぶりね」「高校以来よね」「あんたのお父さんを良く知ってるよ」などの会話が始まるなど、再会の感動の輪も広がり、それぞれの会話の花が声高に咲きました。

午後からは、コザでコンサートをしてきたという ミュージシャンの一団。関西から来たという彼らは、「仲間から行ってみて来いといわれて来てみたが、見なければわからないことだらけだ」。一行六人は、次から次に質問をして、遂には六〇年安保の闘いはどうだったか、そのあとの状況はどうだったのか、など「自分が生まれた頃の話だが知りたい」と真剣。

「とにかく、大阪に帰って仲間にも話して、出来るだけ来るようにするから、僕たちも又来ますね」とポケットから、「少なくてすみません」とそれぞれカンパを差し出して、落ちかかった陽を受けて山を下って行きました。今日は工事の音がカタリとも無し。

11月26日（月）

柴野徹夫さん、車椅子で雨の中
一〇時ごろから雨足が強くなってきましたが、京都在住のジャーナリスト・柴野徹夫さんが支援者と共に車椅子で来られました。

愛媛の松山でベトナム戦の帰還兵ウールソンさんの講演会の時にはお元気そうでしたが、記者時代「原発」の取材で何度も建屋に入ったり、原発労働者として、作業に従事しての取材時の放射能被災が原因らしい突発性筋萎症などの発症、骨折等で車椅子生活になっておられるとか。

雨が強くなり足元は数センチもの水が狭いテントの底を洗う中、こどもを抱いた女性を含め十数人が、テントから滴り落ちる雨も厭わず柴野さんの話に聞き入ります。

月に一回は「福島」に行き人々と語り、不自由な身体を押して、東京、京都、沖縄ばかりでなく全国で「原発」と「沖縄」の相似性を語り、現実を伝え、その根源をえぐり、憲法改悪の危険性に熱を込めます。

とりわけ、今回の選挙の争点は「憲法九条」だと繰りかえされ「私の命はあとわずかですが、最後まで頑張りたい、今日は今帰仁で講演です」との言葉を残して帰って行かれました。「無理をなさらないで」と祈る思いでした。


――・――

「標的の村〜国に訴えられた沖縄・高江の住民たち（パートII）」に涙

琉球朝日放送制作の「標的の村・パートII」が一一月三〇日に放映されました。

今回は一時間番組で、前半はパートIと同じですが、後半はオスプレイが普天間に配備されてからの米軍普天間基地前のゲート前で、県民の止むにやまれぬ抗議行動に、警官が襲い掛かる状況が、つぶさに映し出されます。

放映時間は一時間。この報道は今年の「平和・協同基金賞」の奨励賞に選ばれました。

女性の、こどもの、老人の怒りの声、カメラマンさえも警官に押し出され、ゲート封鎖の車の中で、声高らかに歌う女性の島歌。溢れる涙が止まりません。

黙して座り込む県民をごぼー抜きにする警官。涙で「ウチナンチュウ同志がどうしていがみ合わさなならんの、あんたウチナンチュでしょ、向きが違うでしょ」と訴える女性。この報道を全国で観てもらいたいとDVDの増し刷りをしています。

在日米軍司令官は六日の記者会見で「一日からオスプレイの本格運用に入った。本土での低空飛行訓練はそう遠くない将来に実施される」と語り、グアムでの軍事演習に普天間配備のオスプレイ三機が参加すると、日米地位協定は「米国人に対する平等な取り扱いが確保されており、改定する必要はない」と改定を否定しました。

村の薬局でのはなし

「お宅のだんな、テレビに出ていましたね」「え、何時？」「こないだ【標的の村】観てたら写ってましたよ」「そう気が付かなかった」「私ね、あの番組を録画して、近くの人に今、回しているところ」「そうですか、私たちは毎週月曜日に高江に行っているんですよ」「私たちは仕事があるから、日曜日か土曜日にしかいけなくて」「ほんとにあの工事、腹が立ちますよね」

こんな近くにも高江に通っている仲間がいました。

「もっと、村の人にも観てもらいたいですね」「ほんとに」

さて、どうしましょう。

12月3日（月）

いよいよ師走、明日は衆議院議員選挙の公示日。

最近は、防衛局や警察官は来ないで工事の下請け業者が、米軍の北部訓練場通用門のメインゲートや森の脇道から数名入り込んでの作業をしている様子。

その監視行動は、朝の五時、六時から数箇所に分かれてのチェック行動です。

支援に来ている泊まりこみの若者や住民の会のメンバーが、トランシーバーを武器に、道路の各所で連絡を取り合います。

沖縄とはいえ「山」は日毎に冷える朝、仲間たちはその中で淡々と行動を展開しています。

私たち月曜日の受付等を担当している「大宜味9条の会」のメンバーが現地入りするのは概ね九時前、すでに仲間たちが一仕事した後の時間。持参の熱いコーヒー等を振舞うのがせめてものねぎらいです。

普天間基地でも連日の座り込み抗議行動が展開されている時間。

明日からの選挙戦でも大手マスコミは沖縄・米軍基地の課題を争点からぼかし、保守政党は徹底して避け、その行方に来訪の人たちが怒りを共有していきます。

今夜は、大宜味村で珍しく政党の演説会が開催され、瀬長亀次郎さんたちと復帰運動の先頭に立った古元堅実吉さんが来られるとのこと。大宜味の人たちにはなじみ深い人らしくて歓迎されているようです。

12月10日（月）

「一度は来なければと思いながら中々来れなくて、ようやく来る事が出来ました」と申し訳なさそうに受付簿に名前を記す新潟の人。「僕も基地撤去で頑張っています」という横浜の人。

森の中からは重機を使って工事をする音が響いてきます。

「あの音、腹立つねー」「六つの新設オスプレイパッドのうち、一つは作られてしまいそう」。そんな会話も聞かれます。選挙が終ったら政府がどんな手を使ってくるか、もし安倍政権が出来たら、防衛局は弾んでくるのではないか、どう闘っていくのか、などなどテントの中での会話も厳しいものが走ります。

外にはもう蝉の声もありません。

「あ、オスプレイだ」

来訪者と一斉にテントを飛び出します。テントの周りの上空を二周りして飛び去りました。そして次はへりの爆音です。

我が物顔の米軍機、「ゴー・ホーム！」

12月17日（月）

今日は何故か、工事の物音がしません。選挙の結果はテント内でも新聞の取り合いのようになりましたが、落胆よりも決意のようなものが共通項のようでした。

下地議員が落ちたのには、喜びの声です。何しろ、彼の兄が経営する大米〔ダイヨネ〕建設が、今年の高江のオスプレイパッド建設を受注し、工事を進めているのですから。他にも県内の米軍基地内の工事（日本の費用で）を多く請け負い、あまつさえ東北の瓦礫の焼却を県内に持込もうとして全ての自治体に申し入れをしたとも言います。「沖縄の獅子身中の虫」という人も居ます。かつて下地議員は大米の副社長。

すでに来年の「辺野古」を睨んで「金」という麻薬が「軍用地地主」等に打ち込まれているという噂もあり、今日は静かな高江にも目に見えない黒い雲がアメーバーのように広がっているような気分にされます。

ここも選挙中の取り組みで、買権活動が大変だったようです。

今夜は名護市で「普天間」の公演があります。私には弟夫婦が一生をかけてきた青年劇場の公演なので、成功してほしいと願わずには居れません。松山の公演が赤字に終ったという知らせは、数十年前に伊方原発建設反対を意識して取り組んだ青年劇場の「臨海幻想」を思い起こしました。

百万円の赤字を中心の五人が負担しあったあの思い。その臨海幻想が現実になったというあの原発事故。赤字は出したけれど「臨海幻想」をあの時取り組んだということが、今は誇りにも思えます。

共に踏ん張った仲間達の顔と「原発」の危険性など向井先生をお呼びしての学習会。父親と六ヶ所村を見に行った記憶が蘇りました。

今日は観劇のため、人足先の三時に三人が下山です。

12月24日（月）

今年最後の座り込みに

すばらしいクリスマスプレゼント

―クリスチャンではないけれど―

私たちには今日が今年最後の座り込みとなります。次の月曜日は琉球大学の阿部小涼教授が学生たちとテントで年末年始をするからとのこと。

若いから出来ること。少しうらやましい。

今日は小森香子・陽一さん親子が来られるという予定が告げられており、楽しみにしているところに中村悟郎さんが来られるという連絡が入りました。

昨日二三日の宜野湾市〔普天間基地〕での今年最後のオスプレイ配備撤回、普天間基地撤去を求める集会とサウンドデモに参加した他県からの参加者が、次々にやってきます。奈良から、京都から、大阪から、大分から等々。

一一時過ぎ、中村悟郎さんがカメラを片手に車から降りてこられました。

今、名護市で枯葉剤の写真展が開かれており私たちも土曜日に参観したばかり。と続いて医療生協の方々に先導されて小森陽一さんが運転するレンタカーから、小森香子さんが降りて来られました。初めてお会いする香子さんは小柄で楚々とした風情。

続いての陽一さんは、バルカン風（？）シャツと上着のダンディないでたち。

一行は医療生協が担当するBテントでの懇談のようで、伊佐夫妻もそちらに行かれて、一瞬Aテントは静かになりました。

しばらくすると十数人の一行がAテントに舞い戻り、にわかに椅子の結集やテントが巻き上げられ会場つくりが慌ただしく行われ、ようやく挨拶。大宜味9条の会・代表の平良啓子さんは、今年、「9条の会」の全国交流集会で顔見知り。

松山「愛媛9条の会」での講演をお願いし、懇親会にも同席した私は「お久し振りです」と握手。

「何時来られたのですか」

「昨日のデモの閉会集会にやっと間に合いことが出来ました。一度は来なければと思いながら、復帰四〇年にはどうしても、とやっと連れてきてもらうことが出来ました」と香子さん。

先日、医療生協主催で陽一さんの講演があったばかり、陽一さんはトンボ帰りのようでした。

基地撤去や復帰運動の中で、運動を鼓舞し続けたうたごえ､その中での香子さんの作詞にまつわる話など、昨日の出来事のような会話が飛び交い、細い香子さんの声を聞き逃すまいと一同聞き耳を立てます。「私はいろんな場面で詩をつくってきました。ヴェトナム戦争の時、沖縄復帰闘争、イラク戦争の時も」。そして陽一さんに「あれを」といい、陽一さんが車から香子さんのバッグを持って来ました。取り出されたのは一冊の詩集。

そして香子さんは、朗読を始めました。その凛として張りのある声と激しくも真っ向から蛮行を糾弾する言葉は、テントを越え、森に吸い込まれていくようです。

復帰の時につくられた詩、日韓会談闘争の時の集会で朗読された詩など、三篇が披露されました。そのどれもに、体ごと揺さぶられるような心持は、初めての体験でした。

ため息のような呼吸が聞こえたと思うとテントの中は、一斉に拍手が沸き起こり、続いて案内人の方が、「アコを持ってきました。歌いましょう」と会話の中で出てきたタンポポの合唱が始まりました。

一斉に立ち上がり腕を組み合い、居並ぶ一四、五人の張り上げる声が、胸を熱くします。続いて「一坪たりとも渡すまい」が歌われ始めた時には、かつて松山の仲間たちと組んだ腕から伝わった体温が感じられるような錯覚さえ覚えました。

中でも陽一さんの声はひときわ大きく、正確な歌詞で全体をリード。ここで「もう時間がありません。辺野古へも行く予定になっているので」と案内者の声で最後の一曲は「青い空は」で締め括られました。その間、中村梧郎さんは、シャッターを押し続けて居られました。

車三台に分乗した一行は、手を振りながら山を下っていかれました。

遅い弁当を取っていると次々に支援者がやってきます。大分から来たという男性が、「メインゲートを見たい」というので案内することになりました。車で七～八分でしょうか。歩いてはとても行けません。

ゲートの管理門の辺りには屈強そうな二〇人ほどの警備員が物々しく居並んでいます。

私たちが門前に立つとその中の一人が、たちまち出てきて、「そこから中には入らないように」と拳銃のようなものを腰に提げ詰め寄ってきます。

私が「見に来ただけよ。何かあるの？」と言うと黙って首を振りました。同行の彼が写真を撮っていると睨みつけています。嫌な感じ。

テントに戻ると新しい仲間が一四、五人、自然に三つに分かれた会話集団となりました。

普天間基地の金網の側で弁当屋をしているという赤嶺さん。父母や祖父母達の、沖縄戦で目の前で肉親が殺されていった体験談、アメリカ軍に捕虜にされて味わった屈辱の数々、日本の敗残兵に食糧を取られて憎しみを抱いた話など、種は尽きません。そして、二階の屋上から、金網越しに毎日オスプレイを睨んでいると。その屋上には「ＮＯ！　オスプレイ」と書いた赤い旗を立てており「外からの階段があるからいつでも見に来てほしい」と言い残し、大量の紙コップや使い捨て食器類をカンパにと置いて帰っていかれました。


一方では、平良啓子さんを囲んで、対馬丸遭難の体験が聞き取られています。

テントの外では、連れ合いの一郎を囲んでの会話が弾んでいます。

そこに三歳の坊やを連れた若い女性がやってきました。

「昨日の集会にも参加しました。沖縄の観光を四・五日して帰ります」「どこから？」「東京」「二人で？」「はい」「今日はどこに泊まるの」「この近くの民宿です」「足は？」などの会話もあったあと、レンタカーで来ている男性に便乗させてもらうことが決まりました。

すると又そこに、名護市議の具志堅徹さんが女性を乗せて宣伝カーでやってきました。

私たちの今日はここまで。後はお願い。日が翳り始めた山を後にしました。

なんといいプレゼントでしょう。

一年半座り込んだ今年最後の一回が、こんなに豊かな時間に出会えて。

興奮し、家に帰って思わず山本万喜雄先生に電話をかけてしまいました。山本先生「よかったですねー、香子さんから沖縄に行くというはがきを頂いていました」と。また来年です。

番外編

三千人、今年最後の怒りの集会と「オスプレイ配備撤回」をサウンドに載せて

―今年最後のデモに参加―

二三日・日曜日、沖縄では今年一番の寒さという気温は一三度。宜野湾市（普天間基地が市の真ん中を占めている市）の海浜公園野外劇場で開催された「オスプレイ配備撤回！　米兵による凶悪事件糾弾！　怒りの御万人（ウマンチュ）大行動が開催されました。

一二時からの集会には、嘉手納騒音訴訟団やヘリ基地建設反対協議会などの運動団体、労組代表、社・大衆・共の政党代表がずらり。最右翼といわれる政府が実現した総選挙の結果をうけて、さらに県民の結束を固めての普天間基地撤去をはじめとする、平和で安全な沖縄をもとめる新年からの闘いへの決意が、こもごも述べられました。

県内外から参加した三千人余の参加者は、一〇ブロックに分けられ、県内外で活躍する音楽家が車両に乗ったり、太鼓を鳴らして先導。ロックやフォーク、こどもと一緒のフラダンス、アフリカの太鼓や民族音楽など行進の随所で立ち止まりながらの演奏は、道行く人や車両からも手を振っての共感が寄せられていました。

普天間基地・大山ゲートまでの約二キロの行進は二時間近く、ゲート前での閉会集会場も演奏の輪が広がり、リズムを楽しみながらも新年からの闘いの決意を共有する今年最後の取り組みとなりました。

キノボリトカゲ　撮影／森住卓

◆二〇一三年

1月7日（月） あけましておめでとうございます

今日は七日正月。私たちには今年最初の座り込み。昨年末から泊り込んでいる本土からの支援者は、厳しい顔でトランシーバーを右手に左手にメモ用紙を持って通行車両のチェックをしています。

工事業者は、既に三日から作業を始めているとのこと。オスプレイも正月からブンブン、沖縄の空を侵し、高江でも三日に確認されています。

作業員はこちらの監視の目を逃れて、山また山に分け入り作業をしている様子。まるで犯罪行動をしているようです。

一一時頃、千葉新婦人県本部のご一行一七名が来訪。伊佐育子さんからの取り組みの説明を熱心に聴いておられました。

午後からはテントへは県内の支援者が次々に菓子や飲み物を差し入れに来られます。「すぐ帰らないかんけど、頑張ってくださいよ」「たびたび来られなくてすみませんね」などなど思いが痛く伝わってきます。

三時頃から冷たい雨がしばらく降りました。

大宜味村の世界大戦・沖縄戦で亡くなった村民の氏名

1月14日（月）

今日はテントに着いたとたん風でテントが舞い上がるかと思うほどの強風に見舞われます。

寒冷前線が通過中、本土は大雪や強風に事故続出とか。度々の強風に支柱を押さえたり、身体でシートを支えたり大変。

もしかして今日はテントが畳まれているかもしれないと思いながら車を走らせて来ましたが、泊り込みの支援者や住民の会の方たちは、黙々と監視活動を展開していました。

しかし、今日は業者が工事をしている気配がありません。『風が吹くから?』『月曜日だから?』いやいや、年度末の工期切れが目の前、あせっているとは思うけど…。

ヘリ『アパッチ』が二機、轟音を立てて現れました。指導機がついています。三度、低空で旋回していきます。

路上には米軍車両とバスが五台。

しばらくして米兵を満載して山を下って行きました。先週からサバイバル訓練をしてきた兵士がキャンプに帰っていくのでしょう。

支援者が六箇所に別れて監視活動をする中ですが工事が行われないことにほっとする一日でした。

1月21日（月）

今日も支援者と住民の会のメンバーが朝五時頃から県道沿いと山腹の林道で監視活動を展開しています。

今日は工事の音は聞こえません。

泊まりこみで監視活動に参加している支援者は七名ほど。

三週間の予定とか、今度は三ヶ月とか、頭が下がります。五百円とはいえ宿泊費を払い自炊で朝五時から午後二時ごろまで、時には五時、七時まで。現在はその内二名が京都からと大阪からの女性。そして車での寝泊り等、私たち老体には真似が出来ません。

今日の来訪者は県内から三組七名。

しばらく監視活動にも参加して帰られました。

1月28日（月）

気温は一六度ぐらい。寒い。

ストーブの出番です。昨日から来ている青年たち三組が待ち構えていました。平良啓子さんの「対馬丸」

遭難の話を聞きたいとのこと。

東京のジャーナリスト志望の大学生。ピースボートで知り合ったという二人組。

出身は今治という二一歳のギターを抱えてきた女性。先ずは、自己紹介から。出身地、職業、年齢等とここに来た目的を聞いていきます。静岡、東京、愛知、沖縄、愛媛、兵庫。職業も四月から新聞社に決まっている女性、雑誌社から取材を要請された女性、これからジャーナリストを目指す学生、バイトやライブをしながら旅を続けている女性、ピースボードで知り合って興味を深めたという二人組など様々。

それぞれ高江の闘いについては昨日、既にレクチャーされています。

「で、まず私たちに何が聞きたい?」

「平良啓子さんの対馬丸の体験を聞かせてほしいんです」ということで約一時間、平良さんの話に聞き入ります。息を詰めるように聞き入りながら、もう誰もメモを取るのも忘れたようです。平良さんの「軍の方針は、十万人の子どもや年寄りを疎開させて、その食料や学校を中国等から移動させる兵隊の食料や宿舎にするためだったというのは後から聞かされたのよ」「私たちが乗った対馬丸には児童が八八〇人がいたけど生き残ったのは五四人だけだったよ」「生き残って帰ってきても今度は沖縄戦で、アメリカ兵に追い立てられて山奥に逃げて、家は全部焼かれて食べ物は無いし、母は病気になるしで、生きるのに必死だったよ」「弟が病気になって、私が蛙を取ってきてそれで命拾いをしたのよ」その後の沖縄返還の運動、返還と同時に自衛隊が乗り込んできたことなどを語り「やっぱり戦争は駄目よ」ととりあえずの締めにしました。

分け合って食べた昼食の後は、新しく二人の若いカップルが到来。彼らには私の連れ合いが高江をめぐっての紹介を熱っぽくレクチャー、約一時間半。

彼らが「また来ます」と興奮気味に帰った後には、入れ替わって滋賀?からの支援の男性が加わり、安保条約についての談義が続いた後、ギターを抱えてきた女性が「お話のお礼に一曲歌います」と情感豊かに沖縄の島歌をテントに響かせます。なんと素敵な。

「今治に帰ることあるの」と聞くと「時々帰ります。月末からは大阪ですが」。「もし、今治の女性たちが貴方の歌を聞きたいといったら、聞かせてあげられる?」

「喜んで。是非連絡してください」とのこと。連絡先を交換して、今度はしばらく滞在してきたという朝鮮民謡を奏でます。

テントの中はもう合唱、「アリラン」に話題が移ったころ、勢いよく台湾の女性（三五歳前後？）が入ってきました。短い自己紹介は中国語と英語と日本語のチャンポン。筆談も交えて賑やかなこと、新たに英語が堪能な高江に住む女性も現れて、ようやく会話が少し成り立ちました。「台湾で何をされているのですか」「なぜ高江に来られたのですか」に始まり、「台湾の民族は？」など質問は矢継ぎ早や、でも返事は中々理解が難しい。その内この女性は「歌を歌いましょう。台湾の歌です」と歌い始めました。ギターの女性が合わせます。「私、台湾にもしばらくいて、この方と知り合いなんです」

「へー、そうなの、若い人は世界をよく歩くんだね、いいね」と平良啓子さん。全く。そして彼らは物怖じをしないし、何でも食べる特技を持っているようです。

しばらく台湾の歌謡に耳を傾けている間に私たちの座り込みの時間が終了となりました。

今日は工事の音が聞こえませんでした。朝、五時半から監視行動を展開している住民の会、泊り込みで支援に来ている仲間たち、「ほんとにご苦労様です。風邪などひかれませんように」と願って下山しました。

2月4日（月）もう節分

今日は陽気、コートを脱いで。

一方でトランシーバー片手に監視活動をする人、新聞を読みふける人。

今日の地元新聞は、海賊対策として日本船籍に乗り込む外国の民間警備員に小銃の所持・使用を認める法案提出の方針が報じられています。国内法で民間人の武装を認める初めてのケースです。さて！

米軍の軍港移設を認めるか認めないかが争われるという浦添市長選が告示されました。立候補は三人、軍港移設にあいまいな人、現職と自・社・社大・民主推薦の前教育長と、明確に反対している無所属の新人の三つ巴選です。

この軍港もサコ合意の一つ。

ベトナム戦争時には物資等の積み出しに活躍した米軍那覇軍港もいまや倉庫はあるものの殆ど活用されていません。普天間基地の移転等が合意されたサコ合意の中でこの軍港も浦添の海を埋め立てて新たな軍港をつくってあげると当時の橋本総理がクリントン政権に約束したのです。でも、いまだに実現しておらず、受け入れを認めサコの補助金や交付金七八億円余でホールや体育施設を作ってきた現職浦添市長は条件付きで変わらず、市民の那覇軍港早期返還要求もあり、前教育長の候補は見直しを掲げました。

市議選も同時で無所属二七名、公明四、共二、社一、社大一の三五名が立候補、二七議席が争われます。その行方は如何に。

2月11日（月）

テントに着いたとたん昨日の浦添市の市長選、市議選が話題になります。市長は那覇軍港浦添移設と埋立に明確に反対した無所属新人が当選、市議には共産党の新・現の二名がダントツ一、二位、社大一、公明四、そうぞう一、無所属一九名が当選、社民・新は残念ながら三一位で当選がなりませんでした。

みんなの関心はこれで今ひとつ、基地建設に反対する拠点が出来たのではないかという事。「これまで大金をつぎ込んできた防衛族の悲嘆の声が聞こえるようだ」という人もいます。今朝は五時から監視活動を始めたといい、夜の見張り番はひとまず睡眠へ。あと一〇人が六箇所で、監視に入っていますが、今日は工事の音は聞こえません。

冷たい小雨や霧雨が降ったり止んだり。米軍のトラックやバキュームカーが当たり前のように行き来します。

私たちもトランシーバー片手に行過ぎる車両のチェックに参加。今日は米飯機一釜分をおにぎりにしてきたので、雨の中で監視活動している仲間に配り有難がられました。

これからも続けたい作業です。

午後、雨が少し止んで、ホットしていると少女三人と祖母、母親の五人が来訪。「あー今日は『祝日』でしたね、どこから？」「沖縄市から来ました。朝七時に来てほしいとビラに書かれていましたが、間に合いませんでした。来るのに二時間掛かりました」

「ビラはどこで？」「普天間の座り込みの現場で貰い、ようやく来る事が出来ました」「お嬢ちゃん、お父さんは？」「福島にいるよ」

「私たちは福島から疎開してきてるんです」「そうですか、おばあちゃんのところに?!」「ええ夫は仕事があるから一人であちらにいるんです、まだ帰れなくて」親子は三時間ほどいて「また来ますから」と帰って行きました。

東京から大学院生が連休だからと霧雨の中、傘もさずに四回目という支援に。早速監視体制に入ります。

私たちが帰り支度を始めようとしているところに、カバン一つを持って女性が一人登ってきました。

「東京で渡辺美佐子さんたちのここを題材にした演劇を観てこなければと思って来ました」

「いつまで居られますか?」「明日帰ります」「泊まるところは?」「決めていませんが…」「では、ここの宿泊所に泊まられますか?」「いいんですか?」「聞いてみましょう。一泊素泊まりで五百円ですが食事は自分で調達です」

「お願いします、明日は帰らなければなりません」という事で、最近、交代になる事務局の斉藤オリエさんに連絡。張り番の交代に入っているオリエさんがテントに帰ってきました。

宿泊はOK、それにしても何と大胆な。

年のころ四〇歳代、髪を長くしてハイヒールを履いた妙齢の女性です。

「劇で見たとおりのところでした」と語り、私たちが現状を説明するのに涙ぐんでいます。また「劇のとおりです」と。後をオリエさんに託して私たちの今日は終わりです。

また一人素敵な人に出会いました。

住民の会のメンバーや支援者五人が「これからは私たちの番ですよ」とやってきました。頼もしい!

2月18日(月)

朝九時前、私たちがテントに着くともう、基地内で工事の音が響いていました。N4テント前には二〇人ばかりがテント前広場で集会(?)の最中。

昨夜から泊り込んでいる学生七人を囲んで自己紹介や状況報告やら。中にはノルウエーからの留学生もいます。彼ら彼女らは既に今朝五時からの監視活動をした後の交流でした。

工事は七時半から始まったといいますが、作業員がいつ現場に入ったかは不明のまま。昨夜から入ったのか、今朝未明なのか、ともかく工事現場に小屋を作って寝泊りしているのは確実のようです。

今日も普天間からの宜野湾市議を含む支援者が数人

駆けつけています。普天間ゲート前の座り込みはベースが休みなので今日は休み。今日は『アメリカの大統領の日』で祝日だそうです。

一通り発言が終わったところに社大党党首・参議の糸数敬子さんが駆けつけてきました。

集会は糸数さんの挨拶に変わり、参議選は間近か、意見交換がしばらく続きました。その後は私が持参したおにぎりやパンでの朝食をとるなどそこここに会話が広がっています。気温は高め。

「あ、ウグイス！」

今日の新報、タイムズにはこの北部訓練場内の工事現場での絶滅危惧種植物の枯死が大きく報じられています。世界自然遺産にしようという「ヤンバルの森」の破壊への新たな怒りがテント内外にひとしきり湧き起こります。

県道にはひっきりなしにオートバイが隊をなして轟音を立て行き交います。

どうかヤンバルクイナをひき殺さないで！と願わざるを得ません。

そこに沖縄市から大きなタッパー二つにおにぎりと煮しめを詰めた中年ご夫婦が賑やかに到来。一同大歓声。

弁当持参の私たちも一緒に昼食会。

先日はヘリパッドの工事現場が土砂崩れを起こしていることが報じられ、二重三重の自然破壊は日に日に新たな怒りを生んでいます。

遮二無二自衛隊を国防軍に作り変え、米軍と共同歩調を取って海外への戦闘行為を目論む右派政権が草の根から崩壊しつつあるのではないか。沖縄の闘いの歴史は「正義は必ず勝つ」ことを教えているとつくづく実感しながらの下山でした。

2月25日（月）

いよいよ今月も後三日。『三月から六月までは、鳥達の営巣期間に入るため工事はしない』という取り決めになっているといわれ、工事が出来るのは、今年度は後三日の筈。

今日は作業をしているようです。

監視活動をする私たちの目をどう掻い潜って現場に入っているのか分かりませんが、どうやらオスプレイパッドの一つは作られてしまっているようです。森の中に作業小屋が作られているというのは確かなよう

番外編

闘いの展望拡げる国際連帯
―台湾で高江支援の輪―

台湾で高江の支援の活動が広がっています。先週、台湾からの支援者が来ましたが、今度は台湾で討論会・交流会が開かれるといいます。その一部をご紹介。

「高江からの声を聞く
―戦後沖縄・台湾の米軍支配の歴史的現在―」
討論会・交流会へのメッセージの依頼。
主催：台湾海筆子沖縄高江子組

＊台湾海筆子高江子組について

昨年七月に高江のヘリパッド建設工事再開をきっかけに結成。台湾で高江のサポートをしていく上で、「どうして台湾で沖縄を語るのか」という問題意識を念頭に勉強会を重ねてきた。勉強会以外にブログ「ヤンバル東村・高江の現状」の中国語翻訳や高江に関する映像の中国語字幕作成を行っている。

活動の目的

この活動の目的は、あまり台湾で語られることのない在沖米軍基地問題（主に高江を中心）を、台湾の市井の人々を中心に多くの層の方々に知ってもらうことである。

そして、台湾で沖縄・高江を語る上で必要なお互いの歴史交流・理解の場を設け、「沖縄・台湾における植民地的米軍の支配の歴史を認識」し、両者の歴史交流・連結を図る。

また、当活動は持続的な交流を計画しており、そのめざす方向として「東アジアの平和イメージの民間による再構築」を目的とする。

―台湾の参加者へのメッセージをお願いします―

高江からは多くのメッセージが送られました。

で、安倍総理の訪米を機に、一挙に辺野古の基地建設に向けての動きが始まるようです。

辺野古の地元の漁協長は「粛々と手続きをするだけ」と補償費の引き上げを要求していますが、隣村の漁協が初めて反対の決議と行動をはじめました。

今年度の予算案には普天間基地『移設』経費として辺野古新基地を前提にしたキャンプ・シュワブ（辺野古）内の陸上工事費約四四億円を盛り込む一方、普天間基地の補修費一億円も計上。移転と言いながら固定化の方向が見え見え。国会では「沖縄の声に耳を傾け、丁寧に説明する」と言いながら、日米同盟の深化にむけて、沖縄の基地整備・強化は当然で決して普天間を撤去するために動くことはないようです

2月28日（水）

一〇時から高江の北部訓練場のメインゲートで集会をするとの連絡が入りました。

大宜味9条の会の仲間と駆けつけると二百人ほどの参加者が集まり、すでに集会は始まっていました。強い太陽の光がまぶしく木陰を捜しても木陰はありません。

この集会は、鳥達の営巣の期間となる翌日からの工事が六月末日まで、休止となるため、七月から今日までの取り組みと運動の成果と現状、展望を確認するための取り組みでもあります。

また、辺野古や高江の闘いの中心となってきた大西照雄さんが闘病中で、仲間への「最後の振る舞い」として猪鍋を準備してのものでもあります。

普天間ゲート前でオスプレイ撤去の座り込みをしている代表、辺野古で座り込みをしている人、ヤンバルの生態系を守ろうと頑張っている生物学者、高江で座り込みや監視活動を続けている人、普天間爆音訴訟団など次ぎ次ぎと熱っぽく闘いの決意を述べていきます。日差しはますます強くなります。遠くでヘリの爆音も聞こえます。

また、高江のオスプレイパッド建設について、六つの建設予定の内の一つが完成に近いと言われながら土砂崩れを起こし問題が出ていること。これからの工事の入札の一回目が不調に終ったこと。（業者が入札を嫌がっているとも）次の建設場所はさらに大きな重機の使用や多くの資材が必要で、テントが設置されている封鎖されている通用門の開閉が必要となり、激しい

闘いが予想されることなど、新たな闘いの展望も示されました。

日本の〇・一％の面積のヤンバルに日本の植物の四分の一の固有種がある「ヤンバル」は世界の宝であり、日米政府の物ではありません。

半世紀以上、沖縄の闘いを続けてきた方は「しなやかに　したたかに　勝利するまで闘うこと。この日米の無法との闘いは私たちの代で終らせたい」と。

また、三月上旬にも辺野古の埋め立て申請が行われるといわれます。

相も変わらず、米兵の犯罪は紙面を賑わせており、七月には新たにオスプレイ一二機の配備が報道されており、沖縄はまたもや大きな闘いのうねりが来ようとしています。

集会は一応終わり、大きな鍋いっぱいの猪鍋、おにぎり等の昼食時間となりました。

3月18日（月）愛媛でもオスプレイ・ブンブン

私は八日と九日、松山の国際女性デー愛媛中央集会への参加や新居浜集会で沖縄の実情の報告をさせてもらいました。新居浜ではＤＶＤ「標的の村」を観てもらい、その上での報告で高江や沖縄の闘いの現状の一端を知ってもらうことが出来たのではないかと思っています。

皮肉にも六日は普天間配備のオスプレイがオレンジルートで訓練のため一緒に移動、愛媛の上空を飛び回り県民の不安と怒りを呼んでいました。一〇日は、反原発の集会が松山市でも開催され、四百人のなかの一人として参加。ずさんな原発行政や再稼動の動き、とりわけ伊方原発稼動反対にコブシをあげました。すっかり春めいてきた伊予路には菜の花が咲き乱れ、我が家の小さな庭先には「沈丁花」が芳しい香りを放ち、紫陽花が一日一日､葉を膨らませており地上はのどか。乱丁のお天気もありの学習会や懇親会のはしごもあったりの二週間でした。

3月25日（月）

久々の座り込み

北日本の日本海側では吹雪という報道もあり、高江もテント内にストーブが欲しいと思うほど。ストーブは既に片付けられており、どうにか我慢できるほどの寒さです。

テント裏の完成したというオスプレイパッドの周辺で二人の作業員が動いているのが見えます。土砂崩れの補修をしているのか。パッドの建設はされていません。今年の工事の入札がどうなっているのか、どこが落札するのか。それにしてもこれほど国民が反対するオスプレイの飛行訓練のためのパッドを国民の税金で作って差し上げる日本政府に怒りむらむら。今年の予算は五億五千万円余です。

昨日、夕刻に来られた愛媛の高校教師のT先生がすでにテントに来ておられました。今日は『大宜味9条の会』のメンバーが七名で当番です。

T先生は社会科が専門で近現代史に詳しく、中国、朝鮮、台湾などとの歴史に話しが盛り上がりました。

伊藤博文の行状、「日本軍」のアジアでの蛮行や「慰安婦」問題と話題が尽きることがありません。

そして沖縄の教科書問題と愛媛での教育や教科書問題の闘いが交流され話題はいっそう熱を帯びます。

大阪や東京での「日の丸」「君が代」問題から、沖縄の学校での実情が出されました。

最近では、式典で演壇の国旗に深々と最敬礼する校長があるという話が出たことから、「あれは、天皇陛下への最敬礼ですよ」「えッ、そうなんですか、なんで壁に最敬礼するのかと思った」「沖縄では昔、小学校の子どもたちに君が代というのは貴方達の世と言うことよ、と教えろと言われたけど、意味が通じないのよね」「上からは君が代を歌わせろと言ってくるけど、先生たちがみんな嫌がって、テープを流しているのが殆どだった」「校長が節もげで必死に教えていたこともあったね」こんな言葉が飛び交います。

ここ、テントでは新しい支援者が来られるのにつれて、話題が変わっていきます。時には新しく来られた方の地元の話に居並ぶ方々との関わりが交流されたり、お仕事に質問が集中したり、はては人生相談まで出たり。

「え、今治？　野球が強いところじゃないの」とか、「瀬戸内海でしょう？　あそこはきれいよね」とか、はては「ゆるキャラが日本一になったところじゃない？」など高江のことからそれることもしばしば。

お陰様で座り込みの一日が肩もこらず短くて済みます。T先生は、今夜はトゥータンヤ〈高江支援者の宿泊所〉に泊まり明日は辺野古などに行き、二日後に帰られるとのこと。「炊事に不便はありません」と新しい支援者の方と肩をならべて笑顔で山を下っていかれました。どうか、またきて下さいね。

4月1日（月）　今日から新年度

雨がやんだり降ったり晴れたりまた降ったりの一日。

今日の当番は六人。毎日が日曜日の年金者も新年度の春休みの孫の守り、子ども達の人事異動のあおりで忙しい。間もなく清明祭もやってきます。

早々にテントには、大東学園の先生が待っておられました。ご夫婦の二人の先生は、平良啓子さんとは、高校生への度々の講演で周知の間柄とかで、和やかな会話が弾みます。「高校生への平和教育の準備で高江に高校生を連れて来たらと思って」その下調べだとか。そして、今日も高校教育の内実と状況についてひとしきり会話が弾みました。

先生方はこれからの予定を告げて車上へ。替わりに若い女性が「福岡から来ました」このトシコさんは既に四回目の来訪で住民の方々とは知故の間柄。高江の説明はいりません。

「昨日で六年務めた小学校を辞めたので来ました」

「え？　なぜ？　後はどうするの？」。ついつい、並み居る高齢者一同から不安げな声がかかります。

トシコさんは「日本の公立学校の画一的な教育はおかしいと思うんです。子どもが可哀そう。上からの命令式や「日の丸」「君が代」の問題、息が詰まりそう。で、新しく勉強をし直してドイツのシュナイターの教育を学んでその教師になりたい」と情熱的に語ります。そして、日本の教育の問題や現状が今日も熱い話題となりました。

そこへ三重県からこれまた、高校の先生が山を登ってきました。「お久しぶりですね」「えー、昨日学校を定年退職したので来ました」「おめでとうございます、それでこれからは？」「定時制の高校で非常勤講師ではたらくことになっています」

そして話題は退職金、年金問題に。三月から毎週座り込みに参加しておられる東風平さんは「ここにきたらいろんなことが勉強できますねえ、そして退屈しません」と感嘆しきり。「定年後は長いですよ、でも過ぎればアッという間。尤も女性と男性は違うようです。女性は元気になって動き回り、男性は内に篭る人が多いですよね」なんて話が出ていると来訪者。北海道から今夜、山ガメ（谷のレストラン）で開かれるコンサートの主催者、宇井ひろしと映画監督藤本さんがイギリス人を伴って現れました。このイギリス人、北海道と沖縄で農業をしているとか。

三人がコンサートの準備に山ガメに行ったのと入れ替わりに山ガメの女あるじが子ども二人を連れて「9条の会にお願いに来ました」。

「え？　何ですか？」「大宜味9条の会には先生が多いと聞いたので、ここの子供たちにウチナーグチ〈琉球弁〉を教えてもらいたいんです」「ウチナーグチは地域によって違うよ、ここにきている者で喋れるのは二人よ」

ひとしきり琉球弁が話題となって、そこにやってきた事務局のワアーリーも私も習いたいなどと賑やかなこと。じゃれ合う子供たちのざわめきも去った後、コンサートへの参加で来たとの中年一〇人ばかり。慌しくカンパを置いて山ガメでのお茶に。入れ替わりに上ってこられた男性は名古屋の公立高校の先生。「DVDを観て来ました。休みになったもので…」「ここは初めてですか」「ええ」「では不十分でしょうけどご説明しますね」

今日は何と先生方の来訪が多いこと。一様に子どもたちにもここのことを伝えたいと語り、また来ますからと別れを告げて今日の座り込みは終わり。いえいえ、私たちの帰る間際に写真家の森住卓さんが写真機を肩に辺野古を経てこられました。

4月8日（月）

今日は中学、高校の入学式。

大宜味9条の会の代表も事務局長も孫達の入学式の付き沿い等で大忙し。

で、今日の座り込みは五人が担当。

今日も色々な来訪者がありました。一〇時過ぎ、ゴム草履を履いた背の高い金髪を無造作に束ねた女性が入ってきました。

「私、ドイツ人です。一五年前に米軍基地について論文を書きました。そのあとのことが分かりません。どうなっていますか」

日本語はあまり達者ではないけど、話は通じます。

「サコ合意は知っていますか」「よく分かりません」

「ではそれから話しますね」と説明。それが決して米軍基地を減らすことでも負担を軽減することでもないこと、基地の再編強化が目的であり、日本政府が積

近日の沖縄の報道から【四月二日琉球新報】

米軍普天間飛行場の名護市辺野古移設に向けて、政府がキャンプ・シュワブ〈辺野古にある米軍基地〉陸上部分で行っている工事は、計五施設二四件で、契約金総額は七一億円余りに上ることが分かった。移設反対の世論が根強い中、陸上部の工事を先行させている実体が浮き彫りになった。

受注した二〇社の内、市内の企業は三社。契約金額は全体の九・四％にとどまり、市外、県外の企業が大半を受注している。

最も契約金が大きい施設は独身下士官宿舎の四三億八八〇〇万円で、管理棟Ｃ〈ビジターセンター〉九億二千万円、立体駐車場七億九三〇〇万円、車両整備工場屋外施設七億七千万円、訓練施設二億四千万円と続く。

契約金額の合計七一億一一〇〇万円の内、県外企業四社が二七億三六〇〇万円（三八・五％）を受注。名護市以外の県内企業一三社で三七億円余と過半を越え。

防衛局はこれらの工事は辺野古移設に伴い建物を再配置するためと説明している。

オスプレイ海兵隊降下訓練

二八日午後二時頃から四時近くまで、高江の米軍北部訓練場メインゲート近くのヘリパッドでオスプレイによる海兵隊の降下訓練が繰り返し行われた。

オスプレイはヘリパッドを起点に周回し着陸する。さらに上昇し、ホバーリング。ホバーリングしながら、後部ハッチから投げ出されたロープを伝わって海兵隊一八人が降下した。

その間数分、約一〇〇メートル離れている県道まで凄まじい爆音が約二時間近く響いた。

翌日二九日には、東村の隣村の国頭村のキャンプ場内を海兵隊が行軍、小学生がキャンプ中で観光客もいたという。

村長の抗議に防衛局は「実弾射撃訓練以外の活動を日米地位協定上、許されないわけではない」と。まるで米軍の下僕そのもの。給料はどこから出ている！

極的に財政的にも負担をしていることなどを熱心に聴きながら、「ここはどうしてですか」と聞き、北部訓練場がサバイバル訓練場であり、ヴェトナム戦争などで果たしてきた役割や問題点を話し、今、新たにオスプレイパッドの建設を進めておりその建設に反対して、その意思表示をここでしていることなどの説明に「おーそうですか」。そしてオスプレイ論議になり、世界に展開する米軍基地の話になって「ドイツにも米軍基地が沢山あるでしょう?」と言うと、彼女はカッと目を大きくして「ドイツの米軍基地は減らしています」。「そうですね、EUにもなったし」「そうです、ですけど日本政府はどうして軍備を強めますか」「軍需企業の要請も強いと思いますよ、武器の輸出を緩和しろと攻め立てている大企業もありますからね」とまたひとしきり、軍事と経済が話題になります。彼女は「これ分かります、経済が問題です」とにっこり。この間約二時間。「よく分かりました、ありがとう」と頭をさげて帰って行きました。職業や年を聞く間もなく時には安保や憲法の話には「それ知ってます」と次を急がせる等、緊張した二時間でもありました。

ドイツの話を聞きたかったなー。

午後からは、名古屋からお二人。

一人は男性、宮古島でのサトウキビの収穫作業が終ったのでその帰り道に立ち寄った青年で初めて。もう一人の女性はミュージシャンで、東京のオスプレイ配備反対の集会やデモにも参加してきたとか。

ひとしきり、沖縄と本土の報道の温度差と右翼の行動に激しい怒りを伝えてきます。

そして昨日から泊まっている支援者三名。

幼児を連れた若夫婦。「今、本部に住んでいますが、大宜味に住みたいので空き家はありませんか、芭蕉布を習いたいんです、そして夫は農業がしたいんです」「ウーン、聞いてはみますが私たちも移住者なので」

「子どもたちを自然の中で育てたいんです」

若いっていいなー。

爆音が聞こえてきました。それはオスプレイではなく攻撃ヘリ。少し肌寒い今日の高江でした。

4月15日(月)

今、ヤンバルの街道は、アマリリスが赤い頭を並べて咲き誇り、ハイビスカスやブーゲンビリアも色とりどりで車窓の風景を楽しませてくれます。山肌には白百合も。

今日の当番も若干メンバーが替わって五人。高江の鶯はさえずりが上手になりました。山を覆う樹々はいっそう緑を増し緑色って沢山あるなーと思わせます。

私たちがテントに着くとBテントの屋良さんが来られて賑やかな会話が弾みます。

先ずは新聞を賑わしている日台漁業協定から沖縄と台湾の交流の歴史に始まり、やっぱり安倍政権の外交は「承知がならん」と意見一致。そこに伊佐さんのお父さんが戦後の沖縄の労働争議時のセピア色の写真を持ってこられました。

「この時はよー、アメリカーのヤクザがいつも後をつけていて恐かったよー」「アメリカのヤクザ?」「そう、アメリカーが民政府を作るまでは、アメリカーの土建がヤクザをつれて来て工事してたさ」「私らはよ、工事に反対するさ、そしたらヤクザが拳銃持っていてよ、うちの委員長は撃たれたよ」「え!」「アメリカの統治が始まったら、民間の土建屋とヤクザはさっと帰っていったよ」

伊佐のおじいはテント内が静かな時は終戦直前直後の沖縄の労働運動や状況を琉球語でとつとつと語ってくれます。(聞き取れないことも多いのですが)

「それからよ、アメリカーは沖縄戦で使った銃や弾を梱包して朝鮮に送ったよ、それでヤンバルの人がその作業をさせられたさ」「え? それ朝鮮戦争のため?」「そうよ、だからヤンバルの人は仕事が沢山あったのよ」

それから話は朝鮮戦争のそもそもはどうだったんだろうということになり、北朝鮮が攻めてきたというけど、ソ連の態度は? アメリカーはどこから参戦したのか? などなど分かっているようで知らないことが、次々に出てきます。屋良さんは「次までに調べてみようね」といわれそこに現れたK氏にも聴いて見ましたが「詳しくは分かりませんね、調べてみましょうかね」でこの話はエンド。

そして富士国際旅行社の平和ツアーが観光バスで来られました。ご一行北海道から大阪までの一六名様。国立9条の会や千葉AALAの方も居られて嬉しくなりました。

午後には先週の幼児二人を連れた若夫婦がお弁当持参で来訪、親子でおにぎりをほう張っているところに自転車で南から来たという青年が立ち寄りました。その青年、鹿児島から来たといいますが、これ以上痩せられないなと思うほどの手足をしています。「その足で自転車を漕いで来たの？」「ハイ」「食事は？　今夜はどこに泊まるの？」「宜野湾に泊まる予定です」

若夫婦が最後のおにぎりの一つを差し出すと嬉しそうに食べていました。

あの細い身体で大丈夫かな？　いささか心配になる青年でもありました。

4月21日（日）

今日は当番ではありませんが、中央の安保破棄実行委員会のメンバーが全国からこられ、日本ＡＡＬＡの事務局長も来られるということで、馳せ参じた次第。

途中、東村の役場近くで交通事故、軽四トラックがペシャンコになっていました。電柱に激突したらしい。運転手は死亡。報道によると名護でも自動二輪車の青年がはみ出し運転で衝突死亡。

沖縄本島北部のヤンバル路には信号が少なく、事故が多発します。

大宜味村内では、恒例のトリムマラソンがスタンバイしていますが、天候は今ひとつぱっとしません。

九時三〇分、大型バスで一行四五名が到着、

現状の報告や参加者からの挨拶など二時間ほどの集会を終えて、一同腕を組み『沖縄を返せ』『一坪たりとも渡すまい』『頑張ろう』などを高江の森に思い切りこだまさせて帰途につかれました。

4月22日（月）

当番は四人、配置に付く間もなく、関西勤労協のメンバー一四人が来られました。

住民の会の伊佐育子さんから丁寧な説明を受け、私たちともしばし交流、「中田進先生はお元気ですか」とたずねると「え？　中田先生ご存じですか。お元気ですよ」「若い頃、何度か講演を聴いたことがありますので」そんなやりとりもあり、その昔、勤通大や保育運動の中でお世話になったことが思い出されます。

一行が元気よく帰られた後の高江は静かです。後は常連でユンタク。

4月28日（日）

「四・二八政府式典に抗議する

『屈辱の日』沖縄大会」参加

朝八時に大宜味村から参加する村民のバスに同乗。大型バスは満席。後一台が後続のよし。村長、教育長、議員等に9条の会のメンバー、婦人会、老人会員等、次々に乗り込んできます。高速道路を走ること二時間。あっという間に会場は埋め尽くされました。駐車場は大型バスが列をなしています。

開会は一一時、オープニングはさすが沖縄、二組のミュージシャンが気分を盛り上げていきます。三線でギターで太鼓でハーモニカで。続いて壇上には、全会一致で抗議決議をした県会議員一同、国会議員、各市町村長、市町村議員、実行委員会団体代表などが紹介されながら上がってきます。

一〇日あまりの準備で百団体以上の実行委員会参加団体が出来たといい沖縄県民の怒りの程を思い知らされます。

壇上がいっぱいになったところで、参加者全員が起立、互いに腕を組みテーマ曲『沖縄を返せ』が三線とギターの伴奏で斉唱。思わず涙が溢れ、声が出せなくなりました。

開会宣言に続いては経過報告とカンパの訴え。次々と三分間ずつ、それぞれ怒りと闘いの気迫がこもった弁、挨拶がつづきます。とりわけ名護稲嶺市長の時折、琉球語も混じる連帯の挨拶には、共感の拍手がひときわ高く上がりました。また、沖縄本島・中部の九団体を組織する中部地区青年団協議会の「これから、歴史を学びながら、全国の青年に向けて、沖縄の若者の声を発信していく」という力強い言葉には、会場全体が感動の拍手を送り続けました。

参加者は会場に入りきれない人もあり、一万人は越えたと発表されました。

最後は、大会スローガンの唱和が会場全体に響きわたりました。

何と充実した力強い集会か。金で、甘言で沖縄を軍事要塞とするアメリカの忠実な僕としての役割を果たし続ける日本政府への断固とした決意がみなぎる集会でした。大宜味村からは人口の一割の三百人の参加でした。

4月29日（月）

今日の当番は四人。先ず、北海道から二度目という来訪者。昨日の集会参加も兼ねてこられたといわれます。ひとしきり北海道がテントの話題になっているところに住民の会の方々が次々にやってきます。

間もなく、赤嶺弁護士に連れられて琉球大学の学生一行がこられるよし。

と言う間もなく、車二台に分乗した若者たちがやってきました。彼らは、五月三日の憲法記念日に那覇で開催される集会で、高江の闘いを朗読劇にして演じるとのこと。出演者は那覇の四大学の有志でその内の六人が、役柄を理解し、現地を感じたいということでの来訪。

赤嶺弁護士が中心で準備しているとのこと。この赤嶺弁護士はぽっちゃりとかわいい色白の女性。赤嶺政賢さんのお嬢さんでした。若者たちは、住民の会の若いお母さんたちとしっかり交流しながら嬉しそう。大宜味9条の会・事務局長の金城さんや住民の会の伊佐さんからの高江の闘いのレクチャーには、真剣に耳を傾け、ノートをとるなど頼もしい限り。

今は中断されているオスプレイパッドの建設現場を、バリケード代わりに置かれているキャンピングカーの上に上がって代わる代わる覗いていました。私たちの孫の世代の若者たち、「また来てね。後を頼ん

四・二八政府式典に抗議する「屈辱の日」沖縄大会決議

安倍内閣は、サンフランシスコ講和条約が発効した四月二八日を「主権回復の日」として、政府主催の式典を本日開催している。

われわれは、政府式典に抗議するため怒りをもってここに結集した。

沖縄県議会はさる三月二九日、「四・二八『主権回復・国際社会復帰を記念する式典』に対する抗議決議」を全会一致で可決した。

県内市町村でも抗議決議が次々と可決され、全国でも式典に抗議し、中止を求める声が広がっている。

一九五二年四月二八日に発行したサンフランシスコ講和条約によって、沖縄、奄美、小笠原は日本から切り離され、米軍占領下に置かれた。また、同日発効された日米安保条約によって日本には米軍基地が存続することになった。

米軍占領下の二七年間、沖縄では、銃剣とブルドー

ザーによる強制接収で米軍基地が拡大され、県民には日本国憲法が適用されず、基本的人権や諸権利が奪われ、幾多の残虐非道な米兵犯罪によって人間としての尊厳が踏みにじられてきた。

ゆえに四・二八は、沖縄県民にとって『屈辱の日』にほかならない。

一九七二年の復帰以降も県民が求めた基地のない平和で豊かな沖縄の実現にはほど遠く、今日なお、国土面積の〇・六％の沖縄に在日米軍専用施設の七四％が居座っている。米兵による事件事故や爆音などの基地被害によって県民の平和的生存権、基本的人権は著しく侵害されている。

県知事、県議会、四一市町村の長と議会議長の県民総意の反対を押し切って、昨年、普天間基地に欠陥機オスプレイが強行配備された。更なる追加配備、嘉手納基地への配備計画の浮上、辺野古新基地建設手続きの強行など、県民総意を否定するこの国のありようは果たして民主主義といえるのか。国民主権国家としての日本の在り方が問われている。

この現状の中、沖縄が切り捨てられた『屈辱の日』に、『主権回復の日』としての政府式典を開催することは、沖縄県民の心を踏みにじり、再び、沖縄切捨てを行うものであり、到底許されるものではない。

よって、我々沖縄県民は政府式典に「がってぃんならん」との憤りをもって、強く抗議する。

二〇一三年四月二八日

四・二八政府式典に抗議する
「屈辱の日」沖縄大会

沖縄大会スローガン

●沖縄切捨て米軍占領下に置いた「屈辱の日」を、「主権回復の日」とする政府式典はがってぃんならん！

●欠陥機オスプレイを即時撤去し、追加配備と嘉手納基地への配備計画をただちに撤回せよ

●米軍普天間基地をただちに閉鎖・撤去し、県内移設を断念せよ

●基地のない平和で、みどり豊かな沖縄を実現しよう

だよ」「ハイ、またきます」いいね、いいね。「三日には見に行きますからね」

5月6日（月）　連休最終日

またもや米海軍の軍曹が女性のアパートに酒に酔い侵入して逮捕されたとの報道がされました。このところ頻繁で、飲酒後の外出は禁止されていながら、おちおち一人暮らしも出来ない状況です。その上、一三日に沖縄に来て元議員の下地氏と固い握手をした橋本大阪市長は、「在日米軍に対し、海兵隊員による風俗営業者の活用を求めた」と報道され、「軍隊に慰安婦は必要だ」との発言もあったそうです。

何と非人間的な行動と発言か。女性を道具扱いして、男性の人格さえも侮辱するものだと、沖縄県内では一斉に抗議の声が上がっています。

沖縄戦で目の前で国内外の若い女性が、日本兵の性処理の道具にされてきた現状を見てきた人の思いはひとしおです。

ところで六日、今日も高江は静か。

泊り込みの支援者もいません。

アカショウビンや鶯が少し離れたところで、《ヒュウルル、ヒュウルル》《ホーホケキョ、ケキョケキョ》と青葉の木々の間で声を交わしています。連休も最終日。

テント前の県道は、ひっきりなしにオートバイが猛スピードで走り抜け爆音が会話を遮ります。

つい先日も死亡事故があったばかり。ヤンバルクイナの交通事故の報道も絶えません。信号のない曲がりくねった道を走る快感は分かるのですが…。時折立ち寄ってパンフを貰って礼を言って走り去るドライバーもいますけど。

5月13日（月）　終日雨

久しぶりに東京から富久さんが来られていました。彼は東京・霞が関前で「原発反対」のテントを構え、座り込みをしている人。約半年振りの来沖です。今一人は京都からこの方も半年振り。

「久しぶりですね」「ええ、来たいと思いながら一旦帰るとなかなか来られなくて、でもここに来るとほっとします。癒されますねー」

他にカメラマンや若者が三人。

他のテントにも四人ほどが配置についています。

雨が強くなったり、弱くなったり、でも止みません。もうすぐ梅雨に入ると予報されました。（一五日梅雨入りとなりました）

新しい来訪者は毎月、お菓子を持って琉球弁で「頑張ってくださいよ」と声をかけていく中部の支援のご夫婦だけ。

伊佐のおじいが散歩の途中に立ち寄られました。

「私の母の従兄弟がよ、戦争中朝鮮にいっとったんだが、戦後引き上げてきてよ、母と話しているのを聞いたのよ。母が『お前朝鮮で何しとったか』と聞いたらよ、警察官だって、いったって。そして朝鮮の若い娘や若い女を捕まえて、軍に渡す仕事をしていたというのを聞いたよ」「その夫が追いかけてきたら剣で脅して帰らせたんだと」。

「私はその時は一五歳ぐらいでよ。へーそんなことを警察がするのかと恐ろしくなったことがあるよ」

みんなシーンとして聞き入りながら、その後はしばらく朝鮮ピーと言われた沖縄の『従軍慰安婦』の話、沖縄の『慰安所』の話が昨日のことのように続きました。おじいのこの話を聴くのは二度目、でも新鮮に感じます。

慰安婦や慰安所が決して女性の自発的な行為ではなく、軍隊に命令された警察と業者が朝鮮や台湾、日本国内などからの拉致と強制によって作られていった生々しい話が熱く語り合われました。

おじいが「私は少し歩いてこようね」と帰られたテントの中では、ひとしきり安倍内閣の軍備増強のありようが話題となり、森喜朗や小泉、安倍首相など清和会など政界の闇と米政界のつながり等アメリカの掌の中で泳がされる日本の姿に「そうだね」「そうだね」「何とかしたいね」。

そんな話をしていると住民の会の伊佐さんが来られて「来週の月曜日、自治労、日教組、社青同などの青年が来るといってきました。そこで平良啓子さんの話が聞きたいといってきたのでよろしくお願いします」。

「え、私の話ですか。何の話を？　何人くらい？」と啓子さん。

「そう、三〇人位て、対馬丸の話が聞きたいのではないですか」「分かりました。忙しいね、五月六月は講演依頼が多くてね、手帳が真っ黒」

平良さんは七九歳、もうすぐ八〇歳になられます。でも県内の講演依頼には自分で車を運転して出かけ、私たちは、はらはら。

そして講演で貰う謝礼は、対馬丸記念館の維持費に全て当てられるとか。対馬丸の生存者も追々少なくなっており、会館の維持も大変のようです。

私たちの帰る時間が迫ってきました。雨がようやく小降りになりました。

5月20日（月） 今日は梅雨の一時の晴れ日

全国からの労組を中心とする平和行進が三日前から県内で行われ、昨日、普天間基地のある宜野湾市で三千五百人の沖縄集会が開催されました。

午前中、この平和行進や集会に参加した若者たちが大型の観光バスで来訪。新聞労連を中心とするマスコミ労組の四三人です。多くの記者達の一団は元気、元気。—きちんと発信して！—

続いて富士国際旅行社の平和ツアー八名が小型バスで。全国各地からの参加。

午後二時、自治労、日教組、全林野、私鉄総連、国労等の青年部を中心にした平和友好祭実行委のメンバー三二人がやってきました。

いずれも熱心に高江を学んでいました。その多くが沖縄の米軍基地の実態を初めて目にする青年でした。

政治を変えなければ—、実情を拡げなければ—、職場で起こっている支配の構図と同じ—、私たちがもっと真剣に考え行動しなければ—等々、約二時間、若者たちの真剣な声が森に吸い込まれていました。そこにヘリの轟音が響き、米軍車両が行き来します。

若者たちは沖縄の現状を直接感じたようでした。

今日は、後、個人が四名の計八七名が来訪。

絶え間なく山々を縫うように、鶯の鳴き渡る声が少し強くなった日差しのテント前広場の若者たちを癒しているようでした。

5月27日（月） 今日は雨一滴もなし

Aテントは大宜味9条の会七名、Bテントには、担当の医療生協らと民商の担当者六人。ヤンバルの森にはもう蝉が鳴き始めました。小鳥のさえずりも増えてきました。アカショウビンとかメジロ、鶯等々。

立ち寄られたBテントの方々とのしばしのユンタク。

話題の中心は朝鮮戦争と沖縄戦との関連とアメリカの覇権の経過をめぐって。

朝鮮が分断されていった経過は、アメリカの意図が明確であることが判り納得。

加えて、米韓の北朝鮮国境近くでの合同演習、日米韓の東シナ海での合同演習が、北朝鮮への挑発であることは間違いないことも話題に。

沖縄の地元紙はこの演習で、はえ縄漁船のはえ縄が、海上自衛隊や米軍の艦艇に切断される被害が相次いでおり、大きな損害が出ていることも報じています。改めて国民の暮らしを破壊しながらの軍事演習が国民のためでないことを告げています。

午後、住民の会の伊佐さんが顔を出されました。

二二日、住民の会のメンバー二〇人が村長に、「既に完成したヘリパッドの使用禁止、ノグチゲラの営巣期間の訓練禁止を求める」ように要請したことが報道されています。

「住民の会が東村村長に要請書を出したと新聞出てたけどどうだったん?」「はい、時間が来たから終わりです」、といつもと同じ、「村長に喋らすとぼろが出るから、喋らさないわけよ」「僕らが、村長は以前、作っても使わせないと発言してけど、と言っても記憶にないと否定してオスプレイの配備に反対の立場は変わらないというだけ」

久方振りに福島からの移住者・遠藤さんが油が切れかけの単車で来訪、南部から四時間掛かったとか。

福島には放射能の値が高くて帰ることが出来ないけど、一円の補償もないといいます。

「どうして?」「東電から五〇キロ離れているから」「三〇キロ離れで、避難している人でも八万円ぽっきり」「僕の親戚なんか、家にも入れないし、近づけないよ、それでも八万円」

そしてしばらく、復興予算について居合わせた人たちの怒りの会話となりました。

沖縄にまで復興予算が使われているというのに、現地には廻っていないことへのいらだたしさ。

「今、僕も裁判に参加しているけど、ひどいよね」「ほんと。頑張ってくださいよ」

昨年、彼はこのヤンバルできくらげを大量に取ってきて、私たちにも分配があり、てんぷらが美味しかったことを思い出しました。しばらくして彼はガソリンスタンド目指して山を下って行きました。今夜はヤンバル泊まりとか。

6月24日（月）

高江の森に金属的なオオシマゼミの鳴き声も響きはじめました。真夏の太陽の季節となったヤンバル高江のテント前のアスファルトは焼けつくよう。

福島からのご夫妻。福岡から中年の女性が一人で。次々に支援者が来られます。短時間ながら熱い会話が飛び交いそのつど、気持ちが行きかい、連帯の輪が広がるのを実感。

二人の二三歳と一九歳の若い女性がキリスト教大学の先生に案内されてきました。福島の実情を伝えるために全国を行脚しているとか。鹿児島までは軽四で、そこから二六時間の船旅で、二人ずつが二手に分かれて沖縄を回っているとのこと。

どうしても福島の〝本当〟を知ってもらいたいとその話は熱を帯びます。

ついついその行動費の捻出が案じられました。それにしてもなんとイカス若者。

今日の当番は、9条の会代表の平良啓子さんと島袋夫妻、東風平さん、私たち夫婦の五人。平良さんは、「慰霊の日」を挟む平和学習講演活動で東奔西走、今朝は高江小・中学校の講演に午前中出かけました。明日は県南部での講演とか。今月はまだ四か所が予定されています。『二度と対馬丸のような悲劇を生まないために』。子どもたちに願いを込めた講演活動です。

午後、島根県から〝好夢員〟が勢いよくやってきました。「僕は好夢員塾という塾を仲間とやってます、県庁につとめています。ここに来たのは…」と矢次ばやに自己紹介、「沖縄に来たのは初めてで、知らないことが沢山あって、色々、勉強して発信をしていく活動をしたいと思っています」。

元県職員の島袋夫妻も聞き耳を立てます。

「自治体の職員なら、がんばってほしいですね、憲法の地方自治の原則の守り手ですからね」「それが、今は自分の発言をする人がなくて上からのいわれたとおりですし、意見を持とうとする人が少なくて…」「自治体労働者は、ゆりかごから墓場まで、住民の暮らしの守り手なんだから、がんばってもらわなくちゃ」「そうなんですよね、でも、僕、労働組合はチョット」「どうして？　労働組合は世界の労働者が命をかけて作ってきたもので、不十分でも法律で守られている権利ですよ。これを使わない手はないと思いますがね」「いや今の組合は…」「それを変えなくて職場での発言は難しいのでは…若いのだから頑張って」など労働組合活動の熱い話となりました。

「島根県も竹島の問題がありますよね」「そうなんです。岩国も近いし」。それから基地の話となり延々一時間を超える話が続き、「また、来ますね」と帰った四日後、この青年から「有意義な話をお聞きすることができ、ありがとうございました」という絵葉書が届けられました。

―――・―――

高江通行妨害訴訟、伊佐さん高裁敗訴
―伊佐さん「屈せず闘う」―

国が住民を相手取って争う異例の民事訴訟、高江交通妨害訴訟は、二五日午後二時から福岡高裁那覇支部で開廷されました。

裁判は、今泉裁判長の「本件控訴を棄却する。公訴費用は公訴人の負担とする」という主文のみの言い渡しで一分で閉廷しました。

この裁判は、東村高江での米軍のヘリパッドの建設計画に、住民らが自然破壊になる、演習による騒音や墜落の危険が予測される、安心して暮らせないと二〇〇七年から非暴力の座り込みの反対運動してきたのに対して、国が通行妨害禁止の仮処分を申請したことに始まります。

国は始め、一五人の住民に対して、交通妨害禁止の仮処分を申請、行動に参加したこともない一五歳の少女まで入れてのその内容があまりにもずさんで、結果、伊佐さんら一一人の妨害行為を認定、国が妨害禁止を求めて提訴、伊佐さんだけが妨害行為をしたと認定されました。

その証拠は住民や支援者と手を高く上げていることが理由となっています。

伊佐さんは高裁に控訴、今回の判決となったものです。

7月1日（月）

いよいよ七月、私たちは八時に現場着、すでに青年劇場の大月さんたちが、トランシーバー片手に車の監視を始めています。

写真家の森住卓さんや昨日の報告会に参加した支援者が多いようです。

村内では、崖崩れなどの補修工事のため、ひっきりなしにダンプが行きかいます。監視活動も五カ所。昼

東村高江の座り込み六年　報告会を開催

「ヘリパッドいらない住民の会」は三〇日、座り込み六周年の報告会を開催しました。

二時開会予定の報告会には、早くから参加者が続々と車やバスで駆けつけ、会場は瞬く間に満杯となりました。赤ちゃん連れの夫婦、車椅子のお年寄り、東京や京都から駆け付けた人、県内各地からも。若者や子どもづれの若い人が目立ちます。

集会は、今月、すい臓がんでとうとう亡くなられた、座り込みを指導し励まし続けてきた『大西照雄さん』への黙とうから始まりました。つづいて六年前から続けられている座り込みの支援者への感謝の開会挨拶。

私たちの参加も丸二年、高江のすわりこみも一五〇回を超えました。この集会参加は三回目になります。

続いて、通行妨害訴訟の控訴審判決までの経過を赤嶺朝子弁護士から、映像を使っての報告が行われました。

証拠とされるどの映像もおよそ妨害などとは考えられないもので、防衛局員と並んでいるところ、局員のそばを歩いているところなどが証拠といわれ、参加者からは怒りの声が上がっていました。ワジ、ワジ！！

伊佐さんは、「裁判は、住民を分断し、威嚇をするためのものです。当局は六年かけて一つのヘリパッドしか作れなかった。これは座り込みの成果であり、現状を回復させるまで頑張っていきたい。裁判は、高江の運動を全国に広げる役割も果たした。この国の言い分が当たり前になれば、国民は、政府のすることに反対することもできなくなる。このスラップ裁判を許すことはできない。さらに屈することなく、闘い続けていく、一緒に頑張りましょう」と力強く挨拶されました。

プログラムの最後は『非戦を選ぶ演劇人の会』の朗読劇「私の村から戦争が始まる」です。

青年劇場や東京の劇団に所属する演劇人と沖縄の演劇人、弁護団弁護士や住民も出演し、今日までの高江の闘いと思い、主張を上演、参加者から共感の大きな拍手が送られました。

前に「防衛局に電話したら、今日は工事はしないといった」との連絡が入り、工事の様子はありませんでした。

夕立が二度あって幾分涼しくなった座り込みでした。

7月3日（水）　炎天下の攻防戦はじまる

新聞報道によると、二日から防衛局は工事のための測量を始めたとのこと。

今までは、使わないとされていた米軍基地の通用門・メインゲートを使っての工事車両の通行があったといいます。

これから炎天下での攻防戦が始まります。自衛隊が購入するというオスプレイもここで訓練するというのでしょうか。

7月8日（月）

日本国民の命と暮らしが直接関わる参議院議員選挙の公示から四日目、鳥たちの営巣機関が終わった今月から防衛局は工事強行をしてくるのではないかと警戒感が強まっている高江のオスプレイパッドの座り込みテント。

私たちは、今月から一時間早く家を出ての座り込みとなっています。

しかし、今のところ大きな動きはないようです。

報道によれば、防衛局は完成した一つのパッドを検査完了次第、米軍に引き渡すとしています。

これが米軍の手に渡れば私たちが座り込んでいるN4テントのすぐ後ろにあるヘリパッドでのオスプレイの地着陸訓練が行われることになります。

現在、高江の座り込みは米軍ゲート前のテントとN4Aの二か所で行われています。

今日のN4・Aのテントには大宜味九条の会員七人、会話は自然と選挙情勢やその行方に花が咲きました。

とりわけ、ここの闘いに情熱を燃やしてきた山城博治さんの支援者も多く、祈るような気持ちが漂います。

同時に選挙の結果、工事がどう進められるかも大きな緊張を呼んでいます。

参議選の影響か来訪者はほとんどありません。

7月15日（月）

昨日、那覇市議選が告示となり、参議選と合わせた熱い闘いが沖縄を包んでいます。

那覇市内には市議候補の顔写真入りの旗がはため

き、遠く離れた私たちの住む北部の大宜味村のあちこちの電柱にも那覇市議候補のポスターが貼られています。

地縁、血縁の強い沖縄では、出身地や門中などが大きな力になるようです。政権党の幹部も次々に来沖、全国で唯一革新共闘を組み、米軍基地と対峙する沖縄の闘いに挑んでいます。

政権党の候補者は言います。

曰く「沖縄の負担を軽減するために努力する」

曰く「沖縄県民の意見は、理解できる」

曰く「県民の皆さんに丁寧に説明してですね、理解してもらうようにしたいと思います」

しかし、普天間基地撤去、辺野古基地建設には口をつぐんだまま。

7月22日（月）

昨夜、選挙の結果が出ました。

沖縄の革新統一の席は守られました。しかし、そうそうの儀間候補が、維新の会から辺野古基地建設を掲げて当選、何かと暗躍を続けてきた国民新党・下地氏の力を温存するようだといわれています。

沖縄の米軍基地、自衛隊基地をめぐる利権の動きが懸念されます。

残念ながら社会民主党の沖縄の議席を守ることはできませんでした。

一一時ころ、県道わきの藪の中で、環境保全研究所の車二台の駐車が見つかりました。五、六人が工事現場に入っている様子。直ちに監視体制が強化されました。

しかしその姿は容易に発見できず、夕刻、ようやく接触することができたようですが、私たちの帰宅時間となり、その後の様子は分からずじまいとなりました。帰り際に大分から女性の支援者が来られました。

―― ・ ――

防衛局
米軍普天間飛行場ゲートに鉄柵を新設
オスプレイ配備に反対する市民行動への妨害・排除

参議選の投開票の翌日の午後八時、オスプレイ配備反対の座り込み行動が続けられている米軍普天間飛行場第三ゲート前広場に鉄柵が突如、新設されました。

座り込みの人々が去った後を待ち構えての作業だったといいます。

この広場は、米軍の蛮行や基地反対などのデモの集結地としても使われ、今はオスプレイ配備反対の座り込み抗議行動が行われているところです。

防衛局の土木課長は、「中に侵入する、安全確保のためにも必要」と抗議行動を阻止するためのものであることを認めました。

非暴力で、抗議の座り込み行動をしている住民を排除することが目的のこのフエンスの新設が、自民党が圧勝した選挙の翌日に強行されたことで、県民の怒りはさらに深まっています。

選挙中、入れ替わり立ち代わり、来沖して、「沖縄県民の気持ちはわかる。負担軽減に努める」とか「丁寧に説明して、理解をしてもらう」とかは、嘘っぱちであることが早くも明らかになりました。

防衛省幹部は「米軍から強い要望を受け設置に至った」と語り、昨年九月のオスプレイ配備に反対する住民が座り込んで米軍の出入りができなくなって、米軍が政府に抗議したことがあります。

「提供区域を明確化し、外からの侵入を阻止して円滑な基地運用を確保するためだ」と鉄柵の目的を語っています。

真夜中の普天間飛行場移設の環境影響評価書の搬入といい、今回の抜き打ちの工事強行といい、高江のオスプレイパッド建設の説明も目的も明かさないまま進める態度といい、およそ民主国家の一員などと言えない日米政府の強権行為は許せません。

一連の防衛局の行為を見ていると、まさに米軍・米政府の出先機関であり、忠実な僕としか見えず、その見張り役として警察が動くのが、目に見えます。同時に安倍政権の意思も全く同心であることが確認できます。

北部訓練場正面ゲート前で訓練に来た海兵隊員にNOオスプレイを呼び掛ける仲間たち

高江とオスプレイ配備に抗議する沖縄の闘い

「標的の村」が映画に

8月10日から全国順次ロードショー

昨年夏の東村・高江でのオスプレイパッド建設をめぐる防衛局と建設に抗議し説明を求め座り込む住民との激しいやり取り。戦後のヤンバルの米軍北部訓練場で行われてきたヴェトナム戦争の訓練、そこには高江の住民をヴェトナム人に仕立てた訓練もありました。その様子を高見で見物する米軍幹部。

そして昨年九月に強行された普天間へのオスプレイ配備に反対する県民の座り込みをゴボーヌキにする警官、弁護士もマスコミも蹴散らす警官、あざ笑う米兵の姿など絶えることのない米軍基地をめぐる県民の怒りの姿をとらえたカメラ。

一二月から放映されたテレビ映像は、ＤＶＤとなって全国で視聴され闘いの輪を広げてきました。この映像をベースに九〇分の映画となって上映が始まりました。東京でのロードショウを皮切りに順次全国での取り組みが始まります。

この映画化には、裁判所が伊佐さんの裁判に関するシーンにいちゃもんをつけて、弁護士や関係者の激しい怒りを買い、裁判所は引っ込まざるを得ない状況の一幕もありました。高江での攻防戦には私たち夫婦も参加しており、映像には連れ合いの顔もあります。

上映会パンフレット

7月29日（月）

二〇一一年六月から参加してきた私たちの二年一カ月目、初めて私事で座り込みを休みました。松山から一〇歳の孫たち三人の沖縄ツアーに付き合ったため。八月からまた続けます。

8月4日（月）

午前八時現場につくと現さんが、道路わきの林の高い脚立の上で、双眼鏡とトランシーバーで、ヘリパッドと道路を見張っています。

今のところ、現場では音も姿もなく何事もない模様。私たちの到着で、現さんは「後をお願いします。畑に行ってこようね」と交代。

朝六時からそれぞれの部署で監視行動が始まっています。今朝は四か所。

時折ライダーが轟音を立て、猛スピードで行き交い、レンタカーの乗用車、米軍のYナンバー車などが通り過ぎていく以外大きな変化はありません。

九時過ぎ、仲間が三名来て今日のテントAの当番は五名。私たち二人には二週間ぶりの会話が弾みます。今日はオスプレイの追加配備が予定されており、まずはこの怒りから…。

午後三時すぎ、沖国大の学生二五人がやってきました。レクチャーは最近住民の会の事務局員になった一八歳になったばかりの夏樹君が担当、フォローは私の連れ合いの一郎氏。

続いて、大東学院高校の教師六名が来訪。「秋の修学旅行の下見に来ました」「去年も来られましたよね」「ええ、毎年来たいと思っています。生徒には実際を見てほしいと思うのです」等々の会話の後、『標的の村』のDVDを土産に汗を拭き拭き辺野古に向かって行かれました。

座り込みも二年を過ぎると国内外の顔見知りも多くなりました。

沖国大の学生たちも晴れ晴れとした顔で、「また来てくださいね」に「また来ますから」と元気よく帰っていきます。夏樹君「緊張しました。説明って難しいですね。準備はしてきたんだけど」「なれること。そして勉強ね」

今日もまだ、工事の動きは見られません。東村はパインの名産地。日本一と誇っています。そのパイン、今が最盛期。品種も色々。雨がないのが響かないのかと気にかかります。

米軍ヘリ墜落

――・――

宜野座村松田、民家まで2キロ、県民はいつ自分の上にの恐怖

五日午後四時ごろ、米軍嘉手納基地所属の救難ヘリコプター一機が墜落、炎上しました。

ヘリには少なくとも四人が搭乗していました。うち一人の死亡が確認されています。

墜落地域は、宜野座村の米軍基地キャンプ・ハンセン内の山林ですが、二キロの位置には民家が点在しています。また二キロの距離にゴルフ場、三・八キロ先には村役場があり、一キロ先には沖縄自動車道が走っています。

沖縄が日本に復帰した後、四〇年間に米軍機の墜落事故は四五件目で、内ヘリの墜落事故は一七件目となっています。

一方、五日には普天間に追加配備のオスプレイが到着する予定で普天間基地では、県民の激しい抗議行動が行われていました。

米軍海兵隊は、ヘリの墜落事故を受けて、オスプレイの配備を延期すると発表しました。

政府、沈静化に躍起、県は不信感を増幅
県民「民間地だったら」と絶句

事故前から沖縄自動車道の上空で事故機と思われるヘリが訓練していたといわれます。周辺ではオスプレイの訓練も頻繁に行われ近くで農作業をしていた住民は「あと少しで民間地だと思うとぞっとする。訓練はすぐやめてほしい」と声を震わせていました。

米軍は地元の消防、警察の進入を拒否。パトカーの米軍基地内への立ち入りを禁止しています。

また、基地内の墜落現場近くにある大川ダムからの取水も中止されました。

8月12日（月）

一週間は早い。ニュースを印刷して発送したらもう月曜。

おにぎりを一六個握って出発。朝早くから監視活動をしている支援者の顔が浮かびます。

今日はN４テントの七〇メートルほど先の基地内で

やっぱり、枯葉剤・ダイオキシンだった

沖縄市・サッカー場のドラム缶

沖縄市の米軍基地返還跡地のサッカー場の地中からドラム缶が発見され、防衛局はダイオキシンが検出されたと発表しました。

このサッカー場は、返還後すでに一五年使用しており、今回、天然芝を人工芝に張り替える工事の中で多くのドラム缶が発見され、ヴェトナム戦争時の枯葉剤じゃないかと不安を呼んでいました。

防衛局はダイオキシン類だと発表しながら除草剤だといっています。

これまで日米政府は、これまでその存在を否定してきました。

ダイオキシンの処理や分析技術を研究する愛媛大学の本田克久教授は「この物質が七割を占めるのは枯葉剤の条件以外では考えられない」と指摘。枯葉剤由来のダイオキシン類だと断言されています。

発がん性のある猛毒のダイオキシン類が国の基準値を超過して検出されたことに大きな衝撃が走っています。

本来、基地の返還に伴う跡地の原状回復は、基地使用者がするのが当然ですが、日本は日米地位協定で、日本政府が行うとされています。

沖縄市は、国に徹底した調査とその経緯の報告を求めるとともに、市での全面調査も行うとしています。

フイリピン、パナマ、韓国、ヴェトナム等でも米政府による不十分ながらの原状回復がされています。米軍は国際法違反の生物化学兵器・ダイオキシンの使用を証明されたことになります。

今後の基地返還跡地でも同様の発見は当然あると思われ、環境汚染を放置したまま自治体に返還した日本政府の責任も厳しく問われています。

作業が始まりました。五人の作業員が杭打ちをしています。暑い中、ヘルメットをかぶり鉄棒を打ち込んでいる様子。一五分おきに状況の交換がトランシーバーで交わされ緊張した気分が漂います。

昨年と違って、演習場のメインゲートから堂々と入っての作業のようで、メインゲート前の監視のメンバーからは、ひっきりなしの連絡が入ります。

東京から一〇日ほどの日程で来たという常連の「高江ユンタク」の女性がトランシーバーを握っていました。来訪者は、横浜の教師夫妻、続いて京都の高校教師四人。大阪の教師二人。

東京や横浜での活動が途絶えることなく交流され、高江の闘いが広がっていることに感動さえ覚えます。

東京で始まった「標的の村」の上映の滑り出しは上々のようで、二五日には伊佐さんの挨拶も予定され、伊佐さんが「羽田から東中野まで何分かかるかな」と聞いてくるなど、「日本は狭いねー」。

持参したおにぎりがみんなに行き渡るほどでよかった。

今日は泊まるという来訪者を残して帰宅。雨は降りません。土がカチカチで草引きもできません。

8月19日（月）

今日は沖縄ではお盆のウンケー。親族のお墓参りや親族訪問で大忙し。工事業者もさすがに工事には来ないようです。

先月二九日、本年度に工事を実施する予定地の一部が、険しい崖に接しており、ヘリの離着陸訓練や風雨で崩落する危険があることが情報公開請求で明らかになり、『ヘリパッドいらない住民の会』は、「土地の造成のために森林を伐採すれば表土が露出し、侵食されて崩落する恐れがある」として、県に赤土等流出防止条例に基づき中止命令を出すよう要請しました。住民の会は「崖が崩壊する恐れが極めて強く、大規模な災害の発生が危惧される」と指摘しています。

一月には別のヘリパッドが赤土流出で崩落しており、防衛局の用地選定や工法に重大な問題があるとしています。

防衛局は二九日、建設予定地の「枝打ち」を始めました。

墜落事故を起こして間もないのに、飛行訓練を開始した米軍は、事故現場や道路工事や農作業をしている県民の上空を低空飛行訓練や旋回を繰り返しています。「住民の会」は、一六日、防衛局に造成中の工事を中止すること、完成したヘリパッドを米軍に提供しないよう要請。県へは工事中止をするよう命令するよう申し入れました。

今夜は台風が近寄る気配。「雨はほしいけど風はいらないですよね」などとノウテンキなことを言うと「いいや、風もいるんですよ。風が虫を払ってくれるんですよ」「沖縄には台風はいるんですよ。程度はありますけどね」。成程なー。「今日は実家で『ウトウトお参り』があるから親戚も来るので先に帰りますね」

今日の当番は五人、午後からは私たち夫婦のみとなりました。

現さんが農作業帰りに立ち寄られました。移住してきた若い住民の会の仲間にもいろいろな動きがある様子。結婚した人、カップルができたことなど、いいね、いいね、いいね。

現さん二五日には東京へ行かれるとか。

8月26日（月）

ない！　当番が運ぶことになっている受付テントの諸物資がありません。いつも住民の会の事務局に立ち寄って運ぶことになっています。誰が持って行ったのだろう。急いでテントに向かうと、六十年配の女性が一人トランシーバーを握っています。

「福岡から二一日から一〇日の予定で今年も来ました。昨夜、業者がはいろうとしたんですよ。私たちがもしかしたら、ということで一〇人ほどがメインゲートを張っていたんですが、九時になったのでもう来ないだろうと解散して、一時間後、四人が車の中などで仮眠していたら、一〇時頃、六台の車で業者が来たんですよ。あわてて緊急連絡をとり、間島さんが体を張って、阻止したら業者は帰っていきました」

「いよいよやる気ですね、それにしても夜中にくるなんて、悪いことをしていると思っているんでしょうかね」「夜中に入って、一週間くらい森の中で寝泊まりして作業するのではないかという人もいます。こちらの体制が弱まったのを見計らってのことで、あちらも私たちを見張っているんですね」。

次々大宜味9条の会のメンバーがやってきて、テント内は賑やかになりました。沖縄県人は、この一週間、お盆でへとへとの様子。「私たちは先祖もちだからお盆はたいへんよ。次々に人が来てね」「でも、これがあるから、親戚も顔を合わせられるんだよ、普段忙しいからね」。ご尤もです。

ひっきりなしにダンプや車が県道を行き交い、それが関係車両か、作業車か監視の目を光らせトランシーバーでの交信も行き交います。でも、今日は作業の様子が見えません。

そこへNHKの男性の記者が新任の挨拶に落花生を持って来訪。千葉県出身だそう。「しっかり報道して下さいね」「頼りにしてますよ」口々に激励やら要望やら「ハイ、頑張ります。よろしくお願いします。いろいろ教えてください」とさわやかに帰って行きました。

続いて、赤ちゃんを連れた一行五人が来られました。三四歳の千葉市議とその連れ合い、一歳半の長男、お母さんと妹の家族五名。市議二期目、「ようやく休暇が取れたので、辺野古にも行ってきました」。「今度は市議団で来てください」「頑張ってみます」。坊やはみんなと握手してバイバイ。「東京と言い、大阪と言い、千葉といい、頼もしい若者の出現もうれしいよね」。これもご尤も。

新婦人の棚原さんが差し入れを持って「こんにちは、しばらくでした」。彼女はBテントが持ち揚。東京から二組が来訪。それぞれ「標的の村」を見てきたそうで、連日満員とのこと。昨日は伊佐さんと現さん（安次嶺現達さん）が舞台挨拶をしたそうです。これから全国で上映されて行きますが、沖縄、高江での闘いが全国に知れ渡り共感が広がることを願わずにはおれません。

二二日は、対馬丸遭難六九年目の祈念の日でした。今日、日中は工事の動きは見られませんでしたが、支援者は次々とやってきています。

ヤンバル路は心なしか涼しさが感じられ夏も終わりの気配。いつの間にか蔦の声が聞こえなくなっていました。

沖縄は豊年祭や海神祭が地域ごとに楽しげに展開される季節です。

「台風はどうなった？」「沖縄を避けていくみたいよ」「豊年祭には来てほしくないね」「でも、雨はほしいさ、畑がたいへんよ」

森からはオオシマゼミの金属的な鳴き声が〝カーン、カーン〟と響いています。

私たちの一〇時間ほどの座り込み受付当番は終わりましたが、メインゲート前で頑張る仲間たちは二四時間体制。いつもながら頭の下がる思いです。

「こんなこと一日も早くやめたい、やめさせてほしい。もっとしたいことがほかにある。」

でも、沖縄を取り戻すまではやめられない。同感です。

9月9日（月）

時々、涼しい風がテント内を吹き抜けていきます。

午前中、千葉から「僕たち民青同盟のメンバーです」と元気のいい青年たちが目をキラキラさせてやってきました。七名ほど。「大学生？」「はい」「僕は県委員会にいます」。神妙に椅子に並びます。

地図やら資料を使って、金城文子さんが高江の闘いを紹介するのを熱心にノートにとっていました。

五〇年も若い後輩が頼もしく、ついい「これからの日本をお願いね」。ちょっぴり先輩風を吹かしました。

「わかりました。がんばります」とそれぞれから握手を求められて熱く胸が躍りました。

嬉しくなって「標的の村」のＤＶＤをプレゼント。

午後からは大東文化学院の学生が来るとの連絡。今日は大学生のラッシュです。何度か来られたという先生に案内されて一三名がレンタカーに分乗してやってきました。

教育学部専攻、小学校の教師を目指しているとか。こちらも金城さんがレクチャー。私もちょっぴりお手伝い。

青年諸君、汗を拭き拭き熱心です。

「私たちは頑張るけど、あまり時間が残されていないんです。後は任せますから、育てる子どもたちも含めてお願いしますよ」

中でも大柄な男子青年がすかさず「任せなさい」と見栄を切り、大爆笑。先生も頼もしそうに笑っていました。いいねー若いって！

テントから見えるパッドの建設予定地には、人影はなく物音もしませんが、森の中には五人ほどの作業員がすでに入っていて、泊まり込みで作業しているとか。村の反対側から山道を通り、山を越えて入り込む要所や入り込みそうな脇道にも二四時間体制で監視活動が続けられています。

住民の会は、先日すでにつくられたオスプレイパッドの工事費用が不明朗ではないかと、会計監査院に監査の要求をしました。砂利の使用量や作業員の賃金の積算が合わないというもの。

別に沖縄県もオスプレイパッドとして使用するなら、環境アセスがいるのではないかと防衛局にアセスを要求していますが防衛局は「必要ない」とはねつけています。どこまでも住民・県民の命や暮らしには見向きもしようとしない防衛省、だれを防衛するというのでしょうか。

ほんとにワジワジします。

9月22日（月）

大宜味村から国道三三一号線を高江に向かってひた走る車窓から上りはじめた朝日とそれに照らされる雲が何とも清々しい。森の木々を撫でてきて車内に吹き込む風もひんやりと心地よく、広がるパイン畑の朝露が光ります。今日はどんなドラマが待っているのか。

先週私は愛媛AALAの仲間と「日本・沖縄・台湾の近・現代の歴史を訪ねる旅」に出かけたため、座り込みはお休み、二週間ぶりの高江です。

テントに到着するとすでに女性が一人。大きなリュックを傍らにニコニコしています。京都民医連から四日間の日程で朝一番のバスでやってきていました。

初めての参加と言いますが早速、トランシーバーを持ってメインゲートの配置につかれました。

今日は秋分の日。望遠鏡で森の中を見ても作業の気配は感じられません。でも奥深く枝打ちなどの作業がやられているとかで、各定点の監視には、緊張が走っています。

二日前からきているという植木職人兼ミュージシャンの青年は、初めて来て早々、夜間の監視に二晩ついてて眠くてたまらず、朝から寝さしてもらったと一〇時ころ坂を上がってきました。

テントにはすでに大宜味9条の会の常連メンバーが揃い、笑い声が森にこだましていきます。

「僕、監視に行ってきます、また来ますから」

「お願いします」

彼は伸ばした黒い髪を後ろで束ね、筋肉隆々の体をつぎはぎのようなパンツと袖なしのTシャツにくるんで、ゴムぞうりですたすたと消えていきました。

今日はこども連れの夫婦、若者や教師など、次々に来られました。その多くが、映画「標的の村」を見たからとか、DVDをみたからとかいわれます。

沖縄県民と住民たちの正義の闘いは、波となって、日本中に広がりつつあります。

伊佐さんの最高裁裁判所での勝利に向けての署名運動も始まりました。

「正義は勝つ。主張し続けて、勝つまで闘う」

今日の来訪者は、北海道、東京、埼玉、京都、大阪、そして沖縄県内などから四〇名を超えたでしょうか。幾日も泊まり込んでいる仲間もいます。「もう三回目ですよ」とか、「やっとくることができました」とか。

大宜味9条の会が当番だと聞いて、月曜日に来ましたとか、平良啓子さんに会いたいから来ましたとかいう人もいて、座り込み冥利に尽きます。

夕刻、「アー、のどが疲れた」「よく動かしたねー、口」「支援物資もよく売れたサー」。

のど飴がよく効きます。五時近く安次嶺の現さんが親子連れ（中三男児）の来訪者を伴ってきて、「交代しようね、あとは私がやりましょうね」。

日が西に傾き始めました。オオシマゼミはまだ盛んに鳴いています。道中の東村の道の駅のパインは売り切れていました。もうシーズンは終わりだとか。沖縄での三度目の夏も足早に過ぎていきます。

9月30日（月）

今日もさわやかな秋晴れ。テントでは伊佐育子さんがトランシーバーを握っていました。監視は朝六時から行われています。

監視場所は六ヶ所。

高江名物となっている佐久間務さんが体調を崩してお休み中とか。彼は辺野古の座り込みに続いて高江の座り込みを始めからしている方。七三歳、大阪出身。三か月前から月曜日の彼のお弁当は私がつくって来ています。心配です。

今日の来訪者は、一〇人・三組ほど、それぞれ緊張が高まっているメインゲートへ急がれました。

「私、台湾から来た林です」

女性が一人緊張した顔でやってきました。聞けば二年間沖国大に留学、BGを経て、今は映画作りのアシスタントをしているとか、つい先日の台湾帰りでいささか燃えている私との台湾談義で盛り上がることしばし。後は運動論で、みんなと丁々発止。中々の才媛。

「また来ます」「今度は我が家に泊まるといいよ」「いいですか、そうしますよ」と連れ合いの一郎氏とも気が合う様子。レンタカーで帰って行きました。

二時四〇分、すぐ後ろの基地内からダンプの音。望遠鏡で覗くとダンプ二台、ショベルカー一台が移動中、しばらくして大きなチエーンソーの音が響き渡り樹を切り倒し始めました。この作業員たち、一時過ぎにメインゲートの北から入り込み、作業員を積んできた車は支援の仲間たちとの問答で、名護警察も出張る騒動がありました。いよいよ、二つ目のパッドづくりが進行。緊張が走る高江です。

10月14日（月）

次々にやってくる台風、二三号がそれて台湾に向かったと思ったら、もう二四号が迫ってきて、先週六日は高江のテントも畳まれました。

ということで私たちの当番は二週間ぶりになりました。

この間にも工事の作業員は、あの手この手で作業現場に入りチェンソーを使って樹を伐採したり、小型重機で地ならしをした様子。そのたびに監視活動の仲間たちは、抗議の行動を展開したと記されています。

今日は「体育の日」。休日です。

このためか、作業員の姿は終日見えませんでした。

当番は、常連となっている大宜味9条の会の七名。

この間、高江に事件が起こりました。「琉球新報」でも報道されましたが、八日に高江に常駐している車四台の前方のナンバープレートだけが盗まれていたのです。風で飛ばされるようなものでなく「意図的なもの」であるようです。現在、警察の調査を待っているとのこと。辺野古のテントにも「ヘイトスピーチ」を繰り広げるメンバーがやってくると言われ、高江でも横断幕を切り裂く行為があったとかで、きな臭さがこの澄んだ森にも感じられます。

10月21日（月）

今日、N4・Aにはテントはありません。

台風二四号が伊豆大島をはじめ多くの地域に爪痕を残して去ったと思ったら早くも二七号・二八号が南方で渦を巻き動きを開始したため、テントが畳まれ支柱だけが立っている下での一日となりました。

伊豆大島の災害は、テントの中にも悲痛な思いをひろげました。

伊豆大島におられる、大宜味9条の会・事務局長の金城さんの義妹ご一家が土砂崩れと共に行方不明とのこと。遠いところの話ではありませんでした。その後の情報では、お二人が遺体で発見された由。ただただ頭を下げるのみです。

青天井で椅子を並べての座り込みは、当たり前になったテントがないのが心細くさえ感じられます。そして、今日は秋分の日。沿道の六ヶ所に分かれて監視活動が続けられるトランシーバーでの交信、時折、猛ダッシュで駆け抜けるオートバイの爆音が言葉を遮る以外は静かです。

午後、日本山妙法寺のご一行がうちわ太鼓をたたきながら念仏を唱え、時には「オスプレイは帰れ」と宣伝カーで訴えながら登ってこられました。

毎年来られており、住民の会の方々とは昵懇の様子。三日かけてヤンバル三村の自治体への要請行動を行い、行脚を続けておられます。

一行には、僧侶のほか檀家や信者の方が半数、高江は初めてという青年もいて、あわてて説明を始める一幕も。

とりわけ今日は昵懇の平良啓子さんが座り込みに来ているということで、ご一行の思いも強かったようです。

説明も不十分なうちに、大型バスがやってきました。早稲田大学の学生の一行です。

日本山妙法寺の一行は、「私たちはメインゲートに行きますから」と席を譲って北上。

早稲田の学生は三〇名。一通りの説明が終わるころ、伊佐眞次さんも来られて、質疑の応答となりました。

彼らは「標的の村」を観、昨日は監督の三上さんとの懇談もしてきたとのこと。

「なぜこんなに長い間、闘い続けられるのですか」「この子どもたちに問題はありませんか」などなど。質問の手は次々に上がります。伊佐さんが穏やかに答えていきます。これから辺野古に回るという彼らの時間が迫ってきました。

「あのー、最後に一つだけ考えてほしいことがあります。今、政府は来年度の予算で、オスプレイを買う調査をすると言い、安倍さんは自衛隊に海兵隊をつくると言い、自衛隊を国防軍にすると言っています。私は、ここのオスプレイパッドを防衛局が遮二無二造ろうとするのは、自衛隊の訓練にも使うためじゃないか、とも思っているのですが。これからの政府の動きは皆さんの将来に大きく影響すると思いますから」と付け加えずにはおれませんでした。

と一人だけ立ち去りがたく何か言いたげな青年がいます。

座り込みテントで来訪者に現況を説明する伊佐英次氏

「あのー、僕、沖縄出身ですが、恥ずかしいのですが、今まで沖縄でこんなことがあることを知りませんでした。ショックを受けています」

「そういう人、多いですよ、マスコミもあまり知らせようとしませんからね。でも今、知ったことが大きいと思いますよ」「僕、政治経済学部なんです。これから勉強します」「期待していますから」

もう仲間たちはバスに乗り込み彼を待っています。

「あ、じゃこれ、私個人の通信ですけどほんの少しは分かるかもしれませんから」と先月のすわりこみ日記を渡すと「ありがとうございます。失礼します」と駆けていきました。バスの中から手を振る彼らのすべての顔が輝いているように見えました。

いよいよ名護での一騎打ち幕が上がりました

「名護が変わって沖縄が変わった」と言われる名護の市長選挙の火ぶたが切られました。

三年前、辺野古の海にも陸にも基地は造らせないと稲嶺進市政が誕生して、「普天間基地」の県内移設反対の世論は、知事や市町村長を動かし、県内すべての議会での決議、県民大会も開かれ「県民の総意」となってきました。

この三年間、日米政府、財界など品を替え顔を替え総力で辺野古の新基地建設に執念を燃やしてきました。

とりわけ安倍政権は、振興交付金をちらつかせ、防衛局は軍用地の借料の引き上げなど札びらで頬をたたくやり方を隠そうとしません。

先の民主党政権の前原誠二氏の沖縄詣でも有名でしたが、自民党政権の主だった防衛関係閣僚のほとんどが沖縄入りしたとも言われています。

来年一月一九日に決定された名護市長選挙には自民党県議の末松文信氏が立候補を決めました。基地推進派の前市長も立候補を発表、基地建設への揺さぶりをかけています。

末松候補へは、財界や保守勢力が総力をあげての取り組みとなりそうです。

自民党の石破幹事長は「今までいろいろ行動を共にしてきた方」と語り、菅官房長官も「歓迎したい」とし、仲井真知事は「僕も与党だから当然だ」と応援を強調しています。

末松県議は、県議会での全員一致の県内移設反対の決議や種々の行動にも参加して来ましたが、この立候補の背景から、辺野古基地建設容認があるのは確実と思われます。

この名護市の結果次第では、沖縄の基地撤去の闘いが大きく後退することも予想され、沖縄県内では日々緊張がたかまっています。

『防衛省のジュゴン隠し』

沖縄防衛局は、辺野古新基地建設予定区域内で、昨年四月と六月に、国の天然記念物で絶滅の恐れの高いジュゴンの食《は》み跡を確認していながら公表していなかったと報道されています。

防衛局が昨年末、県に提出した環境評価（アセスメント）書では「移設によるジュゴンへの影響は小さい」と結論付け、今年三月に埋め立て申請書を県に提出していました。

防衛局は「公表を目的としていない」として情報公表していませんが「影響は小さい」とした評価書との整合性が厳しく問われています。県は今年一月に赤土の流出があったN４・1地区の完成した着陸帯も調査し、問題ないとしました。

県は整地作業が始まる段階で再度調査するとしています。

10月25日（月）

N４・Aテントが新しくなりました。

七時過ぎ、家を出るときは降ってなかった雨が、高江に向かうに従って強くなってきます。「あれー今日は雨?!」

テントに着くと中年の女性が一人、雨の中をゲート前に駐車している車から出てきました。テントは張られていません。先週のまま、壊れかけのテントの骨だけが寒そうに立っています。傘をさしてこのまま一日いる? それは無理、無理。

中年の女性は京都の方、土曜日から来ていて今日帰る予定と言います。『標的の村』を二度観て、「たまらず来ました」と。

そこに「住民の会」の保育士をしている清水さん(男性)が真新しい簡易テントを持ってきてくれました。

何とか一日が過ごせそうです。そこに落ち着きかけたころ、雨が上がってきました。冷気が強まってきました。平良さん、金城さんもやってきました。今日は京都の女性Tさんを含め五人で当番となりました。

伊佐さんは昨夜、幕も張られていないここで朝までの見張りをしていたとのこと。

はじめてお目にかかった六年前よりすっかり、髪が薄くなりました。ずいぶんの心労が察せられます。

住民の会のメンバーが軽四に新しいテントを積んでやってきました。

真新しいテントが張り巡らされました。

テントの中がすっかり明るくなりました。

でもこのテント、少々薬品の匂いがきつく、匂いに敏感な平良啓子さんがくしゃみのしどうしとなり、お気の毒なこととなりました。

幾分冷気は遮断できるものの、雨上りの寒さが身に沁みます。あわててカイロを貼る仕末となりました。

午後、いきなり基地内で車の音が響き始めました。テントのすぐ近くの基地内を重機や荷物を積んだトラックが行き来し始めました。

その音は断続的に五時まで続いていました。

二つ目のヘリパッドの造成が始められたようです。

今年の工事は、昨年の『標的の村』で報道された県警や防衛局、警備員も動員しての物々しい作業は、一切見られなくなりました。テレビや映画だけでなく写真家やビデオなどを含め、多くの報道関係者が全国にその非道ぶりを発信したことで、できる限り秘密裡に工事を進める手立てをとっていると思われます。

その隠密ぶりは、痛々しいほどで誤魔化しながら米軍のメインゲートからの工事現場への搬入や地元の人も知らないような林道を使うなどをしており、それだけに仲間たちの監視活動も難しくなっています。

新しくなったテントが再び取り替えなければならなくなる前に、どうか、この自然の宝庫から戦争の訓練所づくりを撤退させてほしいと願わずにはおれません。

虫博士が生きた大女郎蜘蛛を土産に蜘蛛嫌いな「連れ合い」をからかいにやってきました。昆虫も食べるという動植物に詳しい虫博士・松葉さんは殆ど毎週、ここで座り込み作業をしている若者たちに、食糧の差し入れを携えてやってきます。

普天間での早朝集会にも参加し続けている松葉さんは、夏と全く変わらないTシャツとズボン、そしてゴム草履です。

もう一人、この高江の名物男の一人、大阪から移住して、辺野古の座り込みからこの高江の座り込みを続けている佐久間さん（七三歳）はこのところ体調が思わしくありません。彼には私が弁当を届けていますが「あのな、来週は病院かも知れへんで、弁当もらわれへんかもしれん。すんまへんな」と言うその顔は少しむくみ、すり減ったゴム草履の足はよろけ気味でした。案じられます。

陽が落ちかけた帰路辺にはススキが微風になびきお出でお出でをしています。

国際自転車ロードレース、「ツール・ド・イン・沖縄」が一一月一〇日に行われるため、路端の草刈りも急ピッチですすめられています。ヤンバルの道二一〇キロを世界の強者一〇〇名が駆け抜ける壮観なレースです。ヤンバルにも秋が足早にやってきました。

11月4日（月）

早くも一一月。今日は振替え休日。

秋の行楽シーズン真っ最中。愛媛の石鎚の山々は紅葉が映えているだろうな、徳島の祖谷渓谷もきれいだろうな、などと思ってしまいます。

沖縄にはほとんど紅葉の気配がありません。ススキや漆の葉を観て秋を感じるくらいでしょうか。

ヤンバルの山々も色の変わりが気を付けないとわかりません。

今日は何と多くの方が来られたか。総勢八〇人余。

当番は午前中四人、午後は三人。

東京・中野革新懇ご一行一九名が賑やかに到来。女性が圧倒的多数。同行の区議も女性でした。

殆どの方がリタイア組と見ました。

老後の生きざまに沖縄の闘いも視野に入れる話題が共感となりました。

「これから南部の基地を巡ります」と元気に下山。続いて糸満市の診療所の職員ご一行。ワゴンや乗用車など四台に分乗しての来訪です。

すでに昨夜、伊佐真次さんから説明を受けており、現地の視察とのこと。内科医もおられて、監視活動についている方の診察がBテントで行われました。

夕刻、あわただしく飛び込んできたのは国会議員の辻本清美議員。愛知選出だという近藤議員と一緒に、「来ましたよ」。

急なことで、「あら、タカラジェンヌかと思った」「あら嬉しい」「那覇の集会に来られたのですか」「えーそう」。渡された名刺には、政党の名がありません。

高江のTシャツを一枚購入、早速着替えて、「これ、どうですか」「よく似合いますよ」「そうお」と言いながら、「メインゲートに行ってきますね」と北上していかれました。

テントの中はしばらく辻本議員の話題で盛り上がりました。

11月11日（月）

家ではTシャツなのに、山はやはり一枚重ね着が必要です。テントには早々と来訪者。未明に中部から名護までタクシーを飛ばし五時半発のバスで来られた東京の中年女性二人。

大きなリュックとノートとカメラをしっかり持っての取材です。

東京での高江の宣伝行動や集会にも参加されている由。平和運動への長い関わりを強く持っておられる方々でした。見るもの、聞くことすべてに深くうなづきメモを取られていました。

それからの来訪者は、年齢に関係なく昨日開催された「読谷村・残波」でのコンサートの参加者、六組一〇人余。

ミュージシャンや参加者。このコンサートはすでに三回目とかで三千人ほどの参加だったそうです。

「ステージからの呼びかけで来ました」

午後からの対応を任された形となった「説明」は、五回に及び、いささか喉がくたびれました。

しかし、どの人も食い下がるように説明を聞き、共感し、ともに憤る姿には、こちらが感動をもらうほどでした。

とりわけ、現政権の「国防軍」や海兵隊創設の段には、激しい拒否反応。

「僕たちに何ができるか考えてみます」「また、来たいと思います」とそれぞれ、差し出した資料を大事そうに持ち帰っていました。

N4テントうしろの森の中では、ダンプや重機の音が響きます。

トランシーバーと双眼鏡を手に、見張りが続きます。基地内の動きが逐一それぞれに伝達されます。

先週木曜日に、七名の作業員がメインゲートから入ったとのこと。森の中には作業小屋も整備されているようで、泊まり込んでの作業になっているようです。

メインゲートでは、業者と防衛局との周到な打ち合わせで、夜中の三時に作業員が入り込むという場面もあり、メインゲート前で二四時間の監視活動をしている仲間たちも気が抜けない状況です。

『少しでも基地をつくらせたくない、工事を止めさせたい』と続けられる監視活動の熱波は、来訪者にも伝わるようです。

先週来られたという奈良AALAのご一行が持参の「日本一の柿」には、次々と来られる来訪者も大喜び。メインゲートで頑張っている一〇人余の仲間にも届けられました。

テンテンテンテン、うちわ太鼓をたたきながら若い僧侶が上ってきました。日本山妙法寺の僧侶です。しばし、彼の来歴に質問が集中します。年は三〇歳。高校卒業後、世界を歴訪、インドにたどり着いて、そこで非暴力の闘いに出会い、共感し得度した経過を涼しげな眼差しと静かな口調で、淡々と語ります。そして妙法寺の活動も。先週来られた一行のメンバーの一人でもありました。

結婚をしないのが妙法寺の習いだとか。高江にはすでに一週間の滞在だと言います。悟りきった姿には、敬服です。

このお坊さん、支援者の宿泊施設・トウータンヤに「精進カレーを作っておいたから食べて行って下さい」と仲間に声をかけていました。

11月18日（月）

高江は涼しさが沁みるようになりました。今日の当番は四人。工事の動きはありませんでした。

私たちが担当しているN４テントから米軍と関係者に紛れて工事者・車がはいるメインゲートまでの間に、新川ダムへの入り口があります。ここでは、女性がたった一人、道路わきの椅子でトランシーバー片手に監視行動をしています。

私たちはこの新川ダムの公園のきれいなトイレを一日に二回ほど車で来て利用しますが、その度に、早朝から日暮れまで行動を続ける仲間に頭を下げずにはおれません。

さて、私たち夫婦は二三日から一〇日間、松山に帰省するため当番は二回ほどキャンセルとなります。二週間後はもう師走です。テントに住民の会メンバーの森岡農園から、無農薬で育てられた大根が届けられました。キューバで学んだという森岡さんちのダイコンは柔らかくて美味でした。

12月9日（月）

松山への帰省のため、三週間ぶりの高江。友人から送られてきた愛媛のみかんを持参、大変好評。それぞれに配って段ボールは空き箱になりました。

三週間の間にも色々な方が来られた様子。韓国から、アメリカから、オーストラリアから。勿論国内、県内からも。基地をつくらせない、武力を使わせない闘いへの思いに国境はありません。

「今日は誰も来ないね。休みでもないのにね」「雨が降るし、寒いからじゃない？」「そうかもね」

今日の当番は七名。時折雨が激しくなります。つい先日、沖縄出身の自民党代議士連が、自民党・石破幹事長の恫喝に頭をたれ、辺野古基地建設容認をうけいれ、県内では批判の嵐が吹き荒れており、テントの中では次から次に時事問題の花が咲きます。

事務局のオーリー（斉藤織恵さん）が物品などの点検にやってきました。はじけそうなピンクの頬、腰まで伸ばした黒髪を絶えずあげたり下げたり。身長も高い。頼もしい限りです。

石川県からというご夫婦が「二日しかお手伝いできないけど」といいながら、早々にメインゲートの座り込みに行かれました。

ここの初めからのメンバー佐久間さんが「またやったー」。「え？何？」「車を木にぶつけてしもうた」「怪我は？」「車の後ろが怪我した」。彼は過日の検査で肺

誰の海？　一部漁業を米軍に認めていただく?!
米軍訓練海域の一部解除、
辺野古新基地建設に向けてのアメ?!

今年五月二八日に嘉手納基地所属の戦闘機F一五が墜落した沖縄北部に、ホテル・ホテルと名付けられた米軍の水域・空域の広大な訓練区域があります。ここを航行するためには、米軍の許可が必要といいます。訓練区域のほんの一部が解除になりました。

この解除は一〇月に開かれた日米両政府が一〇月に開いた安全保障会議（2＋2）で合意し、一一月末までに取り決めを作成するとしています。

もともとここは豊かな漁場ですが、制限が解除される水域では潜水艦が訓練しているところ。そのため、延縄など複数の網がつながった漁は認めるが、一本ずつ縄を入れるため縄が流出しやすいセーイカ漁などは認めません。

米軍の都合の範囲での漁業を認めていただく？

空も海も米軍に囲まれた沖縄。これでも独立国日本？　米軍の許しを得て暮らしを立てる？

この屈辱を見過ごせません。

新たにドラム缶七本
沖縄市サッカー場　汚染の可能性も

米軍基地返還跡地にある沖縄市サッカー場からダイオキシン類を含むドラム缶が発見された問題で、磁気探査と試掘調査を進める沖縄防衛局は、同サッカー場グランド部分で新たにドラム缶七本を発見しました。今回を含め計三三本のドラム缶が見つかっています。

前回と同様ダイオキシン類やポリ塩化ビニール（PCB）など有害物質に汚染されている可能性がありま す。表層面に近い部分しか掘削していないため、下層に別のドラム缶が埋まっている可能性もあります。一一月二七日には、米国製手投げ弾一個も見つかっています。

日米地位協定では、これら返還された跡地の有害物質の除去などの整地は「日本政府が行う」となっており、思いやり予算と合わせて、国際的に異常な取り決めとなっています。

その費用は国民の税金、事業で儲かるのはゼネコン？　どこまでも財界重視、国民収奪の構図？

がんと診断されたとのこと、治療はこれから、と笑っています。「お弁当は?」「雨が降ってきたから家に合羽取りに行ってからまたもらいに来ます」。私たちは病状が気にかかって仕方ないのですが。

三人連れの来訪者。男性の二人はベトナム人、一人は日本女性。ベトナム人とのご夫婦です。ホーチミン市でストリートチルドレンを支援するNPOを立ち上げて、活動しているとのこと。最近のベトナムの貧富の格差の広がりや退廃など、金主義への現状が話し込まれました。フエで孤児たちの救援活動をしている日本人も話題になりました。今は三重県に住んでいてベトナムへは行ったり来たりとか。「標的の村」を観てここに連れてきてもらったと言います。「現さんのお店に行きたいと思いますので」と北上。

三時ごろ女性群がトイレ休憩から帰ってくると男性の集団が熱心に説明をきいています。説明をしているのは数日前から泊まり込んでいるA氏。

続いて、金城文子さんが、補足し平良啓子さんが対馬丸の体験を語りました。

夜には名護市に福島県の農民連と9条の会のメンバーが来ており、交流会がしたいとのことで、急きょ出かけることになりました。このため三名が早引き。

指定された会場では、夕食をしながらの交流会でした。

福島からのメンバーは男性三名女性八名、こちらは愛媛9条の会で松山にもお呼びした名城大学の比嘉清先生をはじめ沖縄大の名誉教授や名士がずらり。稲嶺進氏も参加。

とにかく食べながら、飲みながらの交流で、あっという間の二時間でした。この会を組織された先生は沖縄ベトナム友好協会の会長。「ベトナムツアーに行きませんか」といきなり誘われたのにはびっくりしました。二年間ベトナムで暮らしてきた私たちで何しろ昼間、ベトナムからの来訪者を高江で迎えたばかり。私には今日はベトナムデーとなりました。

福島農民連の女性から「愛媛のみかんを産直でとっていますよ」とニコニコと挨拶されて、愛媛産直センターで夫婦が働いている息子たちの顔が浮かび、ふっと気持ちが熱くなった夜でした。

12月16日(月)

今日も高江は雨模様。風も冷たくテントの中では、ストーブがつけられました。

テントには、宜野湾市に住む方が提唱している「オバマ大統領に百万人の要請ハガキを出そう」というハガキが届けられていました。

でも、このハガキ運動の取り組みの仕方がいまいち、要領を得ません。うーんどうしたらよいものか。同時に、ハガキに描かれたイラストはオバマ大統領を揶揄するようなもの。もう少し何とかならないか。

一〇時過ぎ、年金者組合の吉田さんが、年金引き下げの不服審査請求の取り組みの要請にやってきました。

全国で十万人、沖縄では少なくとも五百人の不服審査請求をしたいと。大いに賛成です。

しばらく年金についての学習が続きました。

基地内では作業が行われている様子。連れ合いは、車の上に乗せられた脚立の上で仁王立ちで監視行動です。雨と風、見ていてつらくなるほどでした。しかし、他の地点での監視行動にも火の気はありません。

夜には、名護市長・稲嶺進さんを励ますつどいがあるため、三時半で下山。

集会は雨の中七百人が結集して会場は満杯。熱気があふれていました。

この市長選挙、相手候補の一本化に向けて、自民党本部の激しいゆさぶりが昼夜行われている模様。仲井真県知事も病気を理由に東京に缶詰にされています。そして安倍首相が「アメとムチ」で追いつめている様子。どこまで卑劣なのか、それほどまでに沖縄に基地をつくりたいのか、多くの県民は言葉を失っています。

12月23日（月）

快晴ですが寒い。昨夜テントに泊まった住民の会の儀保さん「さすがに昨夜は寒かったですね」で担当のタッチ。早速連れ合いは脚立の上で監視活動開始。

八時半から基地内では作業が始められていました。重機の音が響きます。続いて四トンダンプが土を運び始めました。作業は四時ごろまで続けられました。

九時過ぎ、平良啓子さんの肩につかまりながら、盲目の工藤さんが来られました。西宮市で鍼灸院を営みながら、様々な活動で全国否海外でも活動されているとか。

沖縄には二九回目の来訪だそうです。その活動の色々を中心に四時までの懇談となりました。今日の当番は六名。三時に三名が帰られ一人が来て、四時に一人が帰りとそれぞれ忙しい。

工藤さんは盲目ながら、話だけで多くの病気の診断と治療のアドバイスができるそうで、Bテント担当当番のアトピーに悩むT女史に真剣に対応されていました。そばで聞いていて「なるほど」と思うことばかり。その効果が一日も早いようにと願う思いでした。

それぞれ幼児を連れた二人連れの育児ママがやってきました。母親の立場も交えての状況と闘いの説明。「あなたの消費税が基地をつくらせるかも」「そうですよね」「あの子どもたちが戦場に行かされることにならないようにしないとね」「私もそう思います」と伊佐さんに連れられた青年が一人。埼玉から来ました。伊佐さん「明日までいるそうです。説明をしてあげて下さい」とすたすたと帰って行きました。

いざ説明を始めると同時に男女一〇名ほどの青年が賑やかにやってきました。「ウーン、あなた方どこから?」「東京からです」「ここはじめてですか?」「僕は学生の時から一〇年近く、初めての人もいます」「学生さん?」「三人は大学生」。私たちは間もなく帰る時間となります。「どれくらいおられますか」「一時間くらいは」。ご一行は真剣な眼差しで私の説明を待っています。後には引けません。ということで約四〇分沖縄の基地の問題からオスプレイパッド、安倍政権の進める「積極平和主義」、軍備増強の話など。アー疲れた。と思う間もなく金城文子さんが、「でもここの闘いやこんな話をすることも特定秘密保護法でやられるようになるかもしれませんよね」の一言。青年達は口々に「そうですよね」で文子さん「だから秘密保護法をなくすためにも頑張りましょうね」。さすが9条の会事務局長です。「わかって貰えましたかね」「よくわかりました」「また来て下さいね、不十分なところは補足してもらってくださいね、何しろ私たち高齢者はあなたたちが頼りですから」。カンカン帽をかぶったり、思い思いの服装で、はち切れそうな若さを発散しながら、それぞれ監視用の脚立にのぼって、基地内を偵察しています。

陽が暮れはじめました。「悪いけど私たち先に帰りますね。この先にメインゲートがあるから、できればそこに行ってみてください。そこには朝六時から夜九時ごろまで、そして夜間も抗議行動をされている仲間がおられますから」「わかりました。また来ますから」

「待っていますよ」。やっぱり若いっていいね、です。

今年の座り込みもあと一回となりました。

★銃弾の進呈をNSCだけで決めるなんて許せない

こんなことありでしょうか。政府の一存で韓国軍に銃弾一万発を進呈する！なんて。悪夢です。憲法違反の政府の安倍内閣は退陣すべきではないでしょうか。銃弾の進呈が人道性が高いとは。年明け早々からの闘いの課題は山積み。さーて。

12月30日（月）

私たちには今年最後の東村・高江。

まだ街燈が所々うす暗闇の街道を鈍く照らしています。東の空はほんのり桜色にあけ始めました。まだ行き来する車もほとんどいない年の瀬の国道三三一号線を東にひた走ります。

今日は、Ｎ４テントは休止。支援者全員がメインゲート前のテントでの張り込みとなりました。ここに張られているテントは三つ。

ゲートを挟んで両脇に椅子を並べての座り込みです。快晴の様子、でも椅子は、オー冷た！すでに五人が部署についていました。

金曜日に作業員等一〇人が退去していったとのこと。年内の作業はもう無いようです。

米軍基地内には三〇人の日本人従業員が勤務し、他にガードマンが勤務しているそうで次々に出勤してきます。基地内の米軍宿舎は二〇〇人が宿泊できる施設となっており売店もあるとか。「とうーたんや」に宿泊していた一行がやってきました。群馬、千葉、京都埼玉、神戸から女性五名、男性二名。

「あまり休暇が取れなくて二日までしかおれません」「ようやく来ることができました」「名護の市長選の応援で来ましたがここも大切だと思って」などなど、女性たちは二、三十代でしょうか。

今日はあまり監視活動も必要では無いようで、「この闘いなど少し説明しましょうか？」「是非お願いします」ということで連れ合いが一時間余のレクチャー。沖縄の陸・海・空の基地の話に始まって、知りえた沖縄の闘いの歴史、そして今の基地撤去・新基地建設反対の取り組みなどなど、その間にも米軍のヘリが何回となく低空飛行を繰り返していきます。やっと去ったと思ったら別の機種がやってきます。

時折米兵が車で出ていきます。後の話は、伊佐育子さんが来られたのでバトンタッチ。

島袋夫妻も来られ、佐久間さんも行き来しています。佐久間さんの病院に付き添った住民の会の宮城さんの話によると、佐久間さんの片肺は真っ白、もう片方にもすでにがんが転移していると言います。しかし、頭や足に怪我があり抗がん剤を使えない状態だとか、本人に痛みは無いようなのですが血痰が出ているようです。

節子さんがやってこられました。沖縄名物の蒸しパンを蒸し器ごと持参。温かくてほんのり甘く美味しい。陽が登ってきたとはいえ冷え冷えとした空気の中では何よりのおやつ。私が持参した熱いコーヒーを分け合ってこれも好評。

節子さんは成田に始まり伊江島、辺野古の闘い、そして高江など沖縄の闘いに節子さんありと誰でも知っている心配りの温かい人「標的の村」にもアップで写っていました。話題は台湾に。

沖縄、台湾、朝鮮など日本の近現代の歴史に造詣が深い節子さんの話に女性たちは釘づけ。

誰かが「ここに来てよかった。勉強になりました」。

「おーいもう昼すぎたよ」と声がかかり、あわてて持参のお握りを一個ずつ。大きめのお握りにして少し多めに持ってきて「あー良かった」。熱いお茶もご馳走の一つです。

京都の民医連から名護の応援に来たからと男性の二人連れ。彼らには連れ合いが熱心に説明していました。

わナンバーでまた一人。自治労連・都水道労組のOB。「名護に来ました。『標的の村』を観てどうしても来たいと思ってきました」

名護市長選の幕が下りるまでここへの来訪者が多いことが予想されます。同時に辺野古基地建設の知事容認がオスプレイパッド建設にどう影響するか、気が抜けない新年のいやな予感です。

私たちには今年最後の東村高江は午後四時で終了。「来年も頑張りましょうね」「また、逢いましょうね」「来月は六日に来ますね、お先にごめんなさい」「さよーなーらー」の声に送られての下山となりました。

◆二〇一四年

1月6日（月）

私たちには今年最初の座り込み

名護市長選挙も近づき、その支援行動もあって、高江での座り込みの人数も少ないことから、「今日からしばらくはメインゲートに集中する」とのことでN４テントでの監視活動は続けられますが受け付け作業はメインゲートへ。私たちもメインゲートでの行動となりました。四日には、すでに業者が八人、作業現場に入ったとのこと。一週間は出てこないらしい。

　ここでも朝八時には、「君が代」と「米国歌」が流されています。なぜか「君が代」と聞くとむずがゆくなるような気がしてなりません。

　小雨が降ったりやんだりで寒い。

　メインゲート前には七名が車の出入りをチェックしています。

　N４テントの倍はあるテント内には六名。激励に来られる支援者が次々に来られて、差し入れやらカンパをしていきます。韓国から来られている先生「いるか

翁長知事の当選めざして名護市街で宣伝行動

さん」も合羽を着て長靴で熱心に監視行動をしていました。

事務局の「オーリー」が退職するとのことで、住民の会の作業が大変になるようです。殆ど二四時間、気が休まらないここでの仕事は厳しいものがあります。事務局を離れても高江の体験を活かしてほしいと願わざるを得ません。

1月13日（月）

昨日一二日は日本全国が注視する名護市長選挙の告示日。

出発集会には、熱い思いをもった稲嶺進の応援団が広い広場を埋め尽くし道路まであふれていました。

高江のオスプレイパッド建設にも大きく影響すると思われるこの市長選挙で新基地建設を推進させてはなりません。

なりふり構わぬ金権選挙がやられるだろうとの公然とした会話も交わされています。

稲嶺選対は、支援者からの清い良財にたより、自発的な支援活動がそこここに展開されています。

高江での当番は広いテントで暖をとるストーブを囲んでの座り込みとなりました。

北海道から来られたY氏は二度目でしょうか。昨年の夏来られた際に話が弾んで、「すわり込み日記」を送らせてもらっていました。

今回は選挙応援が目的とか。宿泊するホテルの連泊ができないとこぼし、一日座り込みをしたY氏は明日からは名護で二〇日には帰ると言って車で山を下って行きました。私たちが家に帰ってからそれが話題になり、「何でうちに来てもらわないのか」ということで、聞き覚えを頼りにホテルに連絡を入れるとチェックアウトした後、携帯も不通、仕方なく北海道の留守宅に電話をしてやっと連絡が取れ、一日の宿の提供となりました。夜更けまで泡盛片手の団らんが続き、翌日は、「やっぱり名護に行かなくちゃ」と南下されていきました。

一九日の勝利の報を聞いて「寒いですよ」という北海道に帰られた事とおもいます。ご苦労様でした。Y氏は『ススムで進もう「進もう会」』という勝手連で早朝から楽しく支援活動したとか。

勝手連といえば我が村にも村長をはじめとして基地建設反対の村議や住民で、事務所を構えての勝手連がつくられました。村民には投票権はありませんが隣市のこと、子どもや友人親戚縁者が多く住む街、名護の闘いです。

稲嶺さんの政策で話し込みながらの協力要請は、地元の人間関係やつながりが目に見えて、部落を回りながら楽しい取り組みとなりました。

訪ねた家々で語られた言葉は、安倍政権への激しい怒りであり、仲井真知事への憤りでした。

そして、米軍基地を決してつくらせないとの思いは共通の思いでした。

1月20日（月）

部落の一班の初会（新年会）が夜、我が家で行われるため、連れ合いだけが六人分のお握りを持って出かけました。私は班長で初会の準備のため「すわりこみ」はお休み。

1月27日（月）

今日は随伴が同道。今治市から高江の座り込みに参加したいと二六日、我が家に一人でわナンバーカーでやってきたYさん。二六日の夕刻霧雨が降ったりやんだりの中、芭蕉布会館や辺戸岬に車を走らせたYさんに同道、学生時代には沖縄の島々を巡りながら、基地問題を知らなかったと悔やむことしきり、「できるだけ沖縄のこと知って帰りたいんです」と意欲に燃えています。

高江ではノートと鉛筆を離さずゲート前で監視を続けている人に質問をし続けていました。

やっぱり若いっていいなー。

ゲートの中では海兵隊が隊列を組んで行軍の練習、その姿が近づくとすかさず、「ノーベイス」「ゴーホーム」とプラスターボードをかざします。

テントの中では、これからの運動の展開についての会話が熱く行き交っています。

特にオバマ大統領やケネディ大使へハガキを出す運動があちこちに広がっていて、個人でもできる取り組みとして波となっています。

そのハガキも様々、次々と新手が出されてきました。

「民主主義をいうなら市長選の結果を尊重せよ」「イルカをとるなというならジュゴンも守れ」「沖縄県民は戦争のための基地は拒否する」などなど。

午後、オスプレイが唸りを上げて飛んできました。

と思う間もなく基地内の上空をヘリが二機、旋回を始めました。さらに戦闘機も飛び交います。そこにオスプレイも固定モードで行ったり来たり。

その間、一時間以上だったでしょうか。その行為はあきらかにヤンバルの動物たちの「生存を脅かす」と怒りに燃えるのに十分です。

Yさんはオスプレイの音も記録して帰るとカメラを向けて行ったり来たり。「撮れた?」「たぶん」「あ、また来た」「戦闘機は八回目だね」「ヘリは一〇回?」。静かな森の上空のこんな爆音に出会ったのは初めてでした。

Yさんは五時までいて我が家で一泊。

翌日、一時過ぎの便で松山に帰るべく、那覇に向かっていきました。

2月17日(月)

確定申告の時期到来。私たちも午後から部落の公民館で行われる申告手続きのため、午前中だけの座り込みとなります。

税金が払えるほどの年金ではありませんが、手続きだけはしないといけません。


受付記録によると二日前の一五日には、愛媛大学の学生一一名が来たと記されています。どんな学生たちが来られたのか、逢いたかったたな。

全国から多くの大学生が来られますが、四国、愛媛からの来訪者には出会わずいつ来るかな、とかすかに期待していました。

でも来てくれてよかった。

一五日には、アイ女性会議や自治労連のメンバーも来られたとのこと。『支援よひろがれ』です。

2月24日(月)

もう朝七時には街灯の灯は無く東の山からすがすがしい太陽が昇りはじめその光を満面に受けて、高江を目ざします。

着いた途端、基地からの「君が代」が耳に入ってきました。

やっぱり違和感を覚えてしまいます。

かわって鶯の鳴き声のきれいなこと。二羽の小鳥がおもいっきりさえずりながら飛び交っていきました。

ゲート前には八人が監視活動をしています。さっそくジャガイモとリンゴのきんとんの差し入れ。お世辞でも「やっぱり手作りはいいねー」といわれると作ってきた甲斐があります。

色々なお菓子などのお土産・差し入れは来訪者が持参されて励まされますが、たまに手作りのものも嬉しいもの。中には数カ月もぶっ続けで監視活動をし、市販の弁当が常食になっている方もいます。朝六時からの行動は、まともに食事の準備をしてのことにはならないことを思えば、少しでもと思ってしまいます。そのため、昼食は概ね七、八人分を準備しての参加をしています。

昼ごろ、朝から何も食べてないという来訪者もいたりして、テレビの『ごちそうさん』ではないけれど人間やっぱり食べることは大事、闘いの潤滑油の一滴になればとの思いです。

先週、テントにヤンバルの貴重な動植物の写真パネル四枚を持ってこられて展示が始められましたが、その製作者の玉城長正さんが来られました。

大宜味村に住んでおられて、ヤンバルの自然を守る取り組みをしておられる方とは聞いていましたが、お目にかかるのは初めて。

「環境NGO・ヤンバルの自然を歩む会」の代表をしておられる方でした。四〇年も前からヤンバルの自然を守る運動をされておられて、とりわけ殆ど使われない『大国林道』をヤンバルの森を縦貫させた太田昌秀元知事の失政と次々と自然林を伐採し赤土公害で、広範囲な海のサンゴ礁を死滅させたことに対する憤りを、綿密な写真撮影を通して告発してこられたとのこと。その活動の報告を話される間にも山中の新種と思われる蘭の開花の撮影の時間を気にしてのヤンバルの森と今、すすめられているオスプレイパッド建設の犯罪ともいえる根拠を熱く語られます。

お話を聞いていて全身に共感の泡が立つような時間でした。

その玉城長正さんのメッセージの一端を別項に転載します。

安倍政権が警察権力を強化しても辺野古の基地建設を進めるとしていることには、内外から多くの反発の声があげられていますが、改めて選出された名護市長は近く、直接、新基地建設反対の意見をアメリカ政府内外に伝えるために渡米すると発表しました。

今、名護市長の元には外国駐日大使等多くの方々が直接意見を聞きたいと懇談の要請があるということです。

安倍政権が強引な手法をとればとるほど抵抗と正義の世論が高まるようです。

三月からは鳥たちの営巣期に入るため、建設工事は中止されることになっています。

しかし、この約束が遵守されるかどうかは油断がなりません

その期限となる二月に八日朝、住民の会から携帯のメールが入りました。

「今朝、六時半ごろ作業員が一六名入っていた。メインゲートからは確認していない」とのこと。

どこから入ったのか。なんとしても工事を急ぎたいことが思われます。

そう明日からもう三月です。

3月3日（月）

早や三月です。高江に向かう道々のススキの根本から黄緑色の若葉が枯れた穂を包み始めています。

私たちがテントに着く八時にはメインゲートにはすでに八名の仲間たちが監視活動を始めており、主には住民の会の宿泊所に泊まり込んでの支援者です。中には名護市にアパートを借りて住み込んでの方もおられ、名護から約四〇分、六時に配置に着くために朝食の弁当持参だといいます。

基地内から、またもや「君が代」と米国の国歌が流れてきました。

テントの周りの林からは鶯が鳴き交わしその清々しいこと。来るたびにそのさえずりは、上達している気がして聞き入ってしまいます。

避寒桜はすっかり葉桜となり青々とした葉を茂らしています。

北部訓練場内では、大掛かりな工事がおこなわれているようで、ひっきりなしにダンプなどが出入りしていて、オスプレイパッドの工事用のダンプかどうか。北部訓練場内では、これまで二百人余が収容できる施設をさらに五百人を超えて収容出来る施設に増設中。このため水道工事車両やダンプなどがひっきりなしに行き来します。辺野古新基地建設との関連でしょうか。また、安倍自民党の言う自衛隊の「国防軍」化とも関連があるのか。

たとえば、日米合同演習をここでも大規模にするつもりか、購入するという自衛隊のオスプレイの訓練を

高温排気で森林の火災や生態系に重大な影響が及ぶ

「環境NGO・ヤンバルの自然を歩む会」からのメッセージ

山が笑う、生命が躍動する季節が巡ってきました。今、ヤンバルの森に、「山鳴らし」ならぬ、殺人機オスプレイの重々しい轟音のような爆音が襲っています。生き物たちの生命が脅かされています。

オスプレイの低空飛行による爆音や回転翼乱気流・下流気流は、ノグチゲラや多くの野生動植物に重大な影響を及ぼします。種の生存は困難になり、絶滅は「極めて深刻な状態」を招く恐れがあります。

ノグチゲラは、世界的にも国家的にも価値が高いとして、一九九七年三月、国の天然記念物に指定されました。

今、番《つが》い探しと巣作りの繁殖行動が始まっています。個体数が激減して警戒心が強くなり、小さい物音にも驚き、巣穴を穿つ行動や巣を放棄します。

日本の国有林（北部国有林）は、破壊と暴力の在沖米軍基地です。米国の国有林は、野生生物を目的とした、森林保護地域に指定されています。

高江オスプレイ基地建設を即時中止させ、北部訓練場の無条件全面返還を勝ち取り、森林保護市域に指定させましょう。

ヤンバル固有のシイ林と多様な生物相は、学術上貴重な価値が高いとして、世界的にも評価されています。ヤンバルの森は世界に二つとない「宝の山」です。

世界自然遺産に登録して沖縄の子どもたちに「沖縄の宝」「世界の宝」として、未来に引き継ぐことが沖縄県民の重大な責務であると思います。

環境NGO
ヤンバルの自然を
歩む会
代表　玉城　長正

丸裸にされていく「ヤンバルの森」

ここでするつもりか。怒りムクムクです。

まだ底冷えのするひな祭りの日の当番は、幾人かの来訪者を迎え、しゃべり、一日が過ぎました。ひな祭りのため、せめて稲荷ずしでもと持参した稲荷ずしは、早朝からの立ち番をする仲間たちにも好評でした。「作ってきてよかった」。

3月10日（月）

改めて、ここ北部訓練場のご紹介。この演習場は一九五七年（S三二年）に強制接収されました。国頭村の五二%、東村の四八%、二村の半分が基地にされ、沖縄の米軍基地で最も大きい基地です。そのほとんどは国有地ですが、私有地も含まれ、年間四億円の借地料が防衛局から支払われているといいます。

この北部訓練場の正式名称は、ジャングル戦闘訓練センター（JWTC）といい、米軍の陸・海・空・海兵隊の対ゲリラ訓練基地となっています。その内容は、歩兵演習、ヘリコプター演習、脱出生還訓練、救命生存訓練、砲兵基礎訓練が行われる訓練基地となっています。

この中には、二二のヘリパッドがありますが、そのうち七つは、現在使用されておらず、草ぼうぼう、このヘリパッドのある国頭村域の返還の代わりに新たに六個のオスプレイパッドをつくることが、日米で合意され、その建設がすすめられており、その建設現場が東村・高江です。

急峻な東海岸に唯一河口を持つ宇嘉川を利用しての訓練ルートをつくるためで、高江部落を取り囲むように設計されています。まさに高江部落を標的にする設計となっています。

3月17日（月）

まだ、寒い！　日本列島には雪が舞い降りていると か。暖かったり寒かったり。

蒸し器持参で、伊予柑で作ったマーマレードを餡にした蒸しパンを持参。足踏みをしながらの監視活動をしている仲間たちに熱いお茶と熱い蒸しパンは、笑顔を呼びました。

「太るけど、まあいいや　もうひとついい？」「こんなのに飢えているんだよな」とは、KENKOさんの弁。

ミュージシャン、司会業、パーソナリティ、とにかくよく口が動き、言葉の機関銃を持つKENKOさん。ここ数日泊まり込みで来られています。東村のつつじ祭りのイベントの司会をしてきたとか。矢継ぎ早の口調に入るすきがないくらい。彼女の三線を弾きながらの島唄にはほれぼれとさせられます。

この一週間は、三年目を迎えた東日本大震災と福島の原発事故関連のニュースが大きく取り上げられました。私たちは、三年前のあの日、沖縄に移住すべく家を借りる手続きのため、名護市を大宜味村に向けて北上中で、立て続けに津波情報を伝える放送が名護市内に響いていましたっけ。その夜の海辺の民宿で夕刻に初めて津波を見ましたが、その潮位は三〇センチ、改めてその体験が思い返されます。あれから三年です。

今日は、基地内で米軍の行軍訓練やオスプレイ、爆撃機、輸送用ヘリなどがすさまじく行き交います。ほんの数メートル先のように思われるオスプレイの離着陸の轟音はすさまじいものです。ノグチゲラ等の営巣の保護などどこ吹く風への怒りが燃え上がります。

夕方、完成したというもののまだ米軍には引き渡されていないというパッドに二機のヘリが着陸しました。「おかしい」すぐさま地元新聞に通報、翌日、翌々日の新聞にも大きく報道され、米軍は「ヘリが不注意で着陸した」と謝罪し「着陸に至った経緯の再検証と着陸位置の確認を徹底させる、再発防止に努める」としました。この「再発防止に努める」は年中、米軍の事故、事件があるたびに聞かされる言葉です。

3月24日（月）

先週の火曜日、作業員八名と重機がメインゲートから退出したと伝えられました。このため、メインゲートの監視には二人の方しかおられません。

当番の私たちも四人です。

二つのパッドが完成し、三つ目となる工事はさらに北へ数キロ先となります。新たな工事には、建設への進入路などいくつかの難題があり、その攻防がすでに始まっています。

住民の生活道路を使用しなければ資材が運べない、それが協定違反となるため、さてどうなるか。どんな運動を展開するか。

新たな取り組みが検討されています。おそらく監視のテントの移動もあると思われます。

「標的の村」を観て現地を知りたいと来訪者が来られます。

大学が休みになったからきました、という学生もいたりして、やっぱり受付の仕事は席を空けられません。

「標的の村」といえば、那覇市では、市議の有志が企画しての上映会が開かれ、入場を制限するほどの市民が集まったと報道されました。ニューヨークでも、日本と米国の市民が協力し、戦争と平和や核がテーマの映画を上映する手作りのイベント「ニューヨーク平和映画祭」が行われ、ここで「標的の村」が上映されたそうです。この上映会後、監督の三上智恵さんは、インターネット電話での観客との討論で、「これは反米映画ではなく、怒りはむしろ日本政府に向けられている。沖縄の人々の権利ではなく、米国にばかり目をむけていることへの憤りだ」と語っています。

この報告を書いている間にも色々なニュースが入ってきます。

沖縄中部にある米軍基地、キャンプ・ハンセンでは米軍の実弾演習でまたもや森林火災があり、名護のキャンプ・シュワブでも実弾演習による森林火災があったこと、アメリカでは元沖縄駐留米兵が猛毒ダイオキシン類を高濃度で含む枯葉剤と接触したことで前立腺がんを発症、昨年米退役軍人省が健康被害を認定しており、この元米兵が北部訓練場でも枯葉剤を散布したと証言しています。

もし、北部訓練場の中を調査することができたら、動植物への被害が明らかになり、その環境破壊の実相が分かるのにと思ってしまいます。同時に、この北部訓練場の枯葉剤散布は、ヤンバルの住人がやらされたと言われており人への被害がないはずがありません。

今日のお弁当はお稲荷さん。人数が少ないため、かなり潤沢に行き渡りました。

3月31日（月）

昨日は半そで姿で一日を過ごし高江もあたたかいだろうと思いながら、うす手の服装で出かけるとやはり底冷えがする一日でした。

昨日入ったメールで、年度末となり業者の作業小屋も撤収されたことから、監視活動も小休止。新たな体制が取られるとのことで、もしかしたら受付テントもすでに移動しているのではないか、と思われ現地に着くまでなぜか、かつて職場の異動で新しい職場に向かうようないささか興奮気味の気分を味わいながらの道中でした。

でも残念。思い過ごし。体制の異動は後日のようで、メインゲート前には支援者が二人、静かな座り込み現場です。

当番の私たちはそれでも六人となり、東京からの常連の支援者・富久さんも見えて徐々に賑やかになってきました。

普天間からも二人が来られ、テント内の話題も次々に替わって行きます。

まずは消費税問題。マスコミにあおられて、買いだめにタクシーを飛ばして、消費税で得したと思ったらタクシー代が倍以上だったというおばあ、あちこち買いだめに走るガソリン代は計算に入っていないという話、それにしても消費税の引き上げを何の批判もなく、只々買いだめや買いあさりをあおるマスコミに踊らされ、その使い道が不必要な公共事業や軍事費に目が向かないことにイライラ、イライラ。集団的自衛権など次から次への悪法を繰り出す安倍政権への怒りは会話の継ぎ目継ぎ目にあらわされます。

オスプレイが一機飛んできました。通常のオスプレイと違います。機体が白く「あれが問題の外来種じゃないかな」。

「アメリカから来ているってね。どうもそのようよ」「ほんとに日本を何と思ってるんだろう」。誰かが「植民地と思ってるんじゃないの」。

「ワジワジするねー」「ほんと」

オスプレイは基地の上空を一周して飛び去りました。

昼近く、入院中だった佐久間さんが退院してきていて昨日は座り込みにも来ていたとのことで、お弁当を持っておうちに走ると留守。事務局のトッコに聞くと、「昨夜、血痰を吐いて、息苦しくなり、胸も痛むと言い、病院に運ばれたのよ」と言います。すでに肺がんが進み治療の余地がないと退院してきたという佐久間さん、その容体が一層案じられます。「僕はね、釜ケ崎のヤンチャくれだったんよ」と言いながら時には静かに本を読みふけっていて、私が持参する弁当を楽しみにしておられた佐久間さん。

トッコからメールが来ました。

「佐久間さんは中部の病院で点滴と酸素吸入をして少し落ち着いているけど、面会はしばらく控えてください」とのこと。さぞかし苦しいのではないかと思います。佐久間さん七四歳。身寄りはおられるらしいけど、連絡は取れないと言います。午後はいっそう寒くなってきました。金城事務局長は腰にひざ掛けを巻きつけています。

ひときわ高く、鶯が鳴き交わしました。

明日から四月、辺野古での攻防戦が迫ってきます。

4月7日（月）

今日からN1テント、これから造られるという三個目のパッド建設予定地近くの県道七号線沿いに建てられたテントで、受付・案内のすわりこみです。

今は、営巣期ということもあって工事に来る気配はありません。

それでも支援者が入れ替わり立ち代わり来られるので、私たちの口は動きっぱなし。尤も時事放談や世界や沖縄の情勢の動きにも話が飛んで、追っかけるのが大変な時もあります。

ひときわ強い鶯の声が響きわたりました。まだ、相手がみつからないのかしら。

今日は雨が降ったりやんだり、やんだり降ったり。照ったり曇ったりのお天気。その度に椅子を出したり入れたり。

四時過ぎ、初めてという一人の男性が来られました。できるだけ説明してほしいと言われ、今日は私がお話することに。

約四十分ぐらい説明。わかって貰えたか、ここで座り込む意義が伝えられたか、いつも不安な気持ちが残ります。最近は、「「標的の村」を観て高江を知ったけど、よくわからないのでとにかく来ました」と言われる方も多くおられます。私が説明した方は、六時半のバスでもう帰られるとのこと。

寸暇を惜しんで駆けつけてこられたことに頭が下がります。

私たちの帰路には雨上がりのさわやかな風が吹いていました。道々にはアマリリスが大きなつぼみをつけて開花寸前。

4月14日（月）

毎度のことながら、一週間の経つのが何と早いこと。今日もN1テント。埼玉から大学を退官された方がトゥータンヤ（トタン屋根の家）で私たちを待ち受けておられました。テントまでの便乗です。「どうぞ、どうぞ」

この方が来られるのは年に二度、すでに三年目です。科学者会議の会員といわれ、体内被曝問題もご専門、いつも一週間ほど滞在されます。格安航空を使い、滞在経費を極力切り詰め、残りをすべてカンパして帰られます。

今回も最後の一日は、那覇泊まりになるけど千円の宿に泊まるとか。

受付等の準備が整ったところに、さらに四名の方、北海道、東京からとかで、お目当ては平良啓子さんの対馬丸遭難の体験談を聞くことでした。

昨夜の泊まりで、伊佐さんから平良さんの経験を聞かれるようにと勧められ待っていたとのこと。幸い今日は晴天、私たち当番の者は、道路わきに椅子を並べてのユンタク。啓子さんの講演は延々、二時間半ほどになりました。

先週、七日に佐久間務さんが亡くなられました。

佐久間さんは、大阪・釜ヶ崎で全日自労の組合活動の後、辺野古に来られて三年間座り込みの闘いに参加、高江での座り込みが始まって高江に移り、以来七年間、風邪や極度の体調不良以外は、欠かすことなく座り込みの守り神のように現場にすわり、たち続けてこられました。

一九四十年生まれの七三歳。この間には丸一年も東村の中心地、役場近くの県道の三叉路で朝六時から午前十一時頃まで、どんなお天気の日でも、傍らにヘリパッド建設反対の旗を立て、通る車に手を振り帽子を振っての訴え行動を続けてきました。私たちも高江に急ぐ道すがら、この佐久間さんの姿が見えると窓を開けて手を振りかえし、胸の奥から熱い思いが沸くのが常でした。

六年前、初めて高江を訪れた時も、四年前にも佐久間さんの姿が高江にありました。移住の直後にはそこに大西照雄さんの日焼けした姿もありました。

佐久間さんの葬儀は、九日、沖縄市で行われましたが、できればと願った最後のお顔を見ることはできませんでした。すでにお骨になってからの葬儀でしたから。

佐久間さんは、私がこの座り込み日記を出していることを知って「ほんとは僕がやりたかったことやけどな、できなんだわ、おおきに」と言い、週一回の弁当と毎月の発行を楽しみにしてくださっていたので、最後に御棺に入れてほしいと思っていましたがかないませんでした。

片時もタバコを手離せず、みんなからの声に「うん、今は日に二本よ」と言いながら一口吸っては大事そうにポケットにしまう姿がいとおしくさえ思い浮かびます。

4月21日（月）

今日の座り込みは、N4テントとなりました。N4テントから四キロも離れているN1テントは、一日三本しかないバスを利用してこられる支援者が歩いてのテント訪問は無理。

小鳥たちの営巣中で工事が行われないことになっている七月までは、N4テントが受付かな。丸三年近くすわり続けたテントの居場所は良。

「あら、もう鶯は鳴いてないね」

「ほんと、もう子育てかな」

「相手が見つかってよかったね」

私たちと朝から座り込むのは愛知県から来られた障害者施設の元施設長、「三月末で定年になったから来れることになりました。私は設楽ダム建設反対の取り組みをしています」と。来て一週間になると言い、辺野古の集会にも住民の会の人たちと行って来た、とも。う高江の主の風格。

「私は七十年安保世代、今の風潮が気になって」と思いは同じです。

彼女も一瞬にして私たちの仲間に。お客さんではありません。

夕刻、高齢者の自転車ツーリング隊二〇人近くが走り抜けて行きました。「ステキ」。

――・――

伊江島基地調査

先週も何かと行動の多い週でした。**一五日**には、名護平和委員会主催の「伊江島基地調査」に参加。阿波根昌鴻さんの非暴力の土地闘争と共に映画「沖縄」や、最近、頻繁に伝えられる米軍の非常識な訓練による住民への被害、戦争中の過酷な飛行場建設に狩り出された近郷の人々の話など、関心をそそられる所として、三年前、移住草々訪れた島です。

我が家の近くからも海を隔てて見える伊江島。

今回、村議の名嘉さんの案内で廻った島は、まさしく「軍用地提供の島」として、日米の防衛族に翻弄される姿を目に焼き付けられました。

同時に戦中・終戦時のそこに生きた人々、無残に殺された人々の記憶も残されています。

終戦も知らず、生き残った島民の殆どが米兵に浜に集められ、慶良間諸島に二年間も強制移住させられた間、ガジュマルの木の上に隠れ住んだという二人の日本兵がいたこと。この話は、本にもなり、井上ひさしさんの手で、脚本化され上演もされたといいます。知らなかった！

同時に離れた洞窟で二人の島民がやはり二年間も隠れ住み、帰島した人々によって初めて敗戦を知ったという悲劇も知りました。

日本軍が米軍との戦いに近郷近在から人々を動員し、遮二無二造った飛行場を、攻撃を予想して今度は、それを破壊させるために勤労奉仕を強要、そのために犠牲になった人々も多かったとも言われます。島民を別の島に追い払い土地を接収した米政府。

四月二一日は、この伊江島が焼き払われ、多くの軍人と島民の命が奪われ、米軍が制圧した日で毎年、三千数百人の慰霊を祀る激戦区に建てられた『芳魂の塔』の前で慰霊祭が行われます。この激戦で唯一残された建物は、日本兵が立てこもったという「公益質屋」が攻撃の跡も生々しく戦跡として保存されていました。

また、ここでは住民が難を逃れて立てこもった洞窟『アハシャガマ』で、日本兵の手榴弾による集団死があったガマも保存されており、今、沖縄の人々が真実を子どもに伝えたいと強引で横暴な安倍政権と教科書問題で対峙している思いが実感できるところです。

オスプレイ配備と同時に、この米軍演習場に六つのオスプレイパッドが早々に造られ、子牛の死産やドラム缶の基地外への投下など様々な被害が伝えられてきましたが、今、新たに新基地が造成されているのには驚きました。しかも名目は農業水利事業で農水省の予算。施工業者は西松建設。

現存する米軍施設の移転が目的で元の基地の一・七倍の広さを持つという新基地です。理由は、建設中の農業用水用地下ダムを米軍施設が汚染しては困るからというもの。村議は「明らかに隠れ思いやり予算」と言います。どこの「ニュース」も伝えません。

この伊江島のたび重なる土地収奪への島民の抵抗に、湯水のような財源の投入で懐柔し、現在の軍用地主は島民の三分の一近くにもなるという一三〇〇人とも一五〇〇人ともいわれますが、年間の地代は一三億円となっています。米軍への提供地は島の四〇%を超えるといいますが、未使用地も多く、黙認耕作地としてタバコや菊などの栽培や立派な住宅も建設されています。

このため、基地返還の声は、ほとんど聞こえなくなったといわれました。けれども、子どもと人口は減り続け、島に残る中学生は年に一人あるかどうかといわれます。

沖縄本島からわずか船で三〇分の伊江島、ここにも、米軍基地がもたらす人権蹂躙の姿があります。

一八日は、沖縄の将来がかかっているという「沖縄市市長選への支援」、と言っても貧者の一滴、どれほどの役に立つかわかりませんが、心が逸ります。安倍首相夫人をはじめ、東京都知事、自公民の名だたる「政治家」が金切り声をあげて、まさに国政選挙並み。軍事大国化に向けて、税金の投入を惜しまず、沖縄県民を封じ込めようとする様は異様です。

新基地反対を明確にする候補の決起集会は、県民のたじろぎを吹き飛ばす活気にあふれるものでした。

投票日は、今、闘われている松山市議選と同日。「松山市の仲間たち、県都松山市の人々の暮らしと命がかかっています。がんばってくださいね」と願わずにはおれません。吉報を待っています。

一九日は、「辺野古座り込み十周年記念集会」がありました。照りつける太陽と砂浜からの輻射熱で火傷しそうな辺野古の浜に一時間かけて駆けつけ、約二時間半の集会。

座り込みから十周年、行動開始から一七年、時には命がけで非暴力で闘い続けてきた辺野古。

その闘いの決意が、カヌーでの海上デモをする仲間、浜に結集した仲間にみなぎりました。

それにしても暑かったナ。

4月28日（月）

昨夜から雨。しばらく当番の私たち四人だけの時間が過ぎて行きます。今日持参したおやつは、サツマイモを蒸して干した「東山」。ことのほか好評です。去年の今日は、『屈辱の日』として、安倍政権が行う祭典に抗しての県民集会が開かれ、私も部落内にポスターをはりめぐらし、役場が準備したバスで数十人の村民と共に集会に参加しました。「そうだったね」などと話していると、支援者の方が四人、雨の中をやってきました。一人は東京から初参加の青年。首から大きなカメラのバッグを二つ下げています。

「『標的の村』をみてどうしてもと思い、連休を利用して来た」といいます。対馬丸の体験談にも「来た甲斐があった」と言いながら一日中、私たちと座り続けました。

伊佐育子さんが久しぶりに顔を出しました。彼女は三月下旬から、三週間の日蓮宗の信者の方々とのアメリカでの平和行脚に参加し、その先々で高江の実情と沖縄の現状を語り続けてきたと言います。

「アメリカの人は、日本に米軍基地があることを知らない人が多くてね」「実態を話すと迷惑をかけてごめんなさいと言ってくれる人もいたよ」とその体験を話します。この平和行脚は厳しいものだったようです。長い時間ではありませんでしたが、仏教徒の平和行脚の受け入れはキリスト教会で、米は持参したものの夕食と宿泊所が提供され、朝五時半に起床して、毎日六時間余の行脚だったといいます。「ご苦労さまでした」。連れ合いの伊佐真次さんは一日からは北海道での講演だとか。家業も厳しい中で、全国を飛び交い、高江の現状を訴えておられます。

夕刻、統一連の屋良さんが四・二八だから辺戸岬に行って来たと立ち寄られた他は、静かな雨の中の座り込みでした。

雨に煙る県道七〇号線の道々には、白百合の群れが楚々とした花を広げ、初夏の到来を思わせます。連休が過ぎればもう梅雨です。

5月5日（月）

東村を北上する県道七十号線は、降り続く雨と霧で視界はほんの数m、ヘッドライトもあまり効き目がありません。

連休も明日で終わり、

「折角の子どもの日でもこのどぢゃぶりでは外出も駄目ね、子どもたちもかわいそうね」

「沖縄は梅雨入りしたそうよ」「今日はあまり人も来ないよね」などとおしゃべりしながらの道中は、連れ合いと平良啓子さんとT女との四人。

やっと着いたテントの中は、「川」が流れています。隙間からは雨が降り込み、それを防ぐのに大わらわ、椅子の下の流れにはブロックを置いて足を上げての座り込みです。

でも早速の来訪者。「三月で仕事を辞めたのでやっと来れました、しばらく居ます」という東京からの青年。「連休だから来ました」という兵庫からの女性。

ようやく雨が上がった午後、六歳の坊やを頭に三人のお子さんを連れたご夫婦が来訪。「八月一五日に、『標的の村』を信者さんを対象に上映会をします、沖縄に住みながら米軍基地のことをあまり知らなくてすみません」「いえいえ、謝ることはありませんよ」

横から若い夫人も「ほんとに恥ずかしいと思います」と私たちに頭を下げます。「若い信者さんに映画を見て貰おうと思います」。「それは嬉しいですね、じゃ少し沖縄の米軍基地のことやここのことをお話ししましょうか」と一通り語ったあと、那覇で牧師をしているという彼は、「実は、知り合いにパイロットの方がいるのですが、沖縄を飛ぶのは飛べる空域が狭くて難しいと聞きました。それに東大東島あたりに漁に行く漁師さんが言うには、漁ができる海域があって、気が付いて振り向いたらすぐ近くに軍艦が来ていたり、しょっちゅう、提供海域だからと追い払われるそうです、今説明を受けてそれがよくわかりました」

それを聞いて私たちも、陸も空も海も米軍基地におおわれている沖縄を改めて実感。

「上映会をしたらまた来ます」

「お待ちしています」

一家五人を乗せた車は、雨上りの県道を下って行きました。

昨四日付けの琉球新報には、作家の半藤一利氏の集団的自衛権と国家総動員法を語る記事と「政権の憲法軽視」の文字が躍っています。

五日の記事には、県民の世論調査で辺野古の県内移設反対は七四%、集団的自衛権の「行使禁止」は過半数と報じています。

しかし徐々に改憲に誘導されている傾向とも言われ、県議の六二%が「国防軍」の創設に反対し、二七%が賛成。そして子どもが三三年連続減と。

「ねえ、安倍さんは戦争がしたくてたまらないみたいね。毎日のニュースを見ていると戦前みたいね。戦争はできると思う?」

「無理だと思うよ。だって年々若者が減っているでしょ。労働人口が少なくなって、経済が回らないよ。それに世界の情勢は、どんどん話し合いの外交が主流になっているんだから戦争屋のアメリカだって、お金がないし、アメリカの国内世論だって、もう易々とOKとは言わないでしょ」

「自民党の石破さんは、沖縄に敵が攻めてきたら、沖縄人が立ち向かって戦えって言ったてね」「ええーっ、それほんと?」「うん、テレビで言ってたよ」「それって、沖縄戦と同じじゃない、また、沖縄の人は日本のために死ねっていうの? 私は許さんよ」「私も許さんさ」などと物騒な話が飛び交う中で、今日の帰りの時間となりました。雨は上がっていました。

5月12日(月)

今日の新報では「南シナ海で中越衝突」の記事と共に政府の自衛隊活動に「他国籍軍の支援拡大」を検討していると報道されています。その行間に安倍首相が、中国とベトナムの衝突をこれ幸いと「集団的自衛権」で憲法9条を骨向きにすることに小躍りしているように見えます。

今日は雨の予報だけど陽が照っています。風邪や不幸事があったりで、当番は女性三人だけ。

三人の平均年齢は七六歳、当番の体制が取れた途端に、東京からのご夫婦が来訪。続いてにぎやかな女性群が二台のレンタカーで来られました。「加賀市からきました。『標的の村』の上映会で伊佐さんに来てもらったんです。カンパを持ってきました。伊佐さんは?」。「お呼びしましょうね」。まあにぎやか。「私たち、半日でも座り込みに参加したいと思ってきたんですけど」「もう座り込みしてますよ」「??」

『『標的の村』のようなことは今は無いんです」と現状を説明すると納得。ほどなく現れた伊佐さんの案内で、ノグチゲラの営巣の様子などの観察に北上していきました。

写真家の山本さんに案内されてきたのは、埼玉の一行五名の女性群です。続いては岐阜から五名。ひとしきり岐阜のあちこちが話題になります。犬山城、長良川等々。

それぞれ「「山ガメ」に行ってきます」と出かけて行きました。

「必ずまた来ますからね」と見えなくなるまで手を

振る女性たちのはちきれんばかりのエネルギーの塊のような声が森に吸い込まれて行きました。

今日は何と女性の来訪者が多かったことか。三二人中二八名。私たちも女ばかり。「女が頑張らんとね」と平良啓子さん。帰りの県道七〇号線には霧が立ち込めはじめています。「大宜味9条の会」の講演会は二三日の夜に開催です。さあ、宣伝を急がなくっちゃ。

5月19日（月）

四月二七日にハワイ大学東西センターで映画「標的の村」が上映され一五〇人の満席だったとのこと。留学中の沖縄の女性が企画し、上映前には、沖縄の米軍基地や辺野古への移設問題、日本政府の対応も説明、参加者からは「沖縄の人々の人権が守られていない」「国際的な問題として取り上げるべきだ」などの意見が出されたと言います。

五月一五日に始まった平和行進には、労組員や全国からの参加者も多かったようです。

夕刻近く、ＪＲ貨物労組の青年部長が来られました。「平和行進に来られたのですか」「そうなんです。でも今日は月曜日で、みんな帰ったものですから、僕が代表してきたんです。カンパも託っていますし」「ご苦労様ね、全国から自分のことのように沖縄の問題を闘ってくれる人がいて、私たちは励まされていますよ」「いやいや、これは日本の問題ですから」などのやり取りの後は、ＪＲ貨物労組の現状が聞き出されます。

何しろ、沖縄には「国鉄」・ＪＲがありません。私にとっては、青年時代から「国鉄の闘い」は、自分たちの闘いでもありました。松川事件をはじめとする一連の謀略事件、国鉄民営化の激しい攻防と労働者の分断や人権侵害などなど、今の沖縄につながる日米の強引な国民支配の構図に話は尽きません。

ほかに来訪者がない中での会話が和やかに弾みました。平和行進が晴れていてよかった。お疲れさまでした。

ヒュルルルル、ヒュルルルル　アカショウビンの鳴き声が森に響きわたっています。赤い可愛い渡り鳥です。そろそろ帰宅の時間となりました。

5月26日（月）

重い曇り空、今日は雨が降りそう。テントの中は蒸せるように暑い。テントを半分まくり上げるとさっと心地よい風が吹き去ります。

今日の当番は六人、N4・Bテントには、泊まり込みの統一連の糸数さん。

「今日は雨が降りそうだし、あまり人は来ないね」で、沖縄弁・ウチナー口についてのユンタクが延々と続きます。

昨日私たちは、根路銘部落総出の清掃作業で午前中三時間半の労働、午後、女性たちは名護市で開催された『石川文洋さん』の「戦争と平和・ヴェトナム戦争の五十年」の講演会に出かけたのでした。

ベトナム戦争は、沖縄と切っても切れない関係があります。ベトナム殺戮の前線基地にされた沖縄、その戦争に翻弄された沖縄県民、従軍・戦場カメラマンとして、前線から戦争の実体を発信し続け、戦争の不正義を告発し続けてきた石川さんのお話は、穏やかながら熱く、会場いっぱいの人々を釘付けにしていました。そう、枯葉剤被害は今も続いているのです。ベトナム各地で、もがき苦しんでいる子どもたち、人々の姿が目に浮かびます。

この石川文洋さんの従軍取材五〇年の生き様を映像にした映画が今月から上映開始されます。石川さんは私と同年の七六歳、少し心臓に故障がおありのようです。

土砂降りの雨が落ちてきました。テント内は、また川です。でも一時のこと、今日は降ったり止んだりです。

テントのすぐそばで鶯が激しく鳴きました。

「あ、まだ相手が見つからないんだ」「早く見つかったらいいのにね」「向こうでも鳴いてるよ」「よかったね」

アカショウビンがヒュルヒュルルルとひときわ高くさえずりました。

外は陽が照っています。今日はここまで。

6月2日（月）

テントに急ぐ三〇〇メートル手前の道の真ん中にハブが車に引かれて仰向けに伸びています。傷口は一か所。ハブやアカマタなど蛇たちの交通事故死はしょっちゅう出会う県道七〇号線ですが、今日のはでかい！。

泊まり込みの糸数さんに話すとちょっと見てくると下って行きましたが、「（近くの）「ムーラン（カフェ）の主人がもう拾って計っていたよ、一メートル八〇セ

十二月末までにボーリング調査終了？！

辺野古基地建設作業を急ぐ防衛庁

沖縄防衛局は、十二日名護市の名護市漁港の使用許可申請の不備の補正をしないまま、県の岩礁破砕許可申請手続きを先行して進めるようです。また、名護市との協議の中止も示唆しており、名護市が指摘する必要書類の不備などの補正は無視する構えです。

防衛局は六月以降に辺野古沖二一地点を掘削するボーリング調査の実施を予定。履行期限としている十一月三十日までに磁気探査を含め行う予定で防衛局は作業を急ぐ構えです。

しかし、移設反対の抗議行動や台風の襲来も予想され「期限内の作業終了は難しい」との声も上がっています。

「防衛局の漁港使用許可の申請はめちゃくちゃ」

名護市は防衛局の申請手続きの文書は不備や添付書類がない、意味が分からない記述など今回は特にひどく、再提出を求めると再提出しないなどの態度で、名護市の回答がない場合は協議が整わなかったこととして処理するとしています。名護市は「めちゃくちゃだ」と反発を強めています。

環境省・有識者会議

辺野古を含む本島沿岸海域を「重要海域に選定」

環境省は有識者会議が九日、日本の排他的経済水域内での「重要海域」を初めて選定したと発表しました。

その内容は、

一、固有種が分布していること

二、絶滅危惧種が生息していること

三、生体系の多様性

四、日本を代表する生態系があるなど八項目が基準となっています。

全国では「沿岸域」が約二八〇箇所、「沖合」が五〇箇所。内、沖縄は、米軍基地・キャンプ・シュワブがあり、新基地建設予定地である辺野古を含む本島ほぼ全域とされる一八箇所が指定されています。

稲嶺名護市長は「大浦湾周辺海域は勿論、沖縄の海全体が貴重な自然であることを国が認めた」「新基地を造ることとは矛盾」と語っています。

ンチあったてよ。大きいねえ」「あのハブ、どうするのかしら」「安次嶺さんが食べるんじゃないの」「そうなの?美味しいのかしらね」「ハブやヒメハブ、アカマタも多いよ、毎日ぐらい見るよ、一日に五匹ぐらい見るときもあるよ」と糸数さん。「工事の人たちはかまれないのかね」などなど、ハブ談義から始まった座り込み。

しばらくすると伊佐のおじいが長い棒の先に金具をつけたのを担いで来られました。

「それ、何ね」「これでハブを抑えるのよ」。おじいは毎日二回、街道を行き来する散歩が日課。八四歳。

来訪者がいないと立ち寄られて、沖縄の戦中、戦後の出来事を沖縄方言を交えて語って下さいます。

全部が聞き取れるとどんなにいいかと思いますが、沖縄語は難しい。元はバスの運転手で労組の活動家だったそうです。今は高江の放課後の子どもたちの守り役でもあります。

今日の当番は三人。私たち女性は、村の「女性検診日」で午前中のみ。で当番は連れ合いの越智一郎が一人で奮闘することに。ご苦労様です。

6月8日（月）

空気があわただしくなってきました。先週、工事人が測量に入った様子。これからの建設現場の近くには新しい監視のテントも建てられました。支援者の見張りも張り付きとなりました。でも人は足りない。

辺野古も二日から測量船などが沖合をうろうろ、動きが始まっています。

私たちが高江の座り込みに参加を初めて丸三年が過ぎました。週一回がすでに百五〇回を超えました。そして千日が過ぎました。二〇一一年六月、高江座り込み四周年記念集会が開かれ今年も六月二九日に七周年集会が開催されます。

昨日の地元紙で防衛副大臣が宮古島市を訪問、陸上自衛隊の警備部隊配備計画を説明すると報道。

米軍ばかりでなく自衛隊の配備をさらに奄美市、瀬戸内町、与那国島への配備と沖縄駐留米軍との合同演習や基地の合同使用など、ますます沖縄を軍事要塞にする動きが急となっています。「福島など原発被害の復旧をこそ急ぐべきだ」との声をさらに高めなくては。

7月7日（月）

特別で大型の強い台風が沖縄本島を直撃とのニュースが、三日前から一日中伝えられ、七月七日七夕、台風シーズンの到来？　台風八号が明日八日昼には沖縄本島に上陸の予報。

東村の太平洋の沖には、白波が一直線に立ち上っています。

でも東村・高江の森は、強い日差しに緑がむせ返るようで、セミの声も一段と強く、座っていても汗がにじみ出て「フゥ！　暑いね」の連発。

刻々と台風情報が入る中で、四つのテントは畳むことになりました。

「去年は何回畳んだかね」「八回ぐらいだったかな」などと住民の会や常駐の支援者の方々との会話も特別に強い台風との繰り返しの報道に緊張気味。

四か所のテントもそれぞれ納められました。海も空も路線バスも欠航が報じられています。

私は空の便が空き次第、松山に帰り愛媛ＡＡＬＡの理事会を開催の予定で、来週の座り込みは欠席となります。沖縄の政治情勢は、一一月の知事選を中心に、九月七日の統一地方選の動きが激しくなってきました。

ヤンバル統一連は、稲嶺市長を支える市議団の構築が大きな課題となっています。

高江のオスプレイパッド建設を抱える東村の村議に「住民の会」の伊佐真次さんが立候補を表明し、住民アンケート活動が展開されています。

台風の後の一一日、松山へ出発。

松山の空は何と平穏なことか。

この間の高江では、オスプレイパッドの建設の取り組みがすすめられたとのことですが、二二日には、この北部訓練場に多くの米軍車両と一緒に自衛隊の車両が多数入ったとのこと。いよいよ、日米両軍の一体化がさらに具体的になったのかと思わされます。

7月28日（月）

三週間ぶりの高江に向かう三三一号線の右手に広がる風光明媚な国定公園塩屋湾の海面は、波一つなく湖面の様な水面に朝日が当たり、山影を映して息をのむほどの美しさ。

東村に入るとダムからの送水管の付け替えで、道路はゴー・ストップの連続。これから始まる炎天下での作業はいかばかりかと作業に携わる人たちの日焼けした顔がまぶしくさえ思われます。

　地方紙の毎日の報道は、辺野古新基地建設に向けた防衛局の強引な作業とそれに抗議する県民の模様が伝えられ、一〇年前には見られなかった海上保安庁の抗議行動への妨害を伝えています。

　また、昨二七日の午後、県内政財界や労働・市民団体の有志、有識者でつくる「沖縄『建白書』を実現し未来を拓く島ぐるみ」の結成大会の模様もつたえています。

　当初、一〇〇〇名の結集が呼びかけられていましたが、集会開会時にはすでに二〇七五名が数えられたとのこと。

　辺野古新基地建設に向けた政府の海底ボーリング調査準備が本格化していることから「辺野古強行を止めさせようー沖縄の心を一つに」をテーマとした結成大会は、一一月の知事選も視野にした各登壇者の熱の入った発言や参加者の熱気が充満した結成大会だったと報道しています。

　この結成大会の影響もあり、辺野古には一五〇名余の人たちが結集しているとのニュースが入りました。


高江には、大きな動きはありません。

今日は来訪者が殆どありません。

二組ほど、レンタカーでの旅行者が「頑張って下さいね」と記帳していきました。

東京の富久さんが新刊の同人誌「季刊作家」と「あらためて考察する『伊達判決』の今日性」の小冊子を携えて来られていました。すでに一週間を超えているとか。

今日はN1裏とゲート前、そして受付の私たちN4テントの三カ所での座り込みです。N4には四名。

富久さんとの時事懇談が展開されます。沖縄に元南光町長が来ておられるとのことからかつての八鹿高校事件に始まって、部落解放同盟や同和問題がひとしきり話題となりました。もう三〇数年前の話です。

時折、ノグチゲラの鳴き声が聞こえてきます。オオシマゼミの金属的な鳴き声も聞かれるようになりました。

突然、米軍車両が地響きを立てて南下してきました。バスやトラック、特別車両などその数、二〇数台。チラチラ見える米兵の顔は疲れ切ったように見えます。その中に混じって、自衛隊車両もありました。

辺野古も気になりますが、私たちの持ち場はここ、高江です。

三一日、台風は今夜あたりか。

8月4日（月）

未遂に終わりましたが台風一一号の襲来を予測してテントは撤収、このため露天での座り込みです。ところが強い雨が降ったり止んだり、で、各人の車での待機が午前中続きました。

午後はウソみたいに晴天、元気のいい日本大学二年生の青年が張り切っていますが、泊まり込みの支援者八名、私たち当番が六名。周りに天然記念物に指定されている「赤ひげ」が一〇センチほどの赤い体を針金のような足に乗せて、私たちの足元近くまでやってきます。何とも愛らしく、バナナなどで餌付けされ、テントでの人気者です。

午後一時過ぎ、東京演劇アンサンブルのご一行がマイクロなどに分乗してやってきました。一四、五人。

文化庁主催・児演協のワークショップのための来沖とか。その講師としてパレスチナの教師であり俳優の二人もご一緒です。続いて島根から四人の男性群も到来。そこここに会話のグループができました。

それぞれ辺野古に寄ってきたといいます。辺野古での話題もひとしきり続き、それぞれ木陰を選んで、語らいが始まります。

「パレスチナの方にお話を伺いたいのですが」「エー、喜んで」

「一昨日、テレビのニュースを見ていたら、イスラエルの駐日大使が、パレスチナの攻撃に反撃するのだ、と言っていましたが、変だなと思いまして。パレスチナ問題は随分長い歴史的な問題ですよね。でもよくわからないので」というと、白いタオルをターバンのように巻き、がっしりとした体格の教師であり俳優のラエッド・シューヒイさんは、悲しそうな眼をして、「パレスチナの現状を説明しましょう」と言って紙にイスラエルとパレスチナの国境やそこにつくられている塀や入植地の状況を書きながら、経済封鎖されている状況やその歴史を、通訳を通じて熱っぽく話します。

「アメリカはイスラエルに軍事や資金援助をしているのが問題ではありませんか、たしかアメリカが一番援助しているのがイスラエルですよね」というと「そうなんです。最近もミサイルの修理の資金を多額出しています」「イスラエルはパレスチナ人のすべての行動を監視し、自由がありません」「イスラエルは何の罪もない女性や子どもたちの命を奪い、もう千人を超えています」「人種差別も当たり前で、軍事国家です」ムハマド・ティーティーさんは「僕はハマス支持者ではありませんが、パレスチナではハマス支持者が増えています。あまりにもイスラエルのやり方がひどいので」「私たちは自由が欲しいし、人権を守りたい」真剣な話は二時間近く続きました。

「どうかお元気で」「またお目にかかれるといいですね」私たちの帰る時間です。ご一行はここに泊まる人、那覇まで帰る人いろいろでした。

8月11日（月）

今日は六年生の孫たちが沖縄を楽しむために来沖、連れ合いは那覇までその出迎えのため座り込みはお休み。

平良さんが高二と四年生の孫の少女たちを同伴での座り込み。

そこには、昨年末と年始に長期に支援に来ていた韓国の教師、通称イルカさんが通称どんぐりちゃんの五年生の子息を連れてきていました。一九日までいるとか。遥々韓国からと頭の下がる思いです。

前回よりは少し日本語が通じやすくなっていましたが、お互いの出生地を語るのに四苦八苦。それでもよくまあと思います。「僕、沖縄の平和のために頑張ります」とニコニコ。

座り込みのメンバーが少し変わりました。大阪からの中田さん、埼玉からの間島さん他、そして守り神のような坂尾さん。坂尾さんは京都出身、沖縄での看護師の後、もう四年もおられます。週に四日の二四時間の監視活動です。最近では車で寝泊まりしながらのようで、その強靭なそして、しなやかに淡々としている姿には脱帽です。

今日は少し早めに切り上げました。辺野古での闘いの影響か、今日も高江での動きはありません。ヘリやオスプレイは飛び回ります。

8月18日（月）

辺野古の動きが慌ただしくなってきました。一四日には、立ち入り制限のブイを張り巡らし、県民の立ち入り禁止区域をつくりました。七月一日から始まった強権的な政府の作業体制は、海上保安庁の巡視船、内地からの警備会社社員、近隣の漁民を狩り出して、巡視艇と共に県民を取り囲み、陸では警備員と共に県警や機動隊が、二重三重に県民を遮断し威嚇する。「何が何でも米軍基地をつくり提供し、自衛隊と共に訓練をしたい」という安倍政権の野望がむき出しに見えます。

報道によれば、辺野古新基地建設工事のスケジュールは、八月中旬にボウーリング調査開始、九月七日統一地方選・名護市議選、秋以降埋め立て工事実施計画、一一月一六日知事選、一一月三〇日ボーリング調査の工期終了、一五年二月埋め立て本体工事着工、一九年一〇月三一日工事全体の完了予定日としています。

今日一八日には、初めて海に足場がつくられ台船が設置されました。辺野古では日に日に抗議の輪が広がっています。

8月25日（月）

一昨日の二三日土曜日、急きょ辺野古での集会が行われました。

一週間前に二〇〇〇人規模の集会の開催が呼びかけられ結集したのは三六〇〇名と発表されましたが、実際はもっと多かったと思われます。私たち大宜味9条の会も三日前にバスでの参加を決定、村長以下満杯のバスで参加。基地のゲート前の道路を挟んだ歩道が集会場所。延々と続く人垣に次から次に到着してくるバス、乗用車。サイボーグのように身動きもせず立つゲート前の警備員と県警。

参加者が銘々に掲げるプラカードには、怒りと抗議の言葉が凛と青空に映えています。焼けつくような道路から立ち上る熱気は火傷をしそうです。

トラックにしつらえた演台のマイクからは、勝利の確信に燃えた発言や安倍政権、仲井真県政への激しい憤りが参加者を燃え立たせ、共感を広げていきました。

稲嶺市長をはじめ、国会議員、県議、市民・女性代表、財界の代表等々、「県民裏切りの知事に来年はよい正月はない」、「必ず工事は中止させる」その決意が参加者に確信を持たせる炎天下の集会でした。

高江のテントでは、天然記念物の小鳥『赤ひげ』が、一〇センチほどの愛らしい体を揺らしながらテント内を動き回り、その姿を追って大人たちの目も動き回ります。「道路には飛び出すなよ」。

辺野古新基地建設に向けた工事を強引に推し進める政府に対して激しく抗議し、工事の即時中止と辺野古移設断念等を求める意見書

政府は仲井真弘多県知事の辺野古埋め立て承認を根拠に、名護市辺野古への米軍新基地に向けて、スパット台船を設置し海底掘削作業を強行着手した。

政府の作業は、県民の海上抗議行動を締め出すために、立ち入り禁止区域の不当な拡大、ブイ・フロートの設置、海上保安庁の厳戒態勢による威嚇という二重三重に住民の正当な海上抗議行動を封殺して強権的に実施している。

この政府の傍若無人な作業強行は、昨年一月二八日、県内すべての市町村長・議会議長、県議会議長らが署名・捺印して安倍晋三首相に提出した「建白書」を一顧だにせず、さらに地元名護市長の稲嶺進市長の断固反対の意思と世論調査で示された七三.六%の県民の反対の声を完全に無視したものであり、民主主義を否定する許しがたい暴挙である。

政府は、これまで「地元に丁寧に説明し理解を得る」としながらも、環境影響評価も不十分なまま、強行的に計画を実行しており、県民の政府に対する不信感と怒りは頂点に達している。

沖縄県民は、普天間基地の閉鎖・撤去、県内移設断念、垂直離着陸機オスプレイ配備撤去を求める「建白書」を保革の枠を超えてオール沖縄でまとめ上げてきた。本市議会も、幾度も意見書等を可決し、辺野古移設断念を含めたあらゆる基地負担軽減策の実行を政府に求めてきた。

このような県民の声を無視し、辺野古移設を唯一の解決策として力づくで押し付けようとしている日本政府の姿勢は断じて容認できるものではない。

よって、本市議会は、民意を無視し民主主義を否定する辺野古新基地移設に向けた工事を強引に推し進める政府に対し、激しく抗議し、工事の即時中止と辺野古移設断念並びに普天間飛行場の早期閉鎖・撤去を強く求めるものである。

以上、地方自治法第九九条の規定により、意見書を提出する。

平成二六年（二〇一四年）八月二二日

名前が決まりました。佐久間さんの務から、「トム」。ほかの曜日の当番は別の名前を付けている様子。「トム」は全く意に介せず、動き回っています。

今日は一一時半ごろから三時間余り、米軍ヘリ二機が旋回し続けそのうるさいこと。二時半ごろ、辺野古の海上で県民の三人が海上保安庁に拘束されたとのニュースが飛び込んできました。

先日は、二人が軽傷を負わされたばかり。法的には何の根拠もなく、まるで暴徒のやり方です。「安全のために指導しています」が口上。

高江には、大阪の女子大生が二人、「辺野古と高江のドキュメンタリーをつくる」と朝から大きなビデオカメラを担いできています。

二〇歳の那覇出身の乙女たちです。

二二日は、学童疎開船『対馬丸』が米軍の魚雷に撃沈されて、七〇年目となります。このため、その学童の数少ない生存者の一人の平良啓子さんは、慰霊祭をはじめその追悼行事への参加で大忙しのご様子。で今日の当番は、午前中三人午後は私たち二人。その他常駐者が八人ばかり。今日から京都・立命大の先生が加わりました。来訪者は、ほかに六人ばかり。「辺野古へ寄ってきました」「これから辺野古に行ってきます」等々、今日も業者の動きがない高江が気になりながらも今の主戦場は辺野古です。

そこに思わぬ来訪者が一人。

「長野からカンパを持ってきました」。随分と沖縄も詳しい方で話しているうちに、松山の友人の元のご亭主。「びっくりしたなーモー」長らく松山の法律事務所の事務長をされていた方でした。松山や長野の知人の話も出たりして、ほんと、ここでは日本も狭く感じます。

――・――

那覇市議会の7会派、辺野古の工事への抗議と工事中止の「意見書」を政府へ

那覇市議会は、二二日臨時議会で、新風会、日本共産党、公明党、社民党、社大党、民主党、無所属の会の七会派の共同提案で、三二対六の賛成多数で意見書を採択。衆・参議員議長、内閣総理大臣、官房長官、外務・防衛大臣、沖縄担当大臣、沖縄防衛局長に送付しました。

9月1日（月）

明日はいよいよ、沖縄統一地方選の告示日、「東村政に村民の願いを届ける議席を」と今朝も村役場前の辻で道行く車に麦わら帽子にのぼりを片手に伊佐真次さんが手を振っています。

つい半年前までは、そこには七四歳の佐久間さんが一日も欠かさず「オスプレイパッド建設反対」ののぼりと共に手を振り続けていました。

三度目の正直、今度こそ伊佐さんの議席獲得で東村からヤンバルの森を守る闘いに王手を！　切なる願いです。

一票一票と、投票者の顔が分かるという地縁血縁がモノを言う村の選挙。宣伝カーや政策ビラを発行し辻演説をする候補者は伊佐さんだけ。

でも、今回は反応が違うと言います。

支援の来訪者の話題も多くが選挙のこと。名護市の票の行方に気をもむことしきり。

9月8日（月）

万歳！　沖縄統一地方選挙、ほぼ完ぺき勝利、東村高江にも花が咲きました。

「基地建設賛成・大の虫を活かすために小の虫は我慢しろ」と言ってはばからず、仲井真知事の政策大賛成の東村政に高江のオスプレイパッド建設反対運動の先頭に立ってきた「伊佐真次さん」が、村議会の議席を確保することができました。

また、名護市議会は、稲嶺与党議員が過半数を制しました。全県的にも新基地建設反対、安保破棄の先頭に立つ共産党議員が議席増を果たし、一一月の知事選舉の闘いに弾みをつけました。

今日は、選挙結果に安堵の空気が流れる高江の座り込みテントに、関西大学の学生一九名が来訪。

対馬丸遭難の語り部、平良啓子さんの体験談と沖縄の米軍基地をめぐる現状の説明に二時間半真剣に熱心に耳を傾けていました。

その間にもすっかりテントの住人になっているアイドル、「赤ひげ」が、一〇センチほどの赤褐色の体を揺らしながら足元を動き回り、蟻や菓子屑をつつく姿に若者たちが眼を細めます。

新聞報道では、私たちが座り込んでいるテントの県道の路側帯を米軍への提供地にして、座り込み排除を防衛局が企図していること、もし、住民たちがそこに入るなら「刑特法」でと、脅しをかけてきています。しかしそれが知事選擧に影響しては困ることなどから、知事選後にと協議されているなどともしています。

これに早速、弁護士や仁比さんや赤嶺さんが現地調査に来られました。

座り込みがよほど工事の進捗の障害になっており、工事の中断になっているのだと思われますが、現場ではその先行きに言い知れぬ緊張もあります。

辺野古の海上では連日、海上保安官と建設に抗議するカヌー隊との激しい攻防戦を展開する様が報じられ、けが人もでています。カメラが向けられていない隙を見て、カヌーの住民を海に引きずり込んだり、よってたかって抑え込んだり。果ては事前にカヌーを取り上げたりで、メガネを壊された人、首を捻挫した人などもおり、すでに二二人が一時拘束されました。

法的な根拠を一切明かさず、「住民の安全を守るため」だとか。

県警、防衛局や海上保安庁のこの威圧的な振る舞いは、政府の不正義な行為の焦りの表れ。少し遠目で見ればそう見えてしまいます。

9月15日(月)

今日は祝日・敬老の日、高江には幼児を連れた家族が手製の蒸しパン持参で来られたり、たくましい専修大学の学生が二人、そして高額のカンパを届けに来てくれる人、労組の平和学習の打ち合わせに来た若い労組幹部など次々と暑い中をひた走ってきた人たちで賑わいました。

夜・昼通しで常駐する仲間は五人。車の中での睡眠です。

私たちの部落で敬老の行事が組まれているため四〇分早い帰宅となりました。

9月22日(月)

私は一八日から二三日まで、愛媛AALA主催の中国東北・旧満州へ「日本の近・現代を訪ねる旅」のため、座り込みは欠席。

連れ合いと平良啓子さん他に大宜味から二名が当番。この間に大きな動きはなかったとのことでした。

9月28日(月)

家を出る七時過ぎには、まだ太陽が顔を見せない季節となりました。車の窓からの風もひんやりとしています。秋に入りました。

でもまだ街道にススキの穂は見えません。ひぐらしの鳴き声もひときわ高く、そろそろオオシマゼミに代わります。

朝のミーティングでは今のところ異常なし。そしていきなり、中国旅行の報告が求められました。約三〇分ほど感想を披歴しました。

今日の来訪者は、三〇人あまり。遠く岩手県の盛岡から六名、横浜から五名、東京から三組十数名、京都大学の台湾からの留学生などそして千葉からJR労組の面々。

みなさん、辺野古とのセットで来られていました。昨日は辺野古で今日は高江とか、午前中辺野古で午後高江に来たとか、明日辺野古に行きますとか。「標的の村」が全国版になって高江も全国版になったようです。

沖縄の各地でも、「標的の村」の上映運動が続いています。防衛局はいやでしょうね。

この映画の監督の三上さんは、今、「辺野古・高江」の新たなドキュメンタリーを制作中で、来年完成予定だとか。来訪者のお一人は、少し沢山募金して、字幕に名前を載せてもらうと張り切っておられました。そういえば盛岡からの来訪者が「『標的の村』を上映して集まったカンパです』といって高額のカンパを持参して下さいました。

そして私たちの仲間がミカンをキャリーに一杯差し入れに来たと思ったら、大宜味から赤ちゃんを連れた女性が玄米のお握りを持参。

今日は写真家の森住卓さんがヘリパッド建設予定地への案内や状況説明をして下さり、ありがたいこと。おかげで森住さんの写真集が一〇冊近く売れました。私が持参の八人分のお握り弁当も空になりました。

住民の会の女性二人は、路側帯の米軍基地専用化に反対の陳情書を持って県議会に出かけました。議員周りもしてくるとか。たくましい女性たちです。

平良啓子さんは、西宮市に講演に出かけて夕べ遅く帰ってきたとか。そして今朝から座り込み、無理をして体を壊さなければと案じられます。

10月6日（月）

そろそろ高江にも秋の気配がほんの少し漂い始めました。尤もこのテントの横の車の中で寝泊まりして監視活動をする仲間は、「夜は寒くて震えたよ」といいます。朝のミーティングには一〇名が顔を揃えました。

テントの前の道路わきには可憐な大鷺草が花を開き、ねむの木も花と実をつけています。たぶの木、芙蓉などなど、ほんの少し見上げるだけで、森の茂みには、次々に様々な樹が豊かに繁っています。森を見まわる植物博士は「ここは希少動植物の宝庫だよ、まだまだ未発見の種が沢山あるよ」と森に消えていきました。

知事選が近いためか、今のところ、工事業者の動きは見えません。

10月13日（月）

金曜日から荒れ始めた「大型で強い台風」は、丸二日沖縄を揺らしました。

高江のテントも畳まれ、風は今朝も高江の森を強く吹き抜けテントが張れません。このため、とりあえず「トゥータン屋」で待機となりました。時折雨が吹き付けます。

待機組は七名、三名が二つのテント脇の車での監視活動となりました。

待機組の中に二人の青年がいます。

一人は全国を行脚する日本の若者。

一人は韓国からやってきた日本語が達者な二六歳の「姜」君。韓国済州島の海軍基地建設に反対する運動に参加していると言います。

京都の集会に参加し、辺野古に行き、高江は三日目。日本の政治情勢にも詳しい青年です。

「韓国のことを教えて頂けませんか」「ハイ、僕でわかることなら」「ではお訪ねしますが、韓国には米軍基地はいくつあるのですか」「たしか五つと思います」「首都のソウルにもあるんですよね」「平沢市に移転しました」「？　まだ、全部は移ってないんでしょう。たしか二〇一六年までに移転するとは聞いたように思うのですけれど。五か所ではないと思うけど」「すみません。それはあまり詳しくありません」「京畿道や江原道にもあるし、梅香里（メヒャンニ）は空軍の爆撃演習地ですよね」「そう、あそこは凄いです」「たしか劣化ウラン弾の演習も激しくて、島が無くなったんですよね」「今、済州島につくられている基地は海軍基地で、米軍が使うと言われているんです」

韓国を巡る話が続きます。

こんな会話をしているうちに韓国の米軍基地についい

ての正確な情報を知らないことに気が付きました。そう、アメリカは、日本が敗戦するとすぐさま日本がつくっていた軍事施設をすべて米軍のものとして国連軍として駐留。そのころ、沖縄戦で余った武器・弾薬を沖縄の人を使って韓国に移送したという話は、伊佐のおじいから聞きました。

アメリカは、きわめて不平等な「韓米安保条約」を結び、北朝鮮を敵国とした軍事支配をしてきました。その徹底した反共・親米政策は、朝鮮民族分断を基本にアメリカのアジア支配にヴェトナム戦争をはじめ韓国の軍隊を尖兵として動かしてきましたよね。

報道によると米軍が引き起こした犯罪は、四万五千件にも上るとされています。

しかも、その犯罪を韓国で裁くことは極めてまれで数%、その国民の怒りが根強い反米感情を生んでいるとも言います。

また、最近、在韓米軍慰安婦問題が明るみに出され、米韓の政治問題になっていると報道されました。

この問題は、歴史的で一九五〇年から五四年には韓国軍慰安婦が設置されたと言いますが、その後買春禁止法が制定されます。しかし、一九六二年二月、米軍基地近隣の百四カ所を特定地域として、売春取締り除外地域にし、韓国政府はここで働く女性を定期的に性病検診してきたそうです。

最近ではフイリピン女性が歌手の仕事があるとだまされて連れてこられ、売春婦にされたとの報道もあるとか。

ことの経過や実情にいくらかの違いはあるとはいえ、日本・沖縄の米軍支配や基地問題は、韓国とほとんど同じであることを改めて、思い起こさせます。韓国の米軍基地問題をもっと正確に知り、連帯する取り組みも強化して行くことが課題だと思わされます。

同時に日本各地の基地撤去の闘いの現状も全体として知らされる方法がないのか、とも思います。

今日一日私たちは、とうとうテントでの座り込みでなく「トゥータン屋」での待機の一日となってしまいました。しかし、テント設置個所にこの雨・風の中、支援者が八名も来られたとの報告、ありがたいことです。

10月20日（月）

今日は思いついておはぎを三五個つくって持参。毎日根気よく座り込む仲間たちへのねぎらいのつもりです。お菓子や果物は全国から来られる来訪者の手土産で、色々「名産品」が届けられますが、やはり手作りのものは違うなごみを広げます。お昼の弁当はたらこのお握り一五個。

午後からは、「『しんぶん赤旗』の記者が取材に来るから応対をよろしく」との前触れがあり、伊佐さんもやって来て四人での応対となりました。若い記者。『標的の村』は見ました？」「いえ、まだです」「あれは見たほうがいいですよ」「わかりました」つい余分なことを言ってしまいました。我が年齢を感じる瞬間です。

今日はなんとまあ、四〇余名が来られました。千葉、東京、京都からなど。ここ東村でも知事選に向けてのビラまきが支援者の力も借りて行われました。

10月27日（月）

いよいよ知事選の運動もたけなわ。二三日には、大宜味村にオナガ候補の必勝に向けて、女性の会が結成されました。曰く「女性の会ができたのは、いろんな選挙があったけど初めて」とか。「オール沖縄」は楽しい。各部落から二六名が結集、たまり場の提供もあり、ジュースで乾杯、沖縄のおばあたちは意気軒昂です。二五日夕刻、名護市で開かれたオナガ必勝の決起集会には、貸切大型バスが用意され、各部落からの参加者を道路沿いで拾い参加。自主参加も含めて八〇余名の参加となりました。「沖縄に新基地はいらない」は挨拶用語。でも「基地が無いからうちの村は金がないから何もできない」という人もいて中々一色というわけにはいきません。

高江に向かう県道七〇号線沿いには、ようやくススキの穂が風にそよぐようになりました。高江集落に近づくと台風一九号で潮風をかぶった木々が、赤茶色になり葉を落とし始めました。

――・――

セルラースタジアム（野球場）を揺るがしたオナガ知事候補の決起集会
一四八〇〇人が必勝を期す沖縄の熱い秋

一一月一日、土曜日の午後、辺野古新基地建設反対、オスプレイ配備撤回、普天間基地の閉鎖・撤去を最大の争点にした、投票日を二週間後に控える沖縄知事選挙に向けて、オナガ候補の総決起集会が開かれました。

会場のセルラースタジアムは、一万五千人を収容できる野球場。

開会時刻の三時になっても入場者が引きも切らず、集会開会時には一万三千人が入場したと告げられました。照りつける太陽は痛いほど。

政党や業界、労組代表の挨拶、稲嶺名護市長の訴えなど二〇人ほどの挨拶がつづき、スペシャルゲストの菅原文太氏が現れると一層大きな拍手が巻き起こり、味のある激励の挨拶。

オナガ候補、那覇市長候補の城間《しろま》みきこ候補の決意表明。

翁長知事

亡くなった前田（共産党）県議の議席を埋める那覇区の県議補欠選の比嘉みずき候補、比嘉みずき市議の後を埋める那覇市議候補の紹介など、スタジアムは、その度に拍手が沸き起こり、指笛、太鼓などともに歓声があがります。

最終の参加者報告は、一万四千八百人。地元の人々は、選挙でこんなに人が集まったことはないと興奮気味で話していました。

この知事選挙は、同時に県議の補欠選挙が、那覇市、沖縄市、名護市の三地区で行われます。

それぞれ、オナガ氏を支える県議団を強化するための取り組みで、知事選が一層加熱しています。

その中の一つ、名護市では一月に行われた市長選挙で、県議を辞任して市長選に出馬し稲嶺氏に敗北した自民党県議が再出馬、その対抗馬として、九月の統一地方選挙で、勇退して新人と交代した具志堅徹氏が立候補することになりました。

具志堅徹氏は四〇年間共産党市議をつとめて勇退されましたが、オナガ県政を支える県議として、稲嶺市長を支える市議や市長に懇願されての出馬となりました。

具志堅さんは、長年、辺野古の座り込みや海上での闘いに取り組んでこられ、最近では連日辺野古に常駐しての取り組みをしておられます。

沖縄市区での立候補は、かつて自衛隊内でいじめ殺された、自衛隊員の兄の裁判を闘ってきた島袋恵祐氏

（二八歳）。
いずれも沖縄県の県政を民主的に進めるための議席として期待がかかっています。

11月3日（月）

もうヤンバルの街道は、ススキが満面に穂を揺らし、すっかり秋の風情となりました。

高江のテントには知事選挙応援を兼ねた方が次々に来られます。そして今日はなんと関西デー。

「京都からです」「大阪からです」「神戸からです」「私も京都」あらまあ、昨夜、車で泊まり込みの監視をして居合わせた伊佐育子さんも「私も京都出身」。

京都府知事選挙の候補として奮闘された尾崎さんもやってこられました。「沖縄の民医連の方々には大変お世話になったので、どうしてもお返しをしたくて来ました」。穏やかな人柄とお見受けしました。

続いてこられた年配のカップルは「私たち結婚して、今日が四〇周年の記念日なんです。その記念に波照間島や与那国島などを巡ってここに来ました」。

「それはおめでとうございます」

テントの中に拍手が響きました。

大西照雄夫人が奈良産の柿の箱を抱えてやってこられました。「ずっと辺野古の方に行ってて、こちらに中々来られなくてすみません」と恐縮されるように言われます。

柿は、岐阜の支援者の方から我が家に届けてほしいと昨日、富有柿が届けられ今朝持参したばかり。秋の香りが再び広がります。

大宜味村からも女性が三人。

入れ替わり立ち代わりの来訪者でテントもにぎわいます。

今日の当番は三名、常駐者は八名、そしてアイドルのアカひげのピーちゃん。このピーちゃん、最近は丸々と太ってきました。朝八時のミーティングの時間に姿を現します。ご飯粒が大好き。

お昼は、私が持参したおにぎりと住民の会の宮城さんが大きな鍋につくってこられたほうとう汁。

午後からは、予定が告げられていた和歌山の私立高校一六名が二人の教師に引率されてきました。

時間は二時間半あると言います。さて、だれが説明役をするか。みんな散っていきます。仕方なく私が引き受けることになりました。高校生に話すのは初めてです。

「ここのことはどれくらい知っていますか」「標的の村を見てきました」「ではどれくらいわかって貰えるか自信はありませんが、…」

沖縄県がいつできたのか知っていますか、からはじめ、今の沖縄にたどり着くまでの日本と沖縄の関係や、米軍基地がつくられた経過を語るに四苦八苦。そして現在の米軍基地の現状などなど。アー難しぃ—。

予習がどのくらいできているのか、わからないままの説明はどのくらい理解してもらえたか、などなどテキストや資料の準備もなくしゃべるのがこんなに難しいとは思いませんでした。

ここ一六、七年の間に生まれてきたこどもたちに沖縄を語る、米軍基地を語り、高江のヘリパッドを語るのは至難の業と思い知らされたひと時でした。

幸い、若い兄貴のような引率の先生方の質問や子どもたちの質問に補われて、レクチャーは終わり。

根本きこさんが来られて子どもたちからのアンケートがあり、最後は、アコーディオンの伴奏で合唱。でもなかなか高齢者と共通する歌が見つかりません。

「ウーン、今、どんな歌が歌われているのかなー」奏者もこれまた四苦八苦。かろうじて「若者たち」が共通の歌となりました。

11月10日（月）

五時一五分起床、今日は炊き込みご飯のお握り一八個。コーヒーにお茶、コップ一〇個を担いで七時出発。少し肌寒くなってきました。高江の朝のミーティングには七名が参加。

アメリカからレイチェル・クラークさんが来ています。アメリカ人といってもれっきとした新潟生まれの女性。

稲嶺市長がアメリカに出かけ、政府の要人たちに辺野古新基地建設断念を要請して回った時の通訳やお世話などをしたという年のころ四〇歳くらい。

歯切れのいい中々の才女とお見受けしました。でも、ぎっくり腰に見舞われ痛そう。住民の会の石原夫人の指圧を受けて、少しは楽になったと言っているところに、名護市の稲嶺市長の秘書が迎えに来られました。ほんの一時でしたが、枯葉剤問題やエイズ、エボラなどアメリカの様々な情報を聞くことができましたが、時間切れ、残念！

「このすわり込み日記、メールで送ってくれませんか」「いいですよ」でこの日記が来月からアメリカにもわたることになりました。オー国際連帯!

九時から東京の新婦人を中心のご一行様二八名、八丈島から参加の方もおられます。滞在時間は一時間半、やっぱり私が喋るの?!

最後は「平良啓子さん、写真一緒に撮らせて下さいませんか」。入れ替わり立ち代わりの記念写真をパシャ、パシャ。

「また来てくださいね、『標的の村』を観る取り組みをお願いします」「やらなきゃね、知事選、頑張って下さいね」。やっぱり闘う仲間は、すぐに気持ちが通じ合います。「これから辺野古に行きます、ではまた」元気いっぱい手を振って、バスで山を下って行かれました。

知事選挙投票日まであと一週間。

「那覇で研究会があったので」と大学の研究者八名、男性二名女性六名のメンバーが続けて来られて、「今、ここはどうなっているんですか？　工事は無いんですか」。「今、辺野古と此処のことを争点に知事選挙がやられているので防衛局も様子見をしているんだと思います」「そうでしょうね」。一時間ほどのお話合い。午後から来られたペアの方と合わせて、今日は三回のシャベリとなりました。

夕刻まで、ぼつぼつと来られる方の対応は連れ合いが一手に引き受けました。

さあ、明日から知事選も最後の追い込み。頑張らなくっちゃ。

11月17日（月）

知事選挙、ほぼ完勝!

昨夜八時、知事選投開票速報が始まると同時に、「オナガ候補当選確実!」

びっくりしたなーモー。こんなことっていいのか、開票もしないで出口調査の結果ですって。

その結果は、オナガ候補が仲井真候補に九九、七四四票の差をつけての当選。同時に行われた那覇市長選挙もオナガ氏の後継者・城間幹子さんが女性初の市長に当選。三市の県議補選は、那覇市と名護市で前共産党市議の二氏の比嘉瑞己さんと具志堅徹さんが統一候補と無所属で当選。残念ながら沖縄市の島袋さんと那覇市議補欠選挙は僅差で敗れました。

オナガ氏は沖縄県四一市町村のうち、三三市町村で仲井真氏を上回り、しかも得票率が五〇％を超えたのは一八市町村に上り大宜味村はダントツの一位でした。仲井真氏が五〇％を超えた八町村の殆どは離島でした。

そしてこの選挙は、沖縄県民がいかに『新基地建設に怒りを燃やしているか』を改めて証明した結果となりました。

さあ、これから新たな闘いが始まります。

11月24日（月）

二二日、衆議院議会解散！　オオシマゼミが悲しげに聞こえる鳴き声を響かせています。

知事選が終わった二日後の二〇日、辺野古では早くも県警と海上保安庁が抗議行動の住民に襲い掛かり、八五歳の女性が側頭部打撲の怪我を負い病院に運ばれました。新聞報道カメラマンはメガネを引きちぎられ海上ではカヌーの市民一九人が一時拘束されました。

何に逆上しているのか、海上保安庁に県警。

一方、防衛局が大浦湾の側のキャンプ・シュワブ沿岸に長さ三〇〇メートルの仮設岸壁を建設することが分かりました。すでに建設資材はシュワブ内に搬入され、近く着工するとしています。この岸壁は、海底に岩石を打ち砕いた石材を敷いた後、石の詰まった網を海面まで積み上げ舗装して整備します。岸壁は海底ボーリングに使用するとしていますが調査後も撤去しないため、事実上の埋め立てになります。

ところが二四日、衆議院選挙対策という「高度な政治判断」ということで、辺野古の新基地建設作業が一時中断すると報じられました。

現場では、この選挙目当ての「姑息な政治判断」に計画そのものを中止せよ、との声が上がっています。そして怪我で搬送された八五歳の女性、島袋さんは二四日の抗議行動に復帰されました。

午後からは賑やかなミュージシャンの女性一人を含めた六名が来訪、知事選の結果や政治情勢に話の花が咲きました。続いてこられたのが大宜味村からのご夫婦、八五歳の夫が運転する軽四トラックで泡盛の一升瓶と造りたてのサーターアンダーギーを抱えて来られました。村の戦前戦後のくらしの話は興味深く、ヤンバルの森の話もいっぱいでした。高江の激励に来るのも五度目、「辺野古の集会にも二人で行ったサー」「免許を書き換えたよ、八八歳になってまだ乗れるようら次も書き換えるよ」だそうです。大宜味村には百歳のおじいが単車で野良仕事に出かけ、はしごに上っての作業もしておられます。

私の住む部落でも百歳のおじいが軽四を運転して畑に出かけていますものね。

ご持参のサーターアンダーギーは、まだ温かく水を使わずに卵と砂糖を入れただけだとか、次々に来られる来訪者に大好評。

福島から疎開してきたという二人の女児（六年生）を連れた女性、夕刻には一年生を頭に三人の幼児を連れた読谷からのお母さん。

三歳の坊やに「そんなに食べて大丈夫?、まだ入るの?」。この子どもたちの手は次々にアンダーギーに伸びます。

このお母さん、先日、読谷村で「標的の村」の上映会を組織し、二百名しか入らない会場に二百五〇名入れ、二回立て続けに上映したと言います。その元気なこと、昨日は辺野古で子どもと歌い躍って喝采をあびたとか。若いって素晴らしい。マリが弾んでいるようです。

夕刻、新たなミュージシャンの男性ばかりのご一行五名。今夜のトゥータン家はさぞかし賑やかなことでしょう。

12月1日（月）

今日から師走。明日は衆議員選挙公示。なんとせからしいこと。

沖縄は知事選挙のオナガ県政の体制で、四区とも統一候補で闘われます。とはいっても比例区との関係で連合と民主党の一区の赤嶺候補は自主投票だとか。短期決戦でどこまで力が出し切れるか。「とにかく県民を裏切った自民党の四人は落としたい」の声は根強くあります。ヤンバルの選挙区・第三区は、生活の党の玉城デニーが統一候補。落としたい相手は比嘉候補。公約違反の辺野古新基地建設容認を表明した比嘉なつみ候補です。

一週間のうちに高江のテントでも動きがありました。と言っても住民の会の動き、まず事務局担当がまた変わります。

担当のトッコが親の看病のため福岡に帰ります。支援者の宿泊施設・トゥータン家が売られて一月中旬までに撤去が余儀なくされました。

防衛局側は、五つ目のオスプレイパッドG地点の工事入札を発表しました。このため、G地点の監視行動のテントの設営が必要となるため、三カ所のテントでの監視活動の取り組みが必要となり、さらに人手が要求される事態となりました。

今年も間もなく終わりです。

12月8日（月）

朝八時のミーティング、赤ひげの小鳥ピーコの出席は今日はまだ。大宜味9条の会からの当番は四人。昨夜の監視活動から変化はないとの報告。

今日は太平洋戦争を勃発させた日。

今年も愛媛や全国の女性たちが寒空の中、各所の駅頭で「赤紙」を配布しながらキナ臭い安倍政権の「軍事への道」の危険を訴えている時間だとの想いがよぎります。

テントの中では、沖縄高教組専従の方、高江支援連絡会の共同代表二人と私たち四人、住民の会のメンバー二人の九人。ひとしきり太平洋戦争時の報道に話題が集中。九人の内、二人には鮮やかな記憶が残っています。結論、政府発表には注意すること。

「それは今の政府にも言えるよね」「ほんと、ほんと」

そして話題は、高教組の先生を中心にした教育の問題に。「高校には給食は無いんですよね」「いえ、夜間にはありますよ」と夜間高校の教師の彼から高校生の現状が切なく話されます。土建で働く青年が腹ペコで遅刻しながら登校する話。仕事で卒業までには行きつかない青年のことなど生徒への想いが、痛いほど伝わってきます。ブラック企業やブラックバイトにも話は及んで「高校や大学で、少なくとも労働基準法なんかの労働法は、身を守る問題としてしっかり教えておいてほしいですよね」「まったく」。

今日はとても冷えます。

夕刻、雨が降り出しました。今、総選挙の真っ最中。沖縄の明日がかかった選挙戦です。

明日はビラ配りが待っています。

12月15日（月）

総選挙、

沖縄完勝、バンザイ!

辺野古新基地建設が問われた沖縄の総選挙は、新基地建設反対の統一候補がうち揃って当選しました。

最大の争点に気持ちを一つにしてきた県民の勝利となりました。

一一時過ぎ、那覇の選挙事務所の事務を担って奮闘した民青の東光君が瀬長亀次郎さんのひ孫の有志君を伴ってやってきました。亀さんのひ孫と聞いてテントの中は、亀さんの話でもちきり。沖縄では亀次郎さんはまだ生きています。

「沖縄の人は亀次郎の話がだいすきさ」「俺の高校生の友達がよ、高校生の時、亀さんの演説を聞いてから、親が反対しても、ずーと共産党の運動したさ、今も頑張ってるよ」。そう語るのは宮城勝己さん六二歳。青年達は神妙に高齢者?たちの話に聞き入っています。

今日のお昼は鯛めしのお握り。ささやかなお祝いのつもり。東光君は今日帰るとのこと。

原田和明ご夫妻が来られました。お手製の干し柿がお土産です。この方、戦中、戦後の日本の「枯葉剤」製造の真実を追って著書『真相「日本の枯葉剤」』を出版された方。その内容は、戦前・戦後のアメリカの生物化学兵器作戦に世界の製造企業・工場が深く関わり、とりわけ、日本での製造の過程や企業の実体が詳しく述べられています。特に水俣やカネミなどの公害事件も深く関わっており、日本政府の林野庁をはじめとする諸機関も関与してきたことが詳しく述べられています。

新聞報道や国会での質疑などからの立証には迫力があります。

私たちは、枯葉剤の製造が日本企業の手で製造されたことは知っていましたが、その前後や内実は、初めてその奥深い日米の国家的犯罪に身震いする思いです。著者の原田氏は物静かな方で、座り込みの現状を熱心に聞いておられました。

今回の選挙、大宜味村は選挙区、比例とも沖縄一。統一候補の玉城デニー氏は六八・六％自民党の比嘉奈津美氏は三〇・八％。比例は共産党が一位で二三・三％、社民党が二位で一八・四％。両方で四一・七％は、ダントツ沖縄一となりました。ちなみに自公は三二・六％でした。夜は大宜味女性の会の打ち上げです。公民館に集まって、ジュースで乾杯！

愉快な歌と踊り付き。

12月22日（月）

高江の気温は一二度くらい。冷えます。私たちが着いた八時にはテント内ではすでにストーブの上の薬缶がシュンシュン言っています。

トゥータンヤに泊まっている支援者は四名、早朝県内から駆けつける方三名、住民の会の方三名、そして私たちの三名が顔を揃えました。朝のミーティング、昨夜は何事もなかった由、今日は大阪から団体がみえるとのこと。

ミーティングの後は先日行われた大宜味村での世界自然遺産登録の説明会の話題で沸騰。

環境省とヤンバル三村の行政側が、米軍基地に提供されている最も自然豊かなヤンバルの森の大半を除外して、奄美、徳之島、西表島と共に世界自然遺産登録をめざしていることが是か非か。住民の十分な討論は行われていません。

一方、東村・高江では、ノグチゲラ保護条例が提起されて、住民集会が開かれたとか。

まさに今、ヤンバルで最も手づかずの森と言われ、固有の動植物が住む森を切り開いて、オスプレイパッドをつくろうとしている米軍基地の問題を不問に付して、世界自然遺産登録録をめざす取り組みを進める目的は何か。

様々な意見が飛び交います。さてこれからの取り組みをどうするか。とにかくすべての住民の意見を出し合うための諸策が必要ではないか、という大半の意見で落着。

昨日で「カフェ山ガメ」が改装のため閉店となり、今日と明日は閉店セレモニーが行われるとのこと。マスターの現さんは「お昼はうちに食べに来てよ」と座り込みのメンバーを招待していかれました。

私が持参した弁当はチラシ寿司。一〇人分の半分が残りそう、と思いきや山ガメに出かけた四人は大勢だったので「汁だけでかえってきたよ」で、お寿司は一気に消費されました。滋賀や大阪、岐阜の方などが来られた後「今日は、概ね大阪デーですね」と言っているところに大阪からのご夫婦の来訪。「あらまあ」『標的の村』を見てどうしても現地を見たいと思いまして」時刻はすでに四時を過ぎています。ご夫婦は「また来ます、必ず」と言いながら名残惜しそうにぎりぎりまで質問をされ続けておられました。

私たちの当番も今年はあと一回となりました。でも年内の工事関係はなさそうです。

12月29日（月）

私たちの当番も今年最後の月曜日となります。テントにはすでに東京、神奈川、埼玉からの男性三名、女性三名がそろっていました。昨日から来ている人五名にたまたま自転車の沖縄一周で通りかかった青年が泊まり込みでした。

この青年、青年海外協力隊でアフリカのセネガルから帰ってきたところとか。泊まる場所を探していて、テントで寝ることになったそう。

これから那覇に向かうと言う彼とアフリカの話題でテントは賑やかです。

今日の来訪者は二組ほど。テントの中ではストーブを囲んで、女性たちのおしゃべり、男性たちはテントの外の陽だまりに避難していました。お昼は、私が持参したお稲荷さん一〇人分が丁度行き渡って安堵。来合せた森住卓さん「僕、稲荷ずし好きなのよ」「あー、よかった」。

昼食の後は平良啓子さんを囲んでヤンバルでの沖縄戦や沖縄の学童疎開が熱く語られ、次から次の質問に時間はあっという間に過ぎていきます。森住さんのお知り合いの方が三人来られてカレンダー一〇枚お買い上げ。

東京からの若い女性も「Tシャツが要るんだった」ありがとうございます。来訪者の宿泊所「トゥータン家」は一月の閉鎖が一ヶ月伸びたとか。でも新たな場所を確保することが新年早々から予測される防衛局との闘いには、必須の条件となります。

人間の盾しか武器がない私たちは、全国、県内外の方の支援がなければお手上げになりかねません。「東京に帰ってからどんな支援ができるでしょうね」「一杯することあるよ、トゥータン家がピンチ、ガラス一枚分カンパしてとか」「そんな取り組みもありますね」「どこでも闘えるさ、そんなことで高江の現状を話すといいと思うよ」「今日は二九日で、色々用事があるので私たちは少し早く帰りますね」「来年もまた会えますかね」「ハイ、休暇が取れたらまた来ます」「ではよいお年を」一月四日には、今後の取り組みが話し合われます。

◆二〇一五年
日米両政府相手のあらたな闘いの始まり

1月4日（日）

朝、高江の伊佐さんから電話。「今日一時から今の高江の状況について話し合いをするから来てくれ」とのこと。

大宜味のメンバーに連絡するもそれぞれ多忙で難しく私たち夫婦で出かけました。大晦日に新聞報道された「今のN1テント設置場所を米軍専用地にして、私たちを締め出しオスプレイパッド建設のための工事道路を確保する防衛局の方針」についての対応が課題です。かけつけると協議の場所には一五人ほどがすでに来ておられました。

これは「日米政府が改めて協議するのではなく、防衛局が国有林を管理する林野庁に通知し県に通知したら実行できる」としています。しかも今月中の実行もあると報道しています。協議では早速、県などの関係機関に問合せ、現状を確認すること。国会議員や関係団体との連携を図ることなどが申し合わされました。

機動隊員にゴボー抜きされる支援者たち。完全非暴力の闘い

東村高江　オスプレイパッ度建設テント前で

1月5日（月）

早朝のテントには東京などからの支援者が四人、年末からの方もおられます。大宜味村からは四人、総勢一一人で新年の挨拶もそこそこに早速状況説明のミーティングです。今のところ工事関係の動きはなく、県にも何の通知も来てないとのこと。辺野古では動きが始まっているようです。

一〇時過ぎ、大宜味から仲間のご夫婦が来られました。

1月12日（月）

この一週間に辺野古では激しい動きが起こりました。

総選挙の結果、沖縄で惨敗した安倍政権は、東京で翁長新知事から逃げ廻る一方、辺野古新基地建設に向けて強引な作業を開始しました。

抗議行動の県民が手薄になった未明や夜半に十数台のトラックで資材を米軍基地内に運びこむことがまたもや行われました。

急遽連絡を受けた県民が詰めかける中、とうとう逮捕者が出てしまいました。地元の新聞は政府が新基地建設の補正予算を新たに組んだとか、新年度の予算では法外な軍事予算が計上されるとか、円安によってじりじりと物価の上昇が身に感じられるなか、きな臭さが立ち込めています。

高江の「住民の会」や県民会議では、辺野古や高江の闘いの強化がすすみ始めました。辺野古への那覇市や沖縄市からの「島ぐるみ会議」の支援のバスの運行が増発されています。

今の高江の森は穏やかで、太陽の日差しは暖かく、日だまりでは眠気を誘われます。赤ひげのピーちゃんは、相変わらず愛らしくテント内を歩き回っています。今日は祝日、幼児や小学生を連れたお母さんや手を繋いだカップルが来訪。

二月には那覇市での県民集会も企画され始めたとか。日米両政府を相手の新たな闘いが早々から始まりました。

私は一四日から沖縄を留守にします。一月二四日、郷里の松山で開催する日本AALA（アジア・アフリカ・ラテンアメリカ連帯委員会）と共催する全国縦断学習講演会のために二週間ほど愛媛・松山に滞在します。

その私に、一九日の高江の森での集会には、五百人を超える人々が結集、大宜味村からも三〇人以上の方が参加したと知らされてきました。二四日の講演会を成功させ、二八日には再び沖縄の一人になる予定。二月からの座り込みです。

2月2日（月）

未完のオスプレイパッドが米軍の手に。

二週間ぶりの高江。東村に向かう車に強烈な朝の太陽が火の玉のように差し込んできます。太平洋のかなたから上る太陽は真っ赤。くねった山道に沿って走る車に右から真正面から私たちを追っかけて光を放つ太陽。今日は晴です。

テントに近づくと道路わきには寒緋桜が満開。ピンクの愛らしい花が幾分すすけたような冬の木々の間を和ませています。それにもまして心躍らせるのは真っ赤なハゼの葉。ピンクの桜と赤いハゼの葉のコントラストが見事です。でも桜の満開は間もなく終わり。黄緑の葉が繁りつつあります。

N1テントには、一二名の方がそろいました。異色はスエーデンの大学院生の青年が、端正な白い顔青い目をして座っていること。昨日から来ているとのこと。昨夜のテントの泊まりはサム君（名前がおさむでサム君）。テントの隅で寝袋での一夜、「昨夜は何もありませんでした」との報告から朝のミーティングが始まります。まずは完成したオスプレイパッドが日米の合同委員会で他のオスプレイパッドの完成を待たず、基地の返還もないまま、引き渡すことが報じられたこと。この後、閣議決定で実現されてしまうことになったことについての協議。すぐさま県選出の国会議員に取り組みを要請することになりました。続いて、午後一時からメインゲート（米軍基地の入り口）前で開催する抗議集会の打ち合わせ。抗議集会の開催が決められてから三日しかたっていません。先月一九日の集会には五二〇人もの人が集まって主催者側もびっくりしたとか、さて、今日は何人の方が来て下さるか。参加者のバスの手配をする暇もありませんでした。

打ち合わせの後は辺野古での話。海上保安庁の国民を敵視した暴力が続けられていること。

自民党を除名されて、先の衆院選で国会議員となった仲里さんが辺野古で語ったことによると東京で宿舎もあてがわれず、自民党が余分に確保している部屋を要求すると谷垣幹事長が「借用書をかけ」と言い、仲里議員が拒否して宿舎には入らない現実が伝えられました。一同は大憤慨。

それからは集会の準備です。プラカードをつくったり、米軍への抗議文をつくったり、シートを準備したり。そこにひょっこり仲里議員が秘書の方と入ってこられました。昨日は辺野古、今日は高江とか。早速東京の議員会館の話。今は東京ではホテル住まいとのこと。高江への重ねての取り組みをお願しました。そして「私たちよくわからないのですが、島ぐるみ会議とウマンチュの会って、どう違うのですか」「僕は島ぐるみの会の共同代表ですがね、島ぐるみ会議は、正式名称は『沖縄「建白書」を実現し未来を拓く島ぐるみ会議』で県内の政財界や労働・市民団体の有志、有識者らの個人がつくる団体ですよ。ウマンチュの会は団体加盟で翁長知事を実現させるための会で私は顧問です」と説明「また来ますからね」。

島ぐるみ会議の共同代表が今日二日、記者会見を行い「辺野古新基地建設工事の現地の闘いへの参加を求める声明」を発表しました。

声明では作業が続く名護市辺野古のキャンプ・シュワブ前での抗議行動について「一人でも多くが参加し、反対の意思を表明してほしい」と呼びかけています。

スエーデンの青年は、日本語が流暢です。「僕、九歳から日本語を習っています。母はオーストラリア人でスエーデン人の父とのハーフです」と自己紹介。軍に渡す英文に手を貸して一生懸命。日本の安保政策を研究しているとか。埼玉から三人の女性がやってきました。宮崎県から来たという若い女性を含め、五人を相手に『沖縄の話』を約二時あまり基地や沖縄の歴史などなど。あーしんど。

「おーい弁当の時間、もう昼だよ」。連れ合いが声をかけてきました。集会が待っています。今日の弁当はおかかと明太子入りのお握り。六人分持参、おかずは焼鮭とジャガイモの煮物と漬物。

食事の後は連れ合いをテントの留守番に残し、全員メインゲートに結集。五台の車が支援者たちを詰め込んで集会に向かいます。

メインゲートには次々に支援者がやってきます。集会は住民の会の宮城さんの司会で始まり、参加者から日米政府への激しい怒りの声が続きます。ゲート前に引かれた黄色い線を一歩でも踏み出そうものならたちまち、基地内から拳銃を下げたガードマンが飛び出してきて追い出しをかけてきます。新聞記者が撮影のため二歩ほど線を越すと二人のガードマンが押し出しにやってきました。まるで番犬のドーベルマンのよう。誰かが「軍用犬だよ全く、沖縄県民かよ」。

参加者は八二人となりました。大宜味村からは一〇人です。射爆場建設を許さなかった闘い、都市型訓練場を建設途中で断念させた闘いなど、戦後の沖縄で住民ぐるみの勝利の闘いの体験も生々しく語られこの高江の闘いも必ず勝つとの思いが集会にみなぎりました。

抗議の英文が基地に向かって読み上げられ、その抗議文を基地の責任者に渡すようにガードマンに言うと、ガンとして受け取らず長い押し問答の末、ボリュウムを上げたマイクで伝え集会を閉じました。

辺野古での座り込みも手が抜けない中、高江のすわり込みの人手がますます求められる事態となっています。

2月9日（月）

今日当番の大宜味9条の会は、私たち夫婦だけ。気張らなくちゃ。なんとまあ一日雨が降ったり止んだり日が照ったりまた降ったり。八時半ごろテント前のブロッコリーの森の上に見事に大きな虹がかかったのですが。

テントには、スエーデンの青年カーネル君も座っています。ノートパソコンを抱えて取材中。

昨日、まだ引き渡されていない完成したN４のオスプレイパッドに、早くも米軍車両が三〇台も入り込み演習の準備を始めたとのこと。また座り込みを始めたN４テントは緊張が走りはじめました。

テントの中の石油ストーブ一つでは足元が冷え冷えとします。九時過ぎ、東村の村議七名が小雨の中を小型バスで来られました。議員定数は八名、議長は来られていないとのこと。先だって伊佐議員の発議で四日に設置された基地対策特別委員会が発足。早速座り込みが行われているテントや建設予定地などの視察のために来られたもの。

議員がこぞっての視察は初めて。伊佐議員の説明を真剣に聞いておられました。その後の委員会で早速県道七〇号線の路側帯を米軍に提供しないようにとの上申書が政府に提出されました。

伊佐さんが村議に選出されてから東村の議会の空気が変わりつつあります。

辺野古では抗議行動が激しく行われ連日カヌーの拘束や抗議船への海上保安庁職員の乗り込み、機動隊の道路封鎖などが報じられ、暴力的な弾圧行為が続くなか高江への来訪者は多くありません。

米軍嘉手納基地のＦ一五戦闘機が飛行中に五キロを超える金属部品を落下させても飛行を停止せず訓練し続けていることに多くの県内自治体から抗議の決議が行われています。Ｆ一五戦闘機の部品落下は昨年だけでも五件発生。

今年は爆撃機やヘリからの落下物はすでに四度目です。海兵隊普天間基地所属の攻撃ヘリ「スーパーコブラ」は二〇八キロもの装備品を落下させています。今のところ、被害者は出ていませんが一歩間違えば重大な事故になることの不安があり、原因究明まで全機種飛行停止を求める声が強くなっています。

しかし、防衛局は「飛行停止は求めていない」と言っており、あくまで米軍のための防衛局、国民の命を守るための機関ではないようです。

2月16日（月）

ついに翁長知事が辺野古のトンブロック設置の停止の指示を出しました。防衛局が辺野古の海底にフロート（抗議の船などがはいれないようにする浮）を固定するため一〇トンから四五トンのコンクリートのブロックを海に投入していますが、このブロックが岩礁破砕の許可外の地点に投入されたり、サンゴ礁を押しつぶしたりしていることに対するブロック設置停止の指示です。

これに対して防衛省は「適正に事業を進めている」として作業を続けています。

翁長知事は防衛局に対して資料を提出し報告をするように求めていますが、国が従わない場合「許可の取消も視野にある」と明言しています。

県内では翁長知事の公約実現に向けた第一歩だとして歓迎の声が広がっています。中には「もっと強く許可を取り消す決定をすべきだ」と言い生ぬるいなどという人もいますが相手が法律を破るからと言って、法的検証もしない強引な手法で許可取り消しをすることは同じ穴のムジナとなってしまいます。それにしても何と忌まわしい「法治主義」を唱える安倍政権であることか。

日本人であることが恥ずかしくなってしまいます。

高江ではこの日「ヘリパッドいらない住民の会」のメンバーが防衛局と県庁を訪れ、集落に最も近いＮ四地区の着陸帯二ヶ所が米軍に先行提供されることに抗議し、N四地区を使用させないよう要請行動を行いました。

一方、政府は一七日、先行提供の閣議決定をしました。これは、使用していない箇所を返還することが先であり、実質的な負担増となります。

安倍政権の「負担を軽減する」ためという言い草がまやかしであることがまたもや明らかになりました。

防衛局は翁長知事が作業停止指示を出している中、辺野古新基地建設に向けて新設工事の契約をすすめ埋め立て本体工事に向けた手続きを加速化させています。

政府は今年六月ころまでに埋め立て予定区域の外周部の三割の護岸整備に着手することを計画し、未契約の三件についても近く契約するとしています。

二二日の日曜日には、政府のこうした横暴な工事強行に対して、抗議の海上デモと県民大会が辺野古で行われます。

2月22日（日）

県民集会 ― 山城氏への不当逮捕

米軍の不当逮捕への抗議と工事強行への怒りに沸いた

一時から辺野古・米軍基地前で開催予定の「国の横暴・工事強行に抗議する県民集会」参加に向けて辺野古に近づくにつれて車が連なってきます。対向車線には、乗客を降ろした貸切バスがひっきりなしに行き交います。

大宜味村9条の会が用意したバスが満杯になったため、私たちは自分たちの車での参加。道路わきの空き地はどこも詰まりつつあります。用心のためかなり手前の空き地を見つけて駐車したもののその遠いこと。ようやくたどり着いた基地ゲート前はすでに参加者でぎっしり。大宜味の仲間たちも顔を紅潮させて立っています。

集会前の午前七時まえからゲート前での抗議行動は展開されていましたが、道路上での抗議行動を排除しようとする機動隊との小競り合いがあり、九時過ぎその仲裁に入った沖縄平和運動センターの山城議長ら二人を防衛局がゲート前に引いた「提供区域」という黄色い線を越したということで、海兵隊の日本警備員が後ろから いきなり基地内に引き擦り込み、米軍が後ろ手の手錠をかけて拘束したことが報告されました。

集会参加者は一様に抗議の声を上げ、この米軍による不当逮捕への抗議の声から始まった県民集会、参加目標は二〇〇〇人といわれましたが、どう見ても倍の人数が結集していると思われます。

道路の両脇に張られた鉄条フェンス、真ん中が道路、その隙間の路側帯と石垣にも人々が張り付いての集会です。挨拶に立った名護市長稲嶺さんは、その状況を「鉄条網に挟まれたこれが沖縄の現状です」と切り出し、一斉に共感の拍手が起こりました。

集会は、県選出の四人の国会議員の挨拶に始まり、社民党首や共産党書記局長、島ぐるみ会議の代表らが次々と政府の県民無視の横暴を糾弾、高圧的な米軍の不当逮捕への抗議の声を上げ、集会は怒りのるつぼとなりました。

終了予定時間を超えて行われた県民集会は、さらに闘いを強める決意にあふれた思いを拳にこめて「頑張ろう」を三唱し終えました。

一方不当拘束された山城議長ら二人はすでに名護警察署に護送されており、集会参加者は次々に名護署への抗議行動に向かいました。私たちも名護警察署へ。

名護警察署の周りには人があふれ始めました。すでに三人の弁護士の接見が行われており、駆けつけた国会議員も名護署内に入って行きます。支援の者を一歩も踏み込ませないために署員たちがものものしく警備を固めています。

署を取り巻いた支援者が一斉に「不当逮捕を許すな」「仲間を返せ」などのシュプレヒコールを行います。

そのコールは、接見した弁護士や国会議員の報告を挟んで、延々と続きます。その数、すでに五百人は優に超えていたのではないか。それにしても防衛局が金を出し、米軍警備の警備員が警察官や県民の面前で、意図的とも思われる野蛮な拘束をし引きずり込んで後ろ手の手錠をかけた屈辱、四時間も拘束し県警に引き渡したという米海兵隊。

参加者は口々に「もう沖縄の米軍基地は、即刻無条件撤去だ」「米軍は今すぐ沖縄から出て行ってもらおう」と声高に怒りをぶちまけていました。

翁長知事の「工事中止指示」や県内外の新基地建設に反対する声が日増しに強まる中、在沖駐留米軍のなかにいらだちや、焦りが出始めているとの声も聞かれ、「支配者の本性が出始めた」とも思われます。明日は月曜日、高江の当番がまっています。夕刻が迫り私たちはひとまず三〇分かかる自宅へ、仲間たちのコールが後ろ髪を引きます。

2月23日（月）　高江にも異変が

高江にも許しがたい事変が起こっていました。米軍の焦り？　それとも安倍政権のいらだち？

二一日の夜、N4テントが二つともきれいさっぱり持ち去られ、道路わきの抗議の横断幕もすべて持ち去られていました。こんなことはこの七年間一度もなかったこと。

監視活動が時間的に途切れていた間の出来事。犯人は誰か？

米軍か、警備員か、防衛局か、それとも？　意図的な窃盗であることはたしか。今日の当番は三人、朝は雨、朝のミーティングは一六人ほどが顔を揃えました。

大学生が三人います。

昨夜は異常なし。不審者も予測されるので「来訪者名簿はきちんと書いてもらうこと」「山城さんの釈放はまだで、検察庁に送られたこと」「来月から鳥たちの営巣期に入るので、工事が始められない可能性もあり、三月二日にひとまずの締めのランチ会をやろう」「今日は東村の議会で、N4オスプレパッドの使用拒否の決議がされる予定、傍聴を」等々の提起と情勢が出しあわれました。

N1裏テントの配置に就く人、N4入り口の警備に就く人、辺野古に行く人、議会傍聴に行く人などそれぞれ任務を分担。雨も上がりました。

一〇日ほど来ておられた大阪のおばちゃん党・杉岡さんは明日帰るとか、ご苦労さまでした。

「ここに来ると私、癒されるのよ、又来るから」そう何回目ですかね。また諤々議論しましょう。

一月の六日から来ておられる大分の田辺さん。もう二カ月が来ます。「今週帰ろうかと思ったけど、テント盗られてワジワジーするから一週間延ばしました」と慎ましやかな笑顔で、夜にはテントの泊まり込みもされています。

米軍の横暴な態度にも敢然として監視活動を続け、暇なときには木陰で読書をしている熟年女性。昨年暮れには夫君同伴で来られましたが、一人残って座り込みをされていました。こんな方々に支えられての座り込みです。

昨日の県民集会に来ての帰りに立ち寄る方が七組ほど。「僕、二回目です」「私は初めて」。

「テント盗られたというニュースを聞いたので、腹が立って」という人も。

旧社保庁の解雇撤回を求める署名をお願いしていると、愛知から来たという勢いのある女性「私も署名をお願いしたいんですけど、NPTでニューヨークに行くんです。新婦人の代表で行くんです。署名お願いできませんか」

そうです。五年ごとに開かれている国連の「核拡散防止条約（NPT）再検討会議」の第九回会議が四月二七日から五月二二日までニューヨークで開催されます。この再検討会議に日本から一〇〇〇人の代表によって届けられる「核兵器全面禁止アピール署名」運動が全国で展開されています。被爆国でありながらアメリカの核の「傘の中」だからと極めて消極的な行動をとる日本政府の態度は世界から強い注目を浴びています。

現在、署名は五百万筆を超えたと言われています。「頑張って来て下さいね」「ハイ、また来ますから」女性は勢いよく車を走らせて行きました。

山城さんたちが午後三時に釈放されたとの報告が入りました。

3月2日（月）もう弥生です

今日は忙しい一日になりそう。

高江での予定は、午前一一時から総合ミーティング、一二時から一四年度の完勝祝賀昼食会、一時からN4ゲート前で抗議集会。

まず昼食会の準備が遅れに遅れて一二時になってもまだ出来てきません。「何をつくっているの？」「ウーン、鳥鍋にチラシ寿司にサラダなど」間もなく一時。集会参加のために次々に支援者がやってきます。昨日から来ている人は七名。大学が春休みに入ったため、大学生の参加が多いようです。京都、東京、埼玉、名古屋等。お腹は空いています。で持参した稲荷ずしの包みを広げました。今日は特別だから七〇個をつくってきました。抗議集会の場所までは五キロあります。

集会場所のN4には、島ぐるみ会議のバスが四五人を那覇から運んできていました。参加者は百人余。今日は米軍の動きがありません。現状報告や東村議会の報告、辺野古の動き、住民の会・会員の挨拶等々、二年でつくると言っていた六つのオスプレイパッドを七年かけて二つはつくられたものの、今年はついに一つも造らせませんでした。

三月から六月末まではノグチゲラの営巣期に入るため、音が出る工事はできません。このため一四年度の工事の進行はなく、勝利したということ。しかし工事以上の爆音を遠慮なくふりまくオスプレイや米軍機が飛び交います。許せん！　一層の取り組みを決意した集会が終わりました。

N1テントには華やかなチラシ押しずしや大なべにはかぼちゃ入りの鳥鍋などが豪勢に並んでいました。

3月16日（月）

二週間ぶりの高江です。先週は松山に四日ほど帰っていました。大宜味村の女性五名で国際女性デー愛媛中央集会に参加のため。「対馬丸」遭難の生存者平良啓子さんが記念講演をされる随行で、梅が咲き誇る松山市をご案内。晴れ、雨、雪の松山も体験した四日間でした。鳥たちの営巣期間に入った高江は緑の芽吹きがいっそう強く感じられます。桜の緑は豊かでことさらに綺麗。

中谷防衛大臣の人を小馬鹿にしたような言動が報道され、辺野古での防衛局・海上保安官の蛮行が当たり前のようになり、沖縄を植民地扱いする日米政府への怒りは、おさまらないものの鳥たちの営巣で、オスプレイパッド建設工事への着手はストップしているようで、テント内は静かです。尤も監視体制が強化されて、四か所で支援者の座り込みが行われていることで、N1テントの午前中は平良啓子さんと私たちの三人だけ。そうそう朗報がありました。朝のミーティングで、四月の東村村長選挙に「ウマンチュの会」からの立候補者が決まったとのこと。総力を挙げて勝利しなければなりません。

まだ、政策の発表はありませんが、県民の水がめのこのヤンバル（山原）でのオスプレイの飛行訓練や射撃訓練などの戦闘訓練を止めさせるために「北部訓練場を無条件で撤去せよ」その闘いの先頭に村長が立ってほしい。忙しくなりそうです。

午後の高江にはヘリやオスプレイがブンブンとうなりを立てています。つい「ゲットアウト」と叫びたくなります。

東村の村議として活躍しておられる伊佐真次さんが、写真家の森住卓さんと組んで、著書を出版されました。

平和新聞に連載されてきた随筆集ですが、東村高江の自然が見事な森住さんの写真も多く、是非多くの人に読んでほしいものです。先週、松山に一〇冊持参したところ、たちどころに完売。

新たに二〇冊取り寄せて今度は大宜味村での普及を目指します。尤も一〇冊近くはもう予約が入っています。

新日本出版社から、税込み一六二〇円です。

3月21日（土）

海底調査開始後、初の県民集会
辺野古・瀬嵩の浜に三九〇〇人

国会議員や県議会与党五会派などでつくる実行委員会の呼びかけで、開催される「県民集会」には、辺野古対岸の瀬嵩の浜には続々と貸切バスやマイカーが詰めかけ、開会前にはすでに浜が埋め尽くされました。

目の前に広がる大浦湾には、ボーリング調査の大型機械が軍艦のように聳え、浜の近くまで張られたオレンジ色のフェンスが青い海に一層毒々しく映ります。

そのフェンスに沿って抗議船やカヌーが押し寄せ抗議行動を行っているのがよく見えます。集会開会と同時に放たれたハトが集会場に円を描き空に吸い込まれていきました。

演壇には五人の国会議員、各団体の共同代表、そして安慶田副知事が登壇。主催者あいさつの後、地元の住民の会会長が格調高く挨拶、現場で日夜頑張る代表の挨拶、弁護団からの提起、そして副知事が「オナガ知事が近日に重大な発表をする」と報告、一斉に拍手が巻き起こりました。続く四人の若者の決意の発言は参加者の共感の涙を誘い、稲嶺市長の挨拶は闘いの勝利への確信を再確認させ、連帯の挨拶に立った「金秀」の会長呉屋氏は「今後グループの経常利益の一％を運動に寄付する」との発言にはどよめきが起こりました。

この間にも海上では二艘の抗議船と十数艇のカヌーが拘束されていると伝えられ、参加者は浜に駆け寄り、一斉に抗議のシュプレヒコールと拳を上げました。

弁護団長は「政府権力は県民の海をフロートで囲んで略奪し暴力団化している。これに抗議するのは憲法上の権利であり、正義の闘いである」と強調し、副知事は「たいまつは風が強いほど燃え盛る。日米両政府の公権力が相手で生易しい決意ではできないが、決して屈してはならない」と強調しました。

事務局長は今後の運動の提起として、「四月二八日(火)の屈辱の日」は、海上抗議行動、県内全自治体の仲間の議員が参加するキャンプ・シュワブを人間の鎖での閉鎖。五月一七日(日)には、セルラースタジアムで一万人の集会の予定と報告があり、再び拍手喝采。

最後の手を握り合っての団結ガンバロウにも思いっきり力が入っていました。

3月23日(月)

朝のミーティングには八名が出席。最近は赤ひげのピーちゃんの参加がありません。営巣で子育てではないかしら。鶯の声が朝からさわやかです。当番の大宜味から五名。私たちと土谷さん、島袋夫妻が一〇時から参加。

村長選挙の候補者は東村ウマンチュの会の事務局長・當山さん。今日、記者会見が行われると言います。當山さんは元東村職員、かつて役場で腐敗行為があった時、それに抗して退職した熱血漢で人望も厚く我が村にも多い高校の同級生たちが早くも燃えています。

東村が「建白書」を掲げる村政に替れば、辺野古の闘いも高江の闘いも一層有利に展開すると思われ、大宜味ウマンチュの会も忙しくなります。投票日まで一ヶ月もありません。

大宜味の八八歳のご夫婦が、野草(薬草)を薄いせんべいのようなきれいな天麩羅にしての差し入れ。見事です。そして一〇リットルの水を二つも。お二人で軽四トラックでそれぞれのテントに配って行かれます。そして昔のヤンバルの暮らしも少し語って。

「私らももう歳だから、辺野古へはよういかんのよ、もう戦は嫌よ」「ほんと沖縄のもんは一生、戦さの近くでの暮しをさせられてきたんですよ、いい加減にしてほしいですよ」「安倍さんはダメよ」「ホント、ホント」そんな会話を残して、少し腰を曲げて軽四で山を下って行かれました。

賑やかに三人の女性が車から降りたってきました。北海道、東京、大阪出身と自己紹介。手作りのホットケーキを持参。

北海道の女性は辺野古の瀬嵩の浜の民宿でボランティア、東京の女性はそこに宿泊している客、そして大阪の女性は一七歳の大学生で昨日来たばかり。東京の女性は「私、東京で図書館の司書をしていたんです。でも仕事に縛られて何も出来ないからやめて、運動に参加したんです」。

かつて、私も公務員の職場を辞して青年運動に身を委ねて今日まで来たことを思い起こします。彼女は情熱的に思いを語り、「あ、もうこの時間、帰らないと」すでに一時間以上たっていました。

N4ゲート前で、防衛局が新たな線引きに来たと通報が入りました。道路管理課に電話を入れるも担当者はおらず、折り返し来た電話は、「それは北部土木事務所の管轄で」とのことで対応なし。国も少しずつ少しずつ体制を固めてくるようです。

連れ合いの携帯に電話が入りました。翁長さんが辺野古の工事中止の指示を出したという記者会見のニュースで、『腹をくくっている』ということを聞いて、「翁長さんは腹を切るのか」と心配した支援者からの電話でした。

「そんなことではない」と説明する声がテント内にも聞こえてきました。

多くの県民が、翁長さんと日米両政府の丁々発止のやり取りをかたずを飲んでみています。あまりにも野蛮な安倍内閣の対米従属の姿と沖縄県民は日本国民ではないとも言わんばかりの言動に、今更ながらあきれるばかりです。

テントの中での束の間の会話に「安倍さんがとっている政治はどこから来るのかね」「誰が指南をしているのかね」「何が目的かね」などが話題になります。

東村の村長選挙の行方も気がかり。大宜味の女性たちも気をもんでいます。「何か情報があったらしらせてよ。事務所開きは何時かね」といわれます。今のところ何もありません。辺野古では相変わらず、防衛局の海底調査がすすめられ、海で、ゲート前で、激しい抗議行動が終日行われています。

3月30日（月）

朝、もう太陽がまぶしい。空気はさわやか。今日の当番は私たち夫婦の二人だけ。一〇時から三人が参加。珍しく支援者の泊まりは一人もなく、住民の会など六人で朝のミーティング。今のところ、高江での工事関係の動きはありません。午前中は当番の四人で時事懇談。話題は尽きません。沖縄の歴史、日本と沖縄、安倍政権の今など。今日は翁長さんが防衛局に工事の停止を指示した最終期限日。防衛局は農水省に沖縄を提訴しました。

常識ある人々の目には、これが全くの茶番劇にしか映らないのは当たり前です。

答えは始めからわかっています「工事は粛々と進めます。日米両政府の約束ですから」(表看板の普天間基地が危険なことは分かっているでしょう。沖縄県民の気持ちなど知ったことではありません)。

翁長さんがどう出るか。

辺野古では今日も海底調査が当たり前のように行われています。

「名古屋から来ました」と二人の女性が『道の駅』で買ってきたという真っ赤な美味しそうなトマト持参でこられました。

「沖縄出身だけど名古屋で働いていて、定年で帰ってきました。この方は元同僚で、娘みたいな人」と紹介します。

「え？　定年て六〇過ぎて？」「そうです」「まさか、四〇過ぎにしか見えませんよ」「嬉しい。若作りなもんで」。全く若々しい女性です。「これから辺野古へも行きたいので、二五分ぐらいしか時間がないのですけど、説明していただけませんか」

予約の入っていたYWCAのご一行九名が二台の車で来訪。予定より三〇分おくれています「道に迷っちゃって、すみません」高校生五名大学生二名、引率者二名。まずは自己紹介から。説明は一時間余り。目を大きく見開いて聞いています。「感想を一言」「授業で聞くことはできない話でした。来てよかった」「僕らが頑張らないかんのですよね」などなど。

入れ代りに大学生男女。二人ずつの四人が賑やかに来訪。こちらはそれぞれ何回かの来訪だとか。仲間九人が辺野古と交代で一週間ほど座り込むとのこと。頼もしい。出身はいろいろだけど今は皆、東京。先に来てすぐ帰られた東京ユニオンの方が置いていった名刺をみて、「あれ？　俺たちもユニオンつくっているんだけどな」「学生の殆どはバイトしてるし、組合はつくりやすいよな」「こないだ、学校側から組合なんか作っちゃいかんと言われたけど、権利侵害だよな」など、たくましく、しばらく会話に聞きほれていました。今の若者たち捨てたもんじゃありません。

こんな若者たちに出会えるから、座り込みも張り合いがあります。

そろそろ帰る時間。連絡が入りました。「東村村長選ウマンチュの会候補の事務所開きが六日に決まりました」。

車窓から見える山肌には色とりどりのつつじが咲き誇り、点在する民家の垣根のブーゲンビリアが眼を奪います。

帰宅後のニュースでは案の定、林農水大臣は「国にも不服審査請求の申し立ての資格があり防衛省の申し立ては適法」「普天間周辺住民の危険性や騒音による被害、日米両国間の信頼関係への悪影響による外交・防衛上の重大な障害が生じる。損害を避ける緊急性がある」として翁長知事の埋め立て中止の指示の効力を停止することに「執行停止決定書」を出しました。

翁長知事は「県民に寄り添いながら腹を据えて対応していきたい」と述べ、岩礁破砕許可の取り消しなどに向け調整するとしています。

米軍海兵隊が『沖縄の負担を軽減する』ということを理由に日本の費用で大分県の日出生台自衛隊演習場で、実弾射撃訓練をしている間中、大分県玖珠町日出生地区の小中高校生は、児童・生徒の安全確保のため、タクシー通学をしていると言います。勿論、日本の血税でしょう。

昨年暮れには、熊本県大矢野原自衛隊演習場で米海兵隊と陸上自衛隊の共同訓練が行われましたがここにはオスプレイも参加。この海兵隊と陸上自衛隊の共同訓練は、熊本ばかりでなく、北富士演習場、東富士演習場や横田基地、国内の自衛隊実弾射撃演習場や遠くアメリカの基地でも頻繁に行われておりオスプレイも当たり前のように参加。使われている言葉は英語です。自衛隊が米軍の先頭に立って戦争を仕掛けに行く日も遠くないなどと思ってしまいます。

4月6日（月）

やっぱり山は少し冷えます。ストーブを焚くほどではないけれど。今日の当番は平良啓子さんと私たちの三人。一〇時頃島袋夫妻が来られ五人に。

森住卓さんが奥さんを同行してこられました。素敵な奥さん。しばらく懇談。今日は途切れ途切れに支援者が来訪。いずれも辺野古経由。夜は東村村長候補・當山さんの事務所開き。

名護市市長・稲嶺さんも駆けつけてきて、かぎやで風の踊りで始まった事務所開きは、次から次の参加者で熱気むんむん。米軍北部訓練場が村の面積の四一％を占め、新たなオスプレイパッド建設に抗して八年近くも座り込み行動が続けられている東村の基地建設賛成の村長を変えるのは県民の悲願にもなりつつあります。勿論隣村に背中合わせに住む大宜味村民にとっても他人ごとではありません。

四日前の二日には、早速「大宜味村ウマンチュの会・女性の会」が緊急の寄り合いを持ち、東村村長選挙の支援や翁長知事を支えるための取り組みが話し合われました。平均年齢がとうに七〇歳を超えているレディの面々は意気軒昂です。

4月13日（月）

雨が降ったり止んだり寒い。でストーブを焚くことに。当番は五人。関東では雹が降ったとか。名護市議会が米軍基地内の実弾演習で爆発音が住民の不安を呼んでおり、山火事が発生したため、実弾射撃演習を直ちに中止するよう抗議と要請を在米総領事館や県議会、防衛局に申し入れを行いました。こんな申し入れは、沖縄では年がら年中のように行われています。

また、東村高江のオスプレイパッド建設に反対する、「ヘリパッドいらない住民の会」、「琉球諸島を世界遺産にする会」、「高江ヘリパッド建設反対現地行動連絡会」、「沖縄生物多様性ネットワーク」の四団体は、先に完成した二つのヘリパッドの先行提供やノグチゲラ営巣期間の重機使用、米軍機の訓練の自粛を要求し、沖縄防衛局に抗議文を送付しました。

今日のお弁当はお赤飯に卵焼きなど。

宮城県から来られたシニアの男性。「震災では沖縄の人たちにとてもお世話になりました。選挙などが済んだ六月には大勢で来る予定でその下見に来ました」とのこと。しばらく震災後の今が話題になります。市町村合併が復興の現状や被害の問題点を覆い隠しているといいます。村ごと無くなっても都市の一部としか報道されず、置きざりにされているとか、問題が多すぎると憤慨。「原発問題も基地問題も根っこは一つですよね。がんばりましょうね」と。

ジョセフ・ガーソンさんの弟子だと言う黒人青年がアメリカと日本人の若い夫妻に伴われて来られました。

「マサチューセッツ州から来ました」「え、ではガーソンさんを知っておられますか」「私はガーソンさんに勧められてここに来ました。彼は私の先生です。今、大学院で勉強しています。教師をしていましたが、財政難ということで辞めることになりました」「ガーソンさんとはボストンで開催した「米軍基地を撤去せよ」のシンポでご一緒した日のことが思い出されます。

はにかみながら語ります。シャイな青年。「アメリカでは沖縄のことはあまり知られていません」とも。「ホントホント、アメリカも日本も大事なことは隠すから」アメリカ人が通訳。とても日本語が達者です。そういえば去年の夏、小学生を連れてこられた方でした。とてつもなく虫好きの少年でした。

今夜、大阪から東村に移住して常駐、宿泊所の管理を担当している田丸さんが彼女を連れて我が家に泊りに来ると言います。さて、冷蔵庫の中に何があるか、何をつくろうか。

「あ、ヘリ！」

オスプレイ一機とヘリ二機が低空飛行して行き交います。鳥たちの営巣期も何もあったもんじゃない。これがアメリカなら直ちに政治問題です。普天間基地にある米軍住宅の上は、普天間基地発着のヘリなどは、この米軍住宅の上は飛ばず、もっぱら沖縄県民の住宅が密集する上を飛んでいると言います。それはアメリカの法律で禁じられているからと。この屈辱。

四月に入って沖縄の各地では慰霊祭が頻繁に行われていると報じられています。七〇年前、米軍が軍艦で群れを成してきて各地で悲惨な戦闘が行われ集団自決や日本軍による殺戮も行われて、身内が無残に命を落とした記念の日が四月に集中しているからです。四月二八日は「沖縄屈辱の日」、辺野古では早朝から、夕刻は県庁前で県民集会を開催、翁長知事を激励し日米両政府への抗議の声を上げます。我が大宜味村からは小型バス二台を発車させます。

4月18日（土）

まもりたい「ヤンバルの森」の現状探査に同行

〝ヤンバルの森が殺されている〟という話はよく聞きます。世界有数の亜熱帯降雨林と特異な生態系を持つ「ヤンバル」は、北部訓練場のオスプレイパッド建設を中心にした新たな基地建設でどうなるのか。声高に環境省が言う世界自然遺産登録という言葉に裏はないのか。その現場はどうなっているのか。その実態を観ようと長年ヤンバルの森を見つづけ守るために多くの発言をしてきた玉城長正さんのガイドで、高江のすわり込み行動に参加している仲間等二五人が探査に出かけました。

そこには、「自然再生事業」「森林環境保全事業」という名の開発事業によって、豊かな自然林が切り刻まれ丸裸にされ、宝庫と言われる動植物の住処が無残に干乾びている様が展開されていました。

丸裸にされた森林の周りの「イタジイ」は立ち枯れ、白い白骨林となっています。これらの事業のために森林の奥深くまで縦横にコンクリートの林道がつくられ、その林道のあちこちには赤土が流れる崩落が痛々しく点在しています。

この赤土が遮られることなく谷を下り海に流れ込み、サンゴたちの命を覆っているとも言われます。

そしてまた、その赤土対策に膨大な予算がつぎ込まれているのではないか。

これらの林道建設によって森の精気が抜け生態系に大きな影響を及ぼしていると言います。この林道は国の補助が九二%から八〇%つくといい、その後の災害による補修事業などと合わせ、森林破壊をしながら「再生事業」「環境保全整備」という人工林を育成する様がヤンバルの森一帯にすすめられています。その山々の多くは国有林であり、県有林であり国有林を県営林として高額な補助金をつけてナンセンスなことを繰返している様は、目を覆うばかりでした。

元々、沖縄には林業がありません。林業で暮らしが立つことはできないと言われます。

沖縄産の林木は、その使用価値が極めて小さくその殆どがチップ材にされると言います。数十億円、数百億円の費用を延々とかけて、数十万円のチップ材を生産するために世界有数の生物多様性豊かな森をきり刻んでいる様は、「経済発展促進」の名のもとに使わない空港、通らない国道、使わない公共施設を乱造してきた「経済政策」の一つの現場でしょう。

一方、林道の東側に広がる豊かな自然林が米軍の演習地であり、県民の六割の人々が命を繋いでいる水源地だと教えられました。森深くにあるダム湖では、米兵が野営し演習で模擬弾を撃ちあい、水の中を行き交い、糞尿を垂れ流すと言う現場でした。

戦争の訓練場所と背中合わせの世界自然遺産登録を

ということがまやかしだと思わされます。

朝九時から四時まで、ダム公園での昼食を挟んでのヤンバルの森探査は、丁寧なガイドと相まって想像以上の「利権を操り無責任に自然を壊す政治の実体」を目にすることとなりました。

夜は豪勢な総決起集会

七時から始められた村長候補當山さんの総決起集会、オール沖縄の衆参国会議員の六人が勢ぞろいし、名護稲嶺市長が駆けつけ、翁長知事が出張先から電報で激励すると言う総決起集会には、三五〇名が会場をうめつくしました。東村の人口は二〇〇〇人程。

「もう米軍基地はいらない」「オール沖縄の流れを変えるな」「基地推進の流れを変えよう」の合言葉に沖縄県民の期待がかかります。

「金で自然や県民の命は売り渡せない」「戦の訓練でヤンバルの森を穢すな」尤もです。がんばろう。

4月20日（月）

やっぱり雨模様。当番はツウペア。朝のミーティングで「ハブ警報」が出されました。N1テント裏で先週三匹のハブの出没が確認されたと言います。そういえば先週ヤンバルの森探査のガイドをされた玉城さんは、いつもポケットでハブを飼い、守り神にしているとか。森の見回りで米兵に尋問を受けてもハブを見せると引き下がるとか。そして「ハブはヤンバルの守り神だよ」とも。米軍は演習の安全のためにハブ退治に枯葉剤をまき散らしたとも言われています。林野庁は米軍の枯葉剤の始末に全国の国有林にまき散らしたという報告もあります。

午前中は来訪者もなく静かな時間が流れていきます。新聞を読みながらのユンタク。

風がパタパタとテントをゆらします。午後からは、東京、兵庫、大阪、群馬、山梨などからの来訪者で話が弾みます。

長野から来られたシニアのご夫婦は、「大宜味村に住みたいのだが住処はあるか」とのお訊ね。在るような無いような、空き家はあるけど…。難しい話です。とにかく見て聞いて話してみて、です。

「東京のメーデーで売りたいから」とTシャツを一三枚買いに来た女性。宮城節子さんが「明日は伊江島の慰霊祭だから来れないからね」と最近発行された阿波根昌鴻さんの六冊の写真集を抱えて来訪。写真集は来られた方に次々買い取られ完売。そう、明日二一日は、米軍が七〇年前伊江島を占領した日で、二〇〇〇人の日本兵、一五〇〇人の島民の命が奪われた日。日本兵の命令による集団自決もありました。毎年、慰霊祭が行われています。

節子さんは「愛媛の久保田一郎さんは大丈夫かね」と言いながら久保田さんについて懐かしそうに語ります。節子さんは沖縄の長年の基地闘争の中で知る人ぞ知る女傑のお一人。素敵な方。

明日二一日はいよいよ東村をチェンジ出来るかどうかを決める村長選挙の告示日です。

4月27日（月）

昨日は統一地方選の投開票日。

決起集会やビラ配りなど二〇年ぶりという東村の村長選挙選に燃えた一週間でしたが、残念、一三三票差で現職の勝ち。二か月前の立候補表明。村議二名対六名が地縁、血縁が網の目のようだと言われる山村で北部訓練場撤去を掲げ、衰退する村の活性化を掲げて闘われた村長選挙でした。

その中で六〇〇人余の村民が基地建設NOの候補を支持する結果が出たことは、これからの運動に「弾みがついた」と言われています。しかし、その選挙で現職陣営が、告示日から寝たきりの村民まで車で運び期日前投票を行使させたという報告もあり、期日前投票の弊害が問題にもなっていました。

ともあれ、「南部の米軍基地を縮少して北部を強化する」という日米政府の欺瞞が吹聴される中で、その北部でのこの変化は心強く思われます。選挙を闘った當山さんは、次回は必ず勝利する決意を固めているとのこと。嬉しい限りです。

4月28日（火）

四・二八沖縄屈辱の日、
県民行動・県民集会

朝から雨が降ったり止んだり。

朝六時～八時までの辺野古での行動が提起されて、県内の議員を中心に陸、海での抗議行動が展開されました。報告によると抗議船に海保の職員が乗り移りボートを転覆させて、けが人が救急車で運ばれる騒ぎになったとのこと。一時意識不明になったとか。今、海保は抗議船の鍵を取り上げ連行するなど無法行為を繰り返しているといいます。

私たち大宜味ウマンチュの会は、県庁前で夕六時から開催された県民集会に、四一人が二台のマイクロバスに分乗して三時から次々に沿道で待ち受ける参加者を拾いながらの参加。

県庁前では右翼の街宣車が口汚くののしりの罵声をあげる中、つめかける参加者を雨と夕闇が包みます。

参加者は二五〇〇人と報告されました。

定刻にはじめられた集会の演壇には、国会議員をはじめ県民を代表する面々が勢揃い。屈辱の日にかける思いがほとばしります。

折しも同時刻、アメリカではオバマ大統領と安倍首相が、県民の頭越しに沖縄基地の再編強化と日本国憲法破壊への道をしゃあしゃあと褒め合い確認し合うパフォーマンスが繰り広げられています。

次々に三分スピーチを繰り広げる登壇者は、怒りを込めて声を振り絞ります。そう、「すべての米軍基地撤去を果たすまでつないだ手を離すまい」。そして、「我々は必ず勝利する」と。

雨合羽を通り抜けてしみこむ雨雨。

幟から滴り落ちる滴。それも熱気で蒸発しそう。きらびやかな街の光と店々からの声援が背筋をただす久々のデモ行進。

屈辱の思いを闘志に変えた四・二八の県民集会は、五・一七の集会を一層大きく取り組もうとの決意を促す集会でもありました。

5月4日（月）「あなたたちお金もらってやってるんでしょ」という来訪者も

日本列島オール連休の真ん中。

そう、連休を喜んでいる時がいいです。

毎日が連休もなれましたがー。

昨日の「五・三愛媛憲法集会」がどうだったのか、少し気にかかる連休。

テントには連休だからと親子づれや青年が次々に来られました。

その中で「えっ！」と思うご夫婦が。

「ここに座り込んでいる人は、三万とか五万、貰っているんでしょ」

まさか！　さらに「『慰安婦』は韓国と中国が造り上げた話で、そんなのいませんでしたよ」「米軍基地をなくして中国が攻めてきたらどうするんですか」「私たちはパリに行って来ましたが、テロがあった後でポリスが銃を持って凱旋門のところにいたので安心でしたよ」。高校の教師をしていて沖縄住民という四〇代と思しきお二人。「ここでどんなことをしているか見に来ました」とのこと。

居合わせた支援者の顔色が変わりました。どう返事したらいいのか。私の声もふるえます。おさえて、おさえて！

「沖縄の米軍基地の地主が、金をもらうからいけないんですよ。すぐ返すようにしてくださいよ」これには「私たちは地主を知りません。あなたが説得したらどうですか」とにかく、北部訓練場と日本政府が行っている現状、高江の今を丁寧に説明し、私たちの思いを伝えてお帰り願いました。疲れた。

5月11日（月）

高江の森が深い霧に包まれています。この霧、一日中濃くなったり薄くなったり晴れることはありません。

台風六号の接近が伝えられいよいよ直撃の様子、今夜か。朝のミーティングでテントの一時撤去を決定。一〇人余が作業にかかり、とにかく風に飛ばされそうなものは全て車に収納、一〇時終了。テントのない屋根のない座り込みは何となく落ち着きません。

中年の女性たち四人が賑やかに来訪。

続いて五人の団体、大宜味出身の盲人の元教員と盲人でラジオのデスクジョッキーをされている女性の一団が盲導犬の先導で来訪。平良啓子さんとは知古の方のようで会話が弾んでいました。

今日の弁当はまた稲荷ずし、三〇個をつくってきたのが幸いしてとにかく欠食の人は出さずに済みました。

台風の影響か午後からの来訪者は殆どおらず静寂な森に時折、鶯がホーホケキョ。霧がイタジイのこずえから吹き降りてきます。今度の台風は強いか、激しいか。農作物の被害が気にかかります。四時半に早じまいしての帰宅となりました。

帰路も霧の中。週末の日曜日は県民集会が開催されます。東村からもバスが出されるとのこと、よかった。

5月17日（日）

沖縄復帰の日五・一五、「戦後七〇年止めよう辺野古新基地建設！沖縄県民集会」。会場はセルラースタジアム、大宜味村からは『大宜味うまんちゅの会』主催で、マイクロバス二台が用意されましたがすぐに満杯、個別参加も含めて六〇人以上が参加した模様です。

会場に近づくにつれて、のぼりを立てた人垣と参加者を運ぶバスが会場に向けて渋滞、右翼の街宣車が大音量をあげて口汚く集会を罵倒したり軍歌を流したり。なかなか会場にすすめません。

会場では後から後から詰めかける参加者に押されてようやくスタンドに立つとすでに満席の気配。とにかく座席を確保するために右往左王。屋根の下は望むべきもありません。ようやく舞台の真ん前、真昼の太陽が突き刺すように照りつける「一等席」をゲットした時は開会前二〇分。遥か彼方の外野席にも続々とのぼりをはためかせながらの入場が続いています。

「日本の全部の県から来ているね」「オール日本だね」集会が始まりました。司会進行は高校一年生の少女が担当しました。

「辺野古新基地ＮＯ！」「我々は屈しない」と全員総立ちのパフォーマンスで始まった集会は、登壇者の三分間の挨拶に共感の歓声と拍手が場内にこだまし、ひっきりなしに補給する水分が汗となってしたたり落ちます。

集会場には社民党、共産党の幹部と共に鳩山元首相も参加しているとのこと。

経済界、労組、文壇、ジャーナリスト、青年など多彩な代表が新基地建設を強行する安倍政権を厳しく糾弾し、その阻止行動の正当性を確認していきます。

そして最後に登壇した翁長知事の「決して新基地建設は許さない。断固として阻止する」との決意には海鳴りのような拍手が鳴りやまず、県民の思いが改めて一つになる瞬間となりました。

帰りがまた大変、会場からバスが待つ一キロ足らずの道路には延々と参加者の行進が続き、ゆうに一時間をこえる列に連なりました。タクシードライバーがシンボルカラーの「青」のハンカチを胸に運転していたとか、商店の窓に青い旗が立てられていたとの声にかつての六〇年安保の集会やデモが行われた光景を思い出しました。

二時半に終了した集会、ようやく乗り込んだバスの出発は四時半高速道路を走り抜いて我が家への帰宅は六時半。朝一〇時の出発から八時間半の大会参加となりました。

前日の一六日には、公明党が「普天間飛行場の辺野古移設に反対し県外、国外移設を求める演説会」を開催しました。

自民党県連も「リレー演説会」を開催、基地の負担軽減や米軍基地の早期返還などを強調していました。

5月18日（月）

県民大会から一夜明けた高江のテントには、県外からの大会参加者が次々に来訪で大忙し。

年に二度、長期に来訪している埼玉県の元大学教授の杉浦さんが今日はメインの説明役。さすが学者、説明役をお願いすると真剣にメモを準備されておられました。

団体で富士国際のツアーが到着続いて日本平和委員会のご一行。

神戸からの知り合いの方もおられて総勢五〇名を越したような。

杉浦さんは随分とお疲れのようでした。私鉄総連・小田急労組の若者六人が労組からのカンパを携えて屈強そうな腕を丸出しに来訪今夜の飛行機で帰るのだとか。

最後は韓国からのご一行。

やはり大会に参加してきたと言います。キリスト教の神父を含む一〇人ほどのメンバーの内、何人かは再度の訪問だとか。若い女性二人は初めてで通訳を介してぎこちなく説明する私の説明を食い入るように聞きメモを取っています。出身地はそれぞれでチジュ島の海軍基地建設に反対して行動しているメンバー。秋には辺野古で、台湾、韓国、日本の運動の交流が企画されていると言い、闘いの輪はすでにアジアに広がっていると嬉しくなりました。日本語で会話できる方が三人もいて頼もしくなりました。

奈良から来られたシニアの男性。「遅まきながら定年退職したので来ることが出来ました」お話ししているうちに「私、愛媛の川内出身です。関西の大学を出てからそのまま就職して、今に至りました」名刺には「坂本」と。「東校の甲子園出場には応援に行きましたよ、母校なので」「あら、私も東校です」でしばらく郷里の話題に花が咲きました。そして「また来ますから」とレンタの単車にまたがって下山。

続いてこられたのが、山口県の岩国からの少年と母親と祖母。

「私たちも岩国で座り込みをしてるんです」と。

「私たちも岩国には、よく行きました」としばらく松山と岩国談義、瀬戸内海を挟んでの話になりました。

岩国では、愛宕山を削った後に米軍への建造物が建て始められていると言います。とにかく全国から米軍は撤退を、ですね。

そこにオスプレイがハワイで墜落したとのニュースが入ってきました。「また!」「日本が買うなんて言語同断」「やっぱり建白書」。居合わせた人の口から次々に怒りの声が上がります。「イスラエルさえ買わないものを日本が買うのはけしからん。それも高額で」「そのうち、日本でも落ちますよ」。怒りは収まりません。

5月25日（月）

沖縄県東村の高江部落に、米軍北部訓練場内にオスプレイパッドが、国内の警察から機動隊を動員して強引に建設されています。その強引さはこれが法治国家かと疑われるほどの暴力的で強権的な現場となっています。そしてその現場には、連日数十台のダンプカーが工事用の砂利を運びこんでいます。

先週末から東京で開催された日本AALA主催のバンドン会議六〇周年記念国際シンポジュウムに参加したため、私の座り込みはお休み。連れ合いが孤軍奮闘のようでした。

シンポは、アセアンのシンポジストを迎えて、世界が大きく平和の流れに流れており、すべての紛争を話し合いで解決していこうとする努力が重ねられている時、一人日本の安倍政権がその流れを妨げ逆行していることが浮き彫りにされ、ここ日本に住む私たちの取り組みの責任が改めて問われていることを実感させられたシンポジュウムでした。

その最前線が沖縄だとも思われました。

二七日、翁長さんをはじめとする沖縄島ぐるみの代表団が、多くの県内外の支援者の声援を受けて、アメリカに旅立ちました。

日米の両政府を向こうにまわしての沖縄の闘い、島ぐるみの闘いは今、沖縄県の各自治体・地域に組織が広がり続け、すでに一七地域に結成され、今後も次々に発足する動きが伝えられています。

間もなく過半数の二一自治体を超えるでしょう。私たちが住む大宜味村でも「9条の碑」の建立と島ぐるみ会議の結成に向けて動きが起こっています。

「知事が埋め立て承認を取り消しても『推進する』という菅官房長官の発言は民主主義の在り方を否定する宣言だ」との思いは県民共通の思いで、ますます安倍政権への不信感は広がり続けています。

6月1日（月）

やっぱり沖縄は今、梅雨。どんよりした曇り空。高江への県道七〇号線沿いの木々の処々にポーと白くイジュ（伊集）の花が浮き出ていて優しげ。梅雨に咲く花で可憐ですが毒性があり口にしてはいけません。昔はこの幹を削って川に流し魚を麻痺させて漁をしていたといいます。

私には二週間ぶりの高江です。

工事を警戒する監視活動のテントは四つになっています。今日はこのテントの常駐者は九人。手薄の感。メインテントのN1テントには私たち夫婦の二人だけ。静かです。おかげで少し読書が出来ました。途中からかけられたラジオの国会中継からは前原議員のタカ派らしい嘰けるような質疑が響きます。「北朝鮮からの攻撃に…」。そこに岐阜からの若い女性が二人。「民医連の平和学習ツアーで辺野古に来て―」。職場のジャンボリーで集まったカンパを届けに来てくれました。

一人は医労連の書記長をしているそうで、二人とも歯切れのいい言葉がポンポン出てきます。

そしてまた若い女性が一人、一見、お坊さんかと思いましたが丸刈りのファッションでした。裾までのドレス？　パンツ？　佐賀からの来訪者。辺野古へは数年前から来ているとかでなかなか答えにくい質問が次々に出てきます。一人一人にシール投票を行い、「沖縄の政治、経済はいいか、悪いか」などなど。「ウーンどう答えればいいのか」一言で答えられるものではありません。結果をインターネットで発信するのだとか。

空が暗くなってきました。一雨きそうです。

「ではまた来ますから」「お気を付けて」

またしばらく私たちだけ。聞いたことのない不思議な鳥の声がしばらく続いたと思ったら、セミの合唱が始まりました。「今年はじめてじゃないか」「そうかもしれないね」。鶯はさえずりがひときわ見事になってきました。

自転車で男性が―。

「今朝六時から九時まで辺野古の抗議行動に参加してきました」「それはそれは。遠かったでしょう」「ハイ三時間以上かかりました。くたびれました」

続いてテレビ局の記者が取材の下見に。と言っているうちに雨が落ち始めたちまち豪雨。テント内に小川が出来ていきます。稲光がしたかと思ったらドドドーン。「ヒヤー」雷が二度三度。「あれ、落ちたんじゃないかな、近いよ」と自転車の男性。「定年後に四国を自転車で縦断しようと思ったのですが、沖縄にしました」。すかさず連れ合いが「それが正解、ゆっくりしていったらどうです?」。「ハイ、今夜はここに泊めてもらいます」。

一人でレンタカーでやってきた広島からの女性、「去年息子が沖縄をヒッチハイクしてここでお世話になって、行ってみたらと勧められてきました」。妙齢の五〇歳。「子供三人の子育てが終わったから自分を生きようと思って」「いいね、いいね。人生は短いから思いっきり生きなきゃ」。豪雨の中、いきなりの人生論。面白い。

豪雨は一時間以上続いて次第に西から小降りに。そろそろ五時。自転車はやってきていた住民の会の田丸さんの車に積んで「でいご家へ」。それぞれは車で「ではまた」。途中顔を覗かせた伊佐さん「東村も島ぐるみ会議の立ち上げの相談が始まりましたよ」。おー、何と素晴らしい。

大宜味村も始まっています。その後、国頭村が加われば沖縄北部の全自治体に島ぐるみの組織ができるとか。

6月8日（月）

早朝からアーサー・ビナードさんが来訪。昨夜は「でいご家」に宿泊して、朝のミーティングから参加。

過日、アーサー・ビナードさんのBSテレビ取材の協力要請があり、この高江のテントで平良啓子さんの取材をお手伝い。合わせて文化放送も同席での啓子さんのお話は、午前中の一時間余。

協力要請の際に監督の松井亜芸子さんは我が家にビナードさんと宿泊を予定していたとか。

高江の午後は富士国際旅行社のツアー一一名。千葉県八千代革新懇の方々でした。高江は初めてといわれる方ばかりでしたが、いづれも様々な闘いを重ねてこられた方々のようで説明も楽な感じ。二人連れ三人連れのシニアの女性が次々に来訪。

一三日に届いた「新基地建設反対名護共同センター」からのニュースによれば、ビナードさんは一一日朝九時から辺野古で平和丸一号に乗り込み海での抗議行動に参加。この日の午後には、日本記者クラブの取材団三八名が平和丸に乗り込み、大浦湾を取材。ゲート前や辺野古のテントでの座り込みを取材、一三日までの取材活動だそうです。また一〇日にはスイス・ジュネーブから来た国連のＮＧＯ環境保護団体代表も平和丸に乗船して現状を調査したそうです。新基地建設は国内ばかりでなく国際的な政治の焦点になりつつあります。

6月15日（月）

昨日から我が家に来ていた松山の友人二人が同行。丸一日のお付き合い。先客は千葉からの女子大生。もう四日も座り込んでいると言います。イギリスの大学に在学中で、この高江をテーマに論文を書くのだそうです。後二週間はいるとか。昨日は辺野古からの平和行進にも参加してきたと言い「暑かったでしょう」「ハイ」と目をくるくる。

6月22日（月）

今日は平良啓子さんも同行。高江には西日本の記者も取材に来るとか、特に六月は啓子さんはひっきりなしの講演活動で東奔西走、その合間を縫っての座り込みです。

今日は、明日が「慰霊の日」でその記念行事も多々あるため、多くの方が来訪。すこぶる女性の多い日でした。時折雨が激しくテントを襲う中、中学生を含む横浜からの来訪者、東京母親連絡会の事務局長や都立高校退職教師・９条の会ご一行一七名、続いては千葉の退職教師の会など、その多くが女性でした。このため、説明役は、今日はわたし。わかって頂けたかどうか。

森住卓さんも来られていて、お蔭で『ヤンバルからの伝言』や写真集をよく買っていただけました。ありがとうー。少々、味が濃かった炊き込みご飯のお握りが今日のお弁当。

居合わせた人を欠食させず安堵。

明日の慰霊祭には安倍首相の他、ケネディ駐日大使も列席するとか。

二二日の講演のために来沖していた大江健三郎さんが二一日辺野古基地建設に抗議する現場に来られて、現場を視察されましたが、これもあってか体調を崩されて講演を中止すると報道されました。高江に来られた方も「残念でした、でも仕方ないですね」。

6月23日（火）沖縄・慰霊の日

全国で戦争法案に反対する闘いが大きく広がり、政府は国会の三か月を超える延長を遮二無二決定して、是が非でも戦争法案を通したいとすることに新たな怒りが広がっている中で、沖縄県と県議会は「沖縄全戦没者追悼式」を開催しました。

沖縄では前後して、各地で戦没者の慰霊祭や追悼式が開かれています。一九四五年四月一日に沖縄に上陸した米軍は、圧倒的な武力で沖縄全土を地獄と化しました。

「慰霊の日」は組織戦が終わった日となっていますが、その後の沖縄の各地では悲惨な戦闘が繰り返されていました。

また、最近、明らかにされた隣村の東村では、四五年四月二八日に肉薄突撃隊と米軍の間で激しい銃撃戦があり、亡くなった一〇人の名前が判明したと報じられました。その人々は風葬にされたとか。

今、激しい攻防が闘われている新基地建設地辺野古・キャンプ・シュワブは、沖縄戦の後、米軍によって中南部の人々が軍用トラックなどで避難民として集められ、キャンプ生活を余儀無くされ、その間に普天間の土地を略奪された曰くのところです。この収容所には県民三万人が集められていたと言われます。この収容所内で、飢餓や病に倒れ死亡された人も多かったと言いますが、その屍の上に米軍の基地が造られ、七〇年たった今もその屍が弔われてはいないのではないかという声が上がっており、その調査を求める動きが起こっています。

慰霊祭に参列した安倍首相は「沖縄の基地負担軽減に全力を尽くす」と挨拶しましたが、辺野古新基地建設については触れませんでした。一方、翁長知事は、安倍首相を前に辺野古基地建設の中止と普天間基地の危険性除去など沖縄の基地負担軽減の政策を要求する平和宣言を行いました。この平和宣言には、会場から強い拍手が鳴り響き、安倍首相には、抗議の強いヤジが飛び、「戦争屋は帰れ」といった高齢者が排除される一幕もありました。

ケネディ駐日大使や衆参議長等も参列しましたがすぐ帰京。

慰霊祭の行われた『平和の礎』にハンカチを顔に当てながら刻銘された名前を撫でさする遺族の姿をどんな思いで見たのかとつい思ってしまいます。

沖縄戦などの犠牲者の名前を刻んだ『平和の礎』の建立から二〇年が経ちましたが、今年、新たに八七名が追加刻銘され、刻銘者総数は二四万一三三六名となりました。

6月28日（日）
高江座り込み八周年記念集会

高江のすわり込みは八周年を迎えました。私たち夫婦がおおむね週一回の当番を始めて丸四年となります。「ヘリパッドいらない住民の会」が主催しての記念集会は、東村・農民研修センターのホールを会場に開催されましたが、会場には県内外から開会時間前から続々と参加者が詰めかけ、開会時にはすでに立ち見が続出。八台あるというクーラーも効き目がありません。主催者の発表によると参加者は六百名を数えたとか。これまでの集会の最高の参加者となりました。

今年の集会の特徴となったのは、東村村議が二名参加され、北部訓練場撤去を掲げて村長選挙を闘い惜しくも惜敗した宮山さんが、東村島ぐるみ会議準備会の代表として壇上に上がっておられること。

昨年の村議選で伊佐真次さんが村議になられたことで、東村にも新しい風が吹いています。

座り込みは七月一日から九年目に入ります。

閉会挨拶に立った伊佐真次さんは「建設が止まらない以上、これからも非暴力で闘っていきます。これまでの八年の闘いの成果は、一年で終わる工事が今まで伸びていることと、全国に闘いが広く周知されたことです。明日からまた、座り込みが続きます。全国からのご支援をお願いします」と結び、「最後の頑張ろう」をリードした宮城さんは、「九周年の集会はやりたくない、ことしの集会で終わりにしたい。がんばろう」と。

汗を拭き拭きの二時間の集会が終わりました。

7月6日（月）

金曜日に来沖した松山の友人夫妻と同行。夫妻は金曜日に「不屈館」で中村悟郎さんの枯葉剤の講演会に参加してから我が家に来訪。名護市まで出迎えに。

昨日は、辺戸岬に案内。あいにくの拠点豪雨に見舞われましたが「日本祖国復帰闘争碑」に足を運ぶことができました。

当番は平良啓子さんと私たちの三人プラス二人。

大型の台風九号が直撃する様子。早くて三日後、日照りが続いている沖縄では、近くの新川ダムの水位も低く、風はいらないけど雨はほしいのが現状。

7月7日（火）

友人夫妻の「是が非でも辺野古の座り込み参加を」に便乗しての久々の辺野古座り込みに参加。瀬嵩の浜への案内の後、照りつける太陽に焼かれたアスファルトを前に、基地のフェンス前のテントの席を借りての座り込み、次々に思いを吐露し、自己紹介と仲間への連帯をたどたどしく、あるいは流暢にマイクで語る参加者。北海道から、東北から、長野から、東京から、九州から。一歳すぎの幼児を連れた母親はすでに一週間早朝から参加していると言います。その幼児「ゲンちゃん」は、ここで歩行をはじめ、三線やギターの演奏に合わせて、手を振り腰を振ってすっかりアイドル。日焼けしたその顔はたくましく、今日、父親が迎えに来て帰るとか、大阪からの支援者です。

台風が近づいているということで、大浦湾に鎮座していた工事用台船は早々に避難。このため海での抗議行動はありません。一方で宿泊用テントの撤収や台風被害を避ける準備があわただしく行われています。

辺野古の座り込み現場では一時と三時に第二ゲート前で座り込み参加者のデモ行動が展開されます。突き刺すような太陽光線を浴びながら、「辺野古新基地建設を中止せよ」「沖縄に新基地はいらない」「米軍基地を返せ」…。プラカードを掲げ指揮者に合わせてのシュプレヒコールを行う示威行動。四時には那覇行きのバスが到着。友人夫妻はこのバスで「また来ますからね」の言葉を残して那覇へ。

7月13日（月）

台風九号は、砂糖キビなどに被害を残して去りました。高江のテントはしまわれたまま、まずはテント張りからです。仲間たちの手さばきは慣れたもの。一〇人の手で三〇分で完成。やはりテント（屋根）があると落ち着きます。

今日は二つの大きな団体の来訪が告げられています。

まずは富士国際旅行社の沖縄平和ツアーご一行。大型バスに満杯。ガイドは名護市の川満さん。

名護市での市史編纂室でお仕事をされている川満さんの豊かな調査・知識を基にしたガイドで案内されてきたご一行に私が高江を紹介するのはいささか気が引けます。

とりあえず担当だから…。

参加者は全国各地から。説明は約一時間。うまく伝えられたか案じられます。川満さんは「大丈夫ですよ」と言って下さいましたが。

続いては全国革新懇のツアーご一行。民医連の山田義勝さんがガイドです。このツアーも全国各地からの参加です。こちらは連れ合いの越智一郎が説明役。

午後からは二家族、二団体と個人七人。最後に来られたのはイタリア人の女性とフランス人の男性。女性は日本語がやや話せます。ここは英語も話せる中村渠さんの出番。二人は今夜は「でいご家」に泊まるとか。やっぱり外国語の勉強は大事です。

「でいご家」には、新たな住人いや住犬が加わりました。名前は『文太』、苗字もあります。田丸文太です。茶色の中犬、三歳です。

7月20日（月・祝）

朝のミーティングで、三月に私たちの仲間が県に県道七〇号線の日米両政府が県と結んだ協定書の公文書の開示を求め、県が開示の決定をしたのは違法だとして、国が県に決定の取り消しを求めて那覇地裁に提訴した裁判が明日二一日にあると報告されました。

これは、国が「米側が不開示としているものを開示するのは米国の信頼が損なわれる」と主張し、県は、国に訴訟を起こす権限がなく、情報公開法は行政機関が持つ情報の原則公開を求めており、地方公共団体の情報公開は自治事務として特別の配慮が与えられていると主張。米側の拒絶で開示ができなくなれば「情報公開法の趣旨が著しく減殺される」として争われているものです。

「どこまでアメリカのポチなのかね―政府は」

しかしこの案件は、高江のオスプレイパッド建設に関わる必近の問題。フレーフレー沖縄県！

吾等県民がついている！

今日は一〇時過ぎに韓国の青年たち二三人が来られるとの連絡が入っていました。一〇時過ぎそのバスが到来。

そろいの真っ白なTシャツを着た大学生・おもに女性と高齢者五人ほど。「従軍慰安婦」問題やチェジュ島の海軍基地建設反対などに関わり、学習を深めているサークルのメンバーだとか。説明時間は一時間一〇分。私の担当になりました。通訳を交えての説明は超難しい。

半数ほどが熱心にノートを取っています。質問も次から次に出されます。「アメリカはなぜ、日本に基地をつくるのか」「住民に賛成派、反対派はいないのか」「若い人たちはここに来るのか」など中には大阪に一年住んでいてチジュ島出身の日本語もよくわかるという女性は、目を全開にして一番前の席で熱心そのもの。

これから辺野古へ行き、弁当を食べて座り込むのだとか。沖縄の青年たちとの交流も予定していると言います。言葉こそ違うものの、日本の青年たちとの違和感はありません。大阪韓国民団青年会のメンバーもご一緒。彼らがバスに乗り込んだのを見送ったらお昼。その間にも三三五五、来訪者があり、焼きそばやサンドイッチの弁当の差しいれもあって、一〇人余の賑やかな昼食。

愛犬を連れての常連さんもおられます。そこここで話題が弾んでいるうちに雲行きが怪しくなってきました。東の空は真っ黒。

と言っているうちに、痛いほどの雨粒が落ちてきました。風も吹いてきました。吹き込む雨に大わらわ。あわててテントの幕を張ります。雨は強くなったり弱くなったり、そして「警報が出された。今日はこれまでにしませんか。四時で終りにしましょう」「仕方ないですね、業者も来ないでしょう」「僕はやはり、泊まります。担当しましたから」何と律儀な。

でもここはこんな方々に支えられての座り込みです。

雨脚の弱くなった隙を見計らって家路につきましたが、途中、通行止めになるのではないかと思われるほどの冠水のカ所に出くわすほどの豪雨。その後の報道では東村の国道二か所で土砂崩れが発生。通行止めに。

九州、沖縄で土砂災害が多数発生したと報じられています。台風一二号も新たに北上を始めました。さて来週は台風が去ってからか、最中か。

報道によると退役軍人でつくる米国の平和団体「ベテランズ・フォー・ピース（VFP）の世界大会が八月五日からアメリカ・カリフォルニア・サンディゴで開かれ、辺野古新基地問題のワーク・ショップも開かれることになっているそうです。

もう一つ、九月に翁長知事がジュネーブでの国連人権理事会で「新基地建設阻止」について演説することが決まったと報じられています。世界に日米両政府の理不尽な実態が知らされます。

7月27日（月）

今日もテント張りから始まりました。ゆっくりゆっくり近づいてきた台風一二号が上陸してきたのは一昨日。またもや各地に土砂崩れなどを残して北上、日本本土に災害を起こしています。このため畳まれたテントを一斉に張ります。そして私が持参したコーヒーで一服。今朝は一四人でのミーティング。報告によると高江の工事について赤嶺さんが防衛局に質したところ、防衛局が今後、どう進めるのか思案中とのこと。すぐには手が出せないのではないかと思われます。

今日一番の来訪者は自転車で南から上ってきた大阪のシニア男性組。前後ろに大きな荷物、寝袋などを満載。自転車で沖縄一周をするのだとか。凍らせてきた冷たい緑茶で労いました。

テントには、東京の婦人民主クラブからの差し入れとして、愛媛産直センターのジューシーフルーツが二箱届いていました。「これ文旦？」と聞く人、「夏ミカン？」と聞く人。でもみんな「美味しい！」って。誰かが「ここにいたら日本の美味しいものが食べられていいね」ですって。そういえば、沖縄はパインとマンゴーが旬、東村は日本一のパイン生産地となっています。主に贈答品や出荷の対象のようですが…。

午後、カンカン日照りの西の方から黒い雲がムクムク。天気予報は晴れだったのに。東京からの来訪者がレンタカーで来られましたが、「西海岸で大雨にあいましたよ、正面衝突の事故も起こっていました」などと話しているうちに大粒の雨が落ちてきます。急いでテントの周辺を幕で覆っているうちに土砂降り。会話も大声になります。

その雨三時間余。止みそうにありません。「大雨警報が出たよ」南の空に青空が見えたと思うとすぐ東から黒い雲が追ってきます。テントの中はもう小川。布靴の人は足をブロックに避難させて凌ぎます。蟻も椅子をかけのぼってきます。少し小降りになったと思ったらもう五時。

「それではこれで今日は失礼します」「じゃ、今日も無事、工事がなかったから、今日の勝利の万歳を」ということで、住民の会の宮城さんの音頭でバンザイ三唱。一〇人の声が雨の中に消えました。

何だ何だ。車が西海岸に近づくに従って雨の形跡はすこしになってきます。自宅付近は降雨の跡もありません。夜には北隣の国頭村で森を切り刻んだ林道で土砂崩れが発生したとの報道がされました。

8月3日（月）

今日の当番は私たちと啓子さんの三人、九時過ぎ島袋夫妻、朝のミーティングには一九名が参加。

昨夜の泊まりは三名。

今日、住民の会から原水爆禁止広島集会に二名が参加して、高江の闘いを報告するとか。特にそのうちの一人、田丸氏は若者の集まりで話をしてくると張り切っていました。名護市平和委員会からも数名が参加する由。大宜味からはありません。残念。今や核廃絶と在日米軍基地、原発の再稼働、日本の戦争法案とは直結しています。憲法9条との一騎打ち？。

ミーティングの後のテント内は、核兵器についてしばらく話が弾みました。

連れ合いの一郎氏の体調が思わしくありません。下痢に熱で木陰での休息。

三時過ぎ、アメリカの映画監督・レギスさんが案内の女性と通訳の青年を伴ってやってきました。シニアで大柄のレギスさんは島草履に短パン、ひざには関節の手術らしい跡がタテに一本。伊佐真次さんも来られて、テント対岸の木陰での取材。

高江や辺野古のドキュメンタリー、米軍基地のドキュメンタリー映画をつくって、アメリカで放映するのだとか。

何としたことか、私たちにも「取材に参加して」と執拗に言われて椅子を担いでいくと伊佐さんは「当番さんが説明するんですよ」「へー伊佐さんがされたら？」などのやり取りの末、仕方なく引き受けることに。通訳のアメリカの青年は、日本に住んでいて辺野古の座り込み現場で監督にスカウトされたとかで、日本語は極めて流暢。

でも一区切りずつ通訳を挟んでの説明は、現場に毎日いる人たちもいる中でもあり冷や汗ものです。

とりあえず四〇分ほどの大役を終えて、その後は質問のやり取り。

レギスさんは、「アメリカには、自由や民主主義はありませんよ、アメリカでは軍隊を神格化して徹底した教育がされるんです。国民は米軍の実体を知りません。アメリカの政治と行政は、一握りの人のためですよ」「アメリカの海兵隊は失業対策です」と言い切ります。

トイレ休憩の後は、伊佐さんへの取材が始まりました。私たちは連れ合いの体調を案じ、一足先に帰ることに。アメリカの話をもっと聞きたいことが一杯あった私たちでしたのに、残念！　一時間近い早い帰宅となりました。それにしても日米の庶民の暮らしの実体を深く知り合えば、平和や真の民主主義をめざす運動も大きく発展させることができるのではないかと強く思わされる一瞬でした。人民のソリダリティー・連帯ですよね。

8月4日（火）辺野古の闘い、新たな展開

一ヶ月の工事停止、国と県の合意
―双方の思惑は何？！―

菅官房長官と翁長沖縄県知事は、四日の記者会見で、今月一〇日から九月九日までの一か月間、辺野古に関する一切の工事を停止して、この問題について集中的に協議することで合意したと発表されました。

この発表は、政府側も沖縄県側もごく少数の幹部にしか知らされておらず、寝耳に水の発表でした。

その条件は、

①八月一〇日から九月九日までの間、移設問題について断続的に協議する。
②期間中、政府は移設作業や事前協議書に関する対応を全面的に停止する。
③期間中、県は承認取り消しなどの法的、行政的な手続きを一切行わない。
④期間中、県が岩礁破砕立ち入り調査を実施する。

の四点となっています。

これにより、前知事が埋め立てを承認した取り消しが保留となりました。

なぜ、政府がこの時期にこのような決定をしたのか、多くの識者たちが発言していますが、その理由の多くは、

①安保法制問題で、支持率が下がりこれ以上の低下は内閣の危機を招き、それを避けたいため、沖縄の闘いで譲歩をして時間を稼ぎたいのではないか。
②辺野古・キャンプ・シュワブでの非暴力の抗議行動が国内外に広がり、その成果である。
③翁長知事が埋め立て承認取り消しを検討していることを恐れた。
④翁長知事が国連人権委員会に訴えると言うことで国際的なダメージをかわしたかった。
⑤県民の意見を聞くと言うポーズである。

などなどが挙げられています。

勿論、政府が辺野古への新基地建設を断念するとは思えないことでは一致しています。県民が求めているのは工事の一時停止ではなく新基地建設そのものの中止です。

これまで、政府はウソとごまかし、懐柔と脅しで、沖縄県民に対峙してきました。

これまでも台風で事実上、工事は止まっています。工事は一か月間、中止となりますが新基地建設反対の運動は、「これからが正念場」だとして、さらに結束を固めて運動を広げようとの決意が各方面から上がっています。「闘いはここから　闘いは今から」

8月10日（月）

大宜味9条の会の事務局長が一〇カ月ぶりに参加。両脚の膝の手術をおえての復帰。今日は大宜味から八人が座り込み。朝のミーティングは一九人、辺野古のカヌー隊のメンバーも四人参加。「辺野古が一ヶ月中止で、防衛局や機動隊が高江に押しかけてくるのではないか、との警戒から来ました」とのこと。同じおもいで新聞記者も「もしやと思ってきました」と。作家の目取真さんも昨夜から駆けつけておられました。

でも来訪者はまばらで、もっぱらテント内でのユンタク。

最近ずっと二四時間の座り込みを週四日している土木技師の奥間さんの米軍内での体験には、興味を引か

れます。

米兵の多くが読み書きができないとか、辺野古の海に沈められているコンクリートのトンブロックも、少しきつい波には、浮力で流されて役に立たないとか、海に張られたフロートを台風時に引き上げないのは、民間企業では考えられない、あの大きな玉は一個七万円もする、大体は賃貸なので流されたらものすごい損害になる。公費だから平気なのではないか、とか。

そして、辺野古を埋め立てて岸壁を造るためには、岩質がいろいろで、ものすごく難しく、難工事なのだと。彼の来訪者への説明も地図や様々な資料を使っての説明で、さすが技術者だと思わせます。

まだ若い男性ですが、体調を崩して、退職したのだとか。頼もしい支援者です。それにしてもチャアベッドでのテントでの就寝、「昨夜は毛布一枚で寒くて」ご苦労様です。で、彼のためにはささやかですが月曜日のお弁当は、私が持参。

今日もなに事もなく、一日が終わりました。今日のところは勝利のバンザイ三唱で〆となりました。

8月17日（月）

昨日から松山の中一の孫娘たちが来ているので、二人の少女を伴っての高江です。

朝のミーティングには一七名が参加。昨夜夜半に怪しげな車がひと時、テント周辺をうかがっていたとの報告、泊まりは二人でした。

また、一六日に行われた赤嶺政賢国会議員の報告会で、防衛省の役員が高江の工事について「現場に二四時間の監視体制が行われているので、工事ができない」といっていたとの報告があり、絶やすことなく座り込みをしていることの有効性が確認されました。

防衛局や工事関係者も絶えずこちらの動きを監視していることも明らかです。

四日に県と政府の間で、八月一〇日～九月九日までの一か月間の工事中止とその間の協議が発表され、その第一回の翁長知事と菅官房長官の協議が一四日に行われました。皮肉なことにその直前、うるま市沖に米軍ヘリが墜落したとの報道がありました。

一三日は、一一年前に沖縄国際大学の構内に米軍ヘリが墜落炎上し、県内外に大きな衝撃を与えた日でもあります。沖縄の復帰後も毎年のように米軍機の墜落事故があり、何時住民の頭上に落下してもおかしくない状況があり、「またねー」「もういい加減にしてほしいよね」が挨拶がわりにさえなっています。さすがの菅氏も「遺憾に思う」と。

翁長知事と菅氏の会談は、「普天間問題」で当然のことながら平行線です。「負担軽減」で納得などできるものではありません。

菅氏は、この会談の先に仲井真氏や自民党の幹部、基地容認の財界人と会談を行っています。来年の参議選や県議選についての話し合い?。

続いて来県した中谷防衛相も知事と、今回は初めて名護市長との会談も行いましたが、報道によると国会答弁の蒸し返しで、納得のいく話はなかったとのこと。とりわけ名護市長との会談三〇分、基地容認派の市町村首長や基地を容認する辺野古住民との話し合いはゆったりとした時間だったとか。

月初めから小6と小5の兄妹を伴って韓国から座り込みに来ているイルカ先生が二日後には、夏休みも終わるので帰国するとのこと。この子どもたちは一週間前、父親と田丸さんに連れられて、わが家の夕食にやって来て、私がつくったキムチに歓声を上げていました。食べ終わると田丸さんに連れられて、大宜味村の夏祭りに出かけ、県内でも有名となっている打ち上げ花火を楽しんでいました。今日は子どもたちは孫たちと川遊びに。おかげで今日一日、韓日の子どもたちには楽しい交流の場となったよう。それにしても毎年、長期の休みに韓国から高江に座り込みにくるイルカ先生には脱帽です。

今夜は住民の会のメンバーや宿泊している支援者などでのお別れ焼肉パーティーが予定されています。また、南の海に台風が二つ誕生した模様。

8月24日(月)

台風一五号、一六号発生

一五号が沖縄を直撃する予報。しかも大型。前日の二三日、北海道から知人が五歳の子息を連れて来沖、高江に同行するつもりでしたが、案の状テントは畳まれ座り込みは中止となりました。しからば北海道にはめったにないと言う「沖縄の名物」台風を見るのも一興と東シナ海を荒れ狂いヤンバルの木々が唸りをあげ、潮を含んだ雨が下から吹き上げる台風を体験してもらおうと待ち受けましたが、一日中、予報とにらめっこしながら待った一五号は八重山諸島で荒れ狂い、沖縄本島を逸れて行きました。一六号は太平洋を北上していきました。

このため、翌日に高江の陣中見舞い、すでにテントは新しく一張増えて三張が張られていました。

今、政府と沖縄県との集中協議が行われていますが、その内容は、当然のことながら平行線のよう。おそらく協議が終わった途端、政府は工事を強行してくることが予想されます。報道によると高江のオスプレイパッドは、基地の一部返還の代わりに建設したいと言っているようで、翁長知事は、地元の意見を聞きたいと即答はしていないようです。しかし、当該の自治体・東村と国頭村は基地容認派、「様々なアメ」やおどしがちらつかされているのではないかとの憶測もされます。

何しろ、官房長官や防衛大臣が本当に逢って話し合いたいのは彼らで、どう金で取り引きをして基地建設を進めるか、反対住民との分断を図るかにあるような感じがしてなりません。

8月31日（月）

約一週間の友人親子の滞在中、台風一五号の襲来？高江訪問、美ら海水族館、国頭村のセリ市場での食事などで日が過ぎましたが、雨で子どもが楽しみにしていた浜遊びは一回だけ、最後は平和公園での「平和の礎」参拝でした。かつての沖縄戦で県外の兵士が最も多く命を落としたのが北海道出身者、朝から刺すような太陽にいささか辟易しながら、それでも久方ぶりの公園は、心を清まされる所でした。

三年ぶりの「友が遠方から来る」夏の終わりとなった次第。

その八月末日の高江は、晴れ渡り心なしか清がしい風が吹き、トンボが舞っています。

テントでの朝のミーティングは、私たち当番の四人の他、住民の会四人、連絡会会員、長期の泊まり込み支援者など二〇人、壮観です。

昨夜は四人が泊まり。何事もなかったと。

報道によると、菅官房長官と国頭村長の面談で、国頭村に新たに「道の駅」をつくるとか、博物館の建設が出されたとか、箱モノ建設のエサがぶら下げられた由、三〇日には、その面談会場になった名護市のホテル前での抗議行動に百人余が参加したことも報告されました。

また、連絡会と住民の会は、県への「高江オスプレイパッド建設を中止」する要請行動を県議同道で行ったことも報告されました。

国会前をはじめ、全国の通津浦々で取り組まれた八・三〇戦争法案廃止を要求する取り組みの沖縄集会には、東村から十数人、大宜味村からは三〇余名が参加したことが報告されました。

この法案が示す方向は、沖縄にとっては断じて許すことができないものです。今すすめられている中国をにらんだ、台湾の目の前に自衛隊基地を造るたくらみは、米軍と共に日本の軍隊が同道する戦争の出撃基地にしようとするものでしょう。

一握りの金の亡者たちのために沖縄をわがもの顔に、国民の税金をふんだんに使って戦争を準備する様が日に日に赤らさまに見えます。

今日、連絡があった団体での訪問者は科学者会議一五名と伝達があり、今日の各テントへの配置を決めて、ミーティングは終わり。

N1の受付テントは一〇名ほどになりました。午前中は来訪者もなく大宜味からの担当者の夫妻も加わったユンタクの時間。

二日前に終わった沖縄のお盆の料理の話しに始まり、沖縄の食文化に花が咲きます。そして「戦争中はよ、セミやカエルも食べたさ」「猫も食べたと言う話もあるよ」。話は弾んで「あそこのレバニラは美味しいよ」にレバが好き嫌いに話は飛んで「あのよ、まえに現さんが豚をひろってよ、裁いて食った時のレバはうまかったナ」「豚を拾った?」「うん、道路の側溝に落ちて動けなくなったのを拾ったんだと」「それ交番に届けないと」「そんな事したら交番はこまるよ」ワイワイガヤガヤ…、

「ヤギの肝もうまいよ」「鳥の肝もうまいさ」「今、生レバは禁止だよ」で、生臭い話は、時事問題に飛び火。

「何々ハラって、ハラが多いね」「セクハラにマタハラにパワハラに」「日本語がおかしくなってるさ」「私わからんよ」。ご尤も。

この北部訓練場を巡っての討論にも点火します。環境省がこのヤンバルを「自然世界遺産」に登録しようとしていることについて、「世界遺産にできるんだろうかね」「何のために世界遺産にするんだろうかね」「世界遺産にしたところは大変なことになってるっていう

よ、屋久島なんかね」「富士山だって、おかしいよね」「ここはこの基地を無くさないで世界遺産にしたって値打ちはないよ」「とにかく金儲けのための自然破壊はダメだよね」「世界遺産にするためには国立公園にしなければならないでしょ、国立公園にしたら展望台とか何とか箱モノを造る、道を造る、儲かるのはゼネコンじゃない？」「そうかもね、今の政府が自然を守るなんて考えられないよね」この問題は村民の中で討論を深めなければ…。

午後三時になっても団体さんは現れません。辺野古からの道は、土砂崩れで迂回せんと来られません。

「大体、辺野古から来る人は一時間は遅れますね」

ウーン、これもご尤も。

そこに伊佐育子さんと子息・息女がケーキの箱とお皿を手に現れました。

「今日は山本さんのお誕生日だからケーキでお祝いです」

山本さんはここ終日泊まり込みで座り込みに参加しているイギリスの大学留学生、御年二三歳の千葉県出身女性。「え！　私の誕生日ですか、忘れていました、感動です」。拍手が沸き起こります。全員でケーキでのお祝い。甘い！

三時半頃、ご一行一五名がご到着。とはいっても科学者会議の方々ではありません。県国公の旗を持った大阪革新懇の方々。

「あら長谷川さん、浜辺さんも」

大阪AALAの幹部の方もご一緒のご一行。いささかお疲れの方も多いと見受けしましたが、結局私が説明役となりました。約三〇分。大阪AALA編集長の浜辺さんはビデオを回しています。少し緊張しました。後はエンジニアの奥間さんにバトンタッチ。

その間に、科学者会議のご一行と新婦人沖縄の五人の方が到着。そちらは連れ合いの越智一郎が説明に入っています。

テントN1界隈は、にわかに賑やかになりました。説明が一通り終わったところに、オスプレイの姿がかなたに現れました。『あ、オスプレイ！』の声に皆が路上に集まります。山に掛け上がって写真を撮る人、オスプレイは私たちの頭上を一回りして飛び去りました。

そういえば、今日は松山の阿部悦子さんが間もなく東村に来られる時間。五時一五分に名護市到着、田丸さんが出迎えに走りました。夜はでいご家に泊まり高江には明日来られる予定とか。

9月5日（土）

「島ぐるみ会議大宜味」が高江のすわり込みに五〇名

八月四日に結成された島ぐるみ会議大宜味は、八月三〇日の県民集会への参加にもとりくんできましたが、「辺野古、高江の座り込みに参加する」との方針に基づいた取り組みが行われました。会議が用意したマイクロバスや車で、大宜味村職労の若者を含めた五〇人余が、九時前に高江・N1テント前に結集、最高齢者は八八歳の奥島さん。

住民の会・宮城さん、連れ合いの越智一郎から、闘いの経過や現状が約一時間にわたって報告され、島ぐるみ会議の共同代表からの熱い挨拶があり、今後、毎週の参加を取り組むとの方針も提起されました。

一行は二時間の座り込みをした後、午後二時から予定されている辺野古のキャンプ・シュワブ前での県民集会参加に向けて出発しました。途中、昼食をとりながら早めに到着しましたが、突然の豪雨、この雨降ったり止んだり、雨と汗で皆びしゃびしゃ、予定したシュワブ前の歩道が次々に埋め尽くされていきます。

手に手に、「辺野古新基地建設反対」、「戦争法を廃案に」等々思い思いのプラカードを掲げて、雨が上った後の刺すような日照りに抗して集会が始まりました。参加者は三八〇〇人。間もなく一ヶ月の政府と県の協議期間が終わり、工事が再開され激しい攻防戦が予測される中での緊張した集会となりました。

9月7日（月）

朝のミーティングは一五名、当番の大宜味9条の会からは六名。

夜の泊まりは二名で、何事も無くまずまず。

九時半頃、大阪大学人権問題研究所のご一行七名、続いて「へいき連」の男性五名。富士国際の沖縄ツワーも観光バスでやってきました。

ウーンなかなか口が回りません。

バスのご一行は、北海道二名と後は関東五県からとか。殆どがシニアの方々です。

「質問！　沖縄返還闘争に参加したのですが、沖縄ではどうだったのでしょう」

9条の会・事務局長の金城文子さんが「私から説明しましょうかね。私は東京の大学に行っていたのですが、沖縄出身の学生は、沖縄・小笠原返還同盟に結集して、活動しましたよ。私学や国立の別なく結集したけど、皆、パスポートがないと帰県できなくなるから、みつからないように活動するのは大変でしたよ。赤嶺政賢さんは教育大学で大学に行っていましたが、一緒に活動しましたね、瀬長亀次郎さんが上京してきたときには、その防衛が大変でした」…。

高江のテントで来訪者に説明する越智一郎氏

「私の家は宜野湾市の伊佐浜にありました。私は、終戦の年の生まれで、父の顔を知りませんし、父も私を知りません。写真もありません。防衛隊にとられてそのまま沖縄戦で亡くなりました。私たち家族は、北部に避難し三年間収容所に入れられて、私はそこで生まれました。解除になって帰ってきたら家も畑も米軍の飛行場になっていました。仕方なくその周りに家をつくって住みましたが、その後また飛行場の拡張で、家はつぶされ、それこそ銃剣とブルドーザーで、立ち退かされたのです」

この話にテント内はシンと静まりかえり、「この話だけでもここに来た甲斐がありました」という人も。外は降り続いていた雨が小降りになっていました。

9月14日（月）

今日の当番大宜味9条の会からは六名、会長の平良啓子さんは、参加出来て嬉しいって。

支援者は常連が六名、新しく東京から大学院生の鈴木さんが五日間の予定での参加。住民の会からは三名で一五名のミーティング。

今日は、防衛局、県の環境課等の職員がヘリパッド建設予定地の環境評価の調査に入ることが知らされました。一〇時頃、その一行がN４を通過したとの一報が入ります。しばらく待ってもまだ来ない。待つこと四〇分、米軍の兵士を伴ってやってきました。一行約一五名。新聞記者もいます。

それぞれの装備を整えて、山に入って行きました。調査の時間は約二時間、確かな環境の調査報告書で、工事の中止となるよう願わずにはおれません。さらに後日、今度は土木関係の調査もあるとか。翁長県政になったことからの取り組みでしょうか。しかし、どんな調査結果が出ても私たちの造らせない気持ちに変わりはありません。

東村役場の取り組みで、高江小学校にオスプレイの低周波測定器が取り付けられました。また、村道にはオスプレイパッド建設の工事車両や米軍車両の通行禁止の立て看板も建てられると言います。村議会に建設反対を掲げる議員が存在することで情勢がジリジリと変化してきている実感。午後からは沖縄教組中部退職教のメンバー三二名がバスで来られました。その他の来訪者もあり、五〇名が来られました。

明日から私はモンゴルに出かけます。今年の愛媛アジア・アフリカ・ラテンアメリカ連帯委員会（愛媛AALA）のモンゴルへの連帯友好ツアーの取り組み。

これまで私たちとのあまり具体的な交流がなかった国への訪問です。このため来週月曜日の当番はお休みです。

戦争法案の行方、翁長知事の国連での演説など、情勢の変化が予測されるなかでのモンゴル訪問となりそうです。

9月28日（月）

二週間ぶりの高江です。この間に翁長知事は、国連人権委員会で「今、沖縄で展開されている日米両政府の非人道的な振る舞いと沖縄県民の思い」を告発、世界の良識に訴えました。

私たち愛媛AALAのメンバー一三人は、市場経済への移行で貧富の格差拡大に苦しむモンゴル国を垣間見てきました。

安倍政権は新たな国民からの収奪と軍事政策への具体化を図り始めています。

久々の高江は、台風二一号の襲来を予期し外されていたテントを張ることから始まりました。

男性一〇名女性二名の共同作業は約三〇分で終了。中に置かれたテーブルも真新しくなりました。

台風の余波なのか、蒸し暑く時折雨も降ります。

ノグチゲラやオオシマゼミの鳴き声が森を騒がしています。金属的なオオシマゼミの鳴き声が響き始める

◆住民の会と連絡会が一〇月一日に沖縄県議会に陳情した七項目の要望事項

一．ヤンバルの森を世界遺産に登録することに関し、その妥当性を精査すること。

二．N4地区の先行運用を即時中止するよう日米両政府に対し申し入れること。

三．沖縄本島地方の六割の飲料水を賄う水源地としてのヤンバルと貯水ダムを守るため北部訓練場の全面返還を県政の柱の一つに掲げること。

四．N1、G、H地区四つのヘリパッドの工事中止を日米両政府に要請すること。

五．県知事による現地の視察及び高江区民の意見を聞く公聴会を早急に設けること。

六．県による北部訓練場及びその周辺の現状及び被害実態調査を行うこと。
・米軍機飛行経路、低周波音を含む騒音の実体調査を実施すること。
・県議会軍特委議員による現地調査を実施すること。
七．昨年来、防衛省（沖縄防衛局）のオスプレイヘリパッド建設のための県道七〇号線一部路側帯の米軍専用化による市民排除策が取りざたされているが、県としてその真偽の確認及び県民の正当な行動に配慮し禁止措置をすること。

と「あー、秋だね」と思わされます。今日の来訪者は九人。京都からのシニア女性の四人組は、半日の座り込み。明日は辺野古に座り込むとか。

午後の来訪者はなく、そこここでの政治談議と読書の時間。

ただここに毅然として座っていることが、政府や防衛局が工事を始めることへの抑止力になっていることを痛感しながらの座り込み。

9月29日（火）

千葉AALAと平和委員会の高江訪問に請われて高江まで同道しました。一行三〇名、高江には茨城平和委員会の一行五三名が先着。熱心な質疑応答が展開されていました。両団体とも午後は辺野古での座り込み。ご自愛を！

10月5日（月）

三、四日は二年に一度の日本AALAの第五二回定期大会。愛媛から二人が参加しました。日本AALA（アジア・アフリカ・ラテンアメリカ連帯委員会）は、バンドン会議開催を受け、一九五五年日本アジア連帯委員会として発足、その後世界の情勢変化を受け、「アジア・アフリカ連帯委員会」、「アジア・アフリカ・ラテンアメリカ連帯員会」と名称も発展させながら、非核・非同盟の人民連帯の運動を小粒ながらピリリとした諸国の人民との連帯運動を展開して、今年六〇周年を迎えました。愛媛AALAは、その途中からの結成で来年三〇周年を迎えます。私は大会の前日前泊で参加。何しろ東京までは三時間のフライト。私が住む大宜味村から那覇空港までは高速道で約二時間。合計成田からモンゴル・ウランバートルの空港までの時間と同じ。当日のフライトでは開会までに間に合いません。

で、大会が閉会しての四日、夜八時那覇空港までの夫の出迎えを受けてやっと一〇時近く帰宅。何しろ村までのバスはすでに時間リミット、で早朝から弁当を準備しての座り込み参加はいささか眠たい。でも天気は快晴。

N1テントには昨夜から泊まり込んでいた奥間さんや仲程さんがおられ、遠く豊見城市から四時起きで駆けつけておられるN1裏テントに常駐の糸数さん、連絡会の共同代表の仲村・間島さん、名護に居を構えて長期の支援活動をされている大西さんもすでに勢揃いしておられます。眠いなんて言って居られません。殆どの方がリタイヤ組。私たちと同じ自費での活動参加です。

私があちこちしている間にも住民の会、連絡会は県への要請行動などこまめに働き掛けを展開していきます。沖縄県・道路管理課への国や防衛局からの道路使用変更などの動きのチェックは毎日行われています。住民の会からの二名の参加も含めて朝のミーティング参加は一一名、大宜味からは9条の会事務局長と私たちの三名。今日の沖縄の最高気温は三二度との予報。

来訪常連の朴さん、続いて長野から北村さんがレンタカーで来られました。

北村さんは長く松山で法律事務所の事務長をされ、リタイヤ後は長野で沖縄料理店を営みながら三線の製作や沖縄支援や様々な活動を展開されている由。一昨年以来の交流です。ついつい松山の知古の方々や愛媛の話となります。土産はクルミの銘菓。中々美味。一五切れに切り分けて賞味。「もう一切れ」「いえダメ、あとがありません」。北海道に墓参りに行っていた間島さんは、ビールキャラメルの土産、私が持参したモンゴルのチョコレート、東村のパイン、沖縄の紅イモまんじゅう、韓国のナッツ菓子などテーブルの上は国際色豊か。

六人、四人、三人、四人のグループが次々に来られます。東京から、伊勢市から、福井から、沖縄南部から。四張のテントで常駐者や来訪者同士の説明や懇談、会話は切れ目なく弾み、時間の経過に気が付かないほど。

空には米軍の攻撃ヘリが幾度となく旋回しその度に会話が途切れ、話題が変わります。

伊勢市は私の母方の祖父の生まれ故郷。今でも従兄弟などが居り、自然と伊勢の今の話なども飛び交い、辺野古のカヌー隊で奮闘されている富田さんは、三重県の高校の先生でした。その支援もあって辺野古で、抗議船にも乗って辺野古の全貌を見てきたと言いメンバーの顔はやや桜色に日焼けしています。

沖縄の北の果て、ヤンバルの山の中で座り込み、にぎやかなセミや鳥たちの声を伴奏に沖縄の闘いを語りながら国内外の仲間たちの闘いやお国の色々が縦横に学べるのも座り込みの妙味。

抗議船の船長もされている高知出身の山田神父さんが信者の方々と来られました。

国頭村長との懇談に出かけていた人たちが帰ってこられました。その報告は大いに希望がもてるもの。近い将来、三村の人々が結集して米軍北部訓練場の撤去に向けた新たな闘いも展望されます。

朝から座り込みに来られていた北村さんは次回には三線の演奏をして下さると言い、明日の早朝六時からは辺野古での座り込みに行くとか。一日の私たちの当番は終わりました。今夜は早く眠りたい。

10月12日（月）

今日の高江はさしづめミュージックデー

連休の最終日、まず訪れてきたのは「どんぐり」のメンバー四人の青年たち。昨夜から「でいご家」に泊まっていたとか。きれいなギターケースを大事そうに抱えた「どんぐり」さん、三線のケースを持った青年と二人の女性たち。

彼らは今年九回目を迎えた「憲法フオークジャンボリー」のメンバー。

今年のジャンボリーには、三日間に八〇組の出演者が集い、「憲法を守れ」「戦争法を許すな」の声を、楽器で、歌で、朗読で、紙芝居で精一杯表現してきたとのこと。どんぐりさんはそのメンバーの一人。早速ギターを奏でながら沖縄への連帯の歌、9条守れの歌などをきれいな迫力ある声で謳いあげてくれました。

そこには私たちが知らないサザンオールスターの沖縄によせる歌もあり、思わず拍手。続いては三線を抱えて、地元の人も思わず「上手」と手を叩く沖縄の民謡などが披露されました。「連休だから休暇が取れてくることができました。東京では集会やデモに参加する人たちを歌で激励したり、演奏しながらデモに参加しています」

このジャンボリーは、東京労音RSアートコートを会場に七月三一日・八月一・二日の三日間開かれました。一度は参加してみたいものです。それぞれの演奏が一段落したところで、居合わせたみんなで「沖縄を返せ」の大合唱。

合わさった声がヤンバルの森と空に広がって行きました。

そこに電話が入ってきました。

「今、そちらに向かっています。メンバーは三〇人です。よろしくお願いします」


しばらくして、車に分乗した一行が来られました。中には高江の黒のTシャツを美しく着こなしている女性がいます。一行は「月桃の花」歌舞団の東京組と大阪組のメンバー。昨日の一一日、那覇市でミュージカルの公演を行って来たとのこと。この歌舞団は、シンガーソングライターの海勢頭豊さんの歌「月桃」が主題歌となった映画「GAMA―月桃の花」に込められた『命どぅ宝』の精神を広げようと一九九七年に結成されたと言います。

はじめて来られた方も多く、一通りの説明を行った後、「公演で披露してきた歌を聞いて下さい」と大合唱。映画「月桃の花」は、どこが主催だったか、松山での上映がたしかコミセン(コミュニティーセンター)でありました。二〇年近く前のことでした。

私たちも含めて「月桃の花」を声を精一杯張り上げ、肩を揺らし身振りも軽やかに謳いあげるのはさすがにプロ。聞きほれてしまいます。

しばし、セミの声もかき消され、今日一日はミュージックデーでした。明日はいよいよ翁長知事が辺野古の埋め立て許可取り消しを表明します。当然!当然!これからも日々新たな闘いが始まります。

10月19日（月）

伊江島・わびあいの里から謝花さん来訪。

路端のすすきたちが艶やかな柔らかそうな穂を風に揺らし始めました。

最近の朝のミーティングは、常に一四、五名。持参したコーヒーが足りかねます。尤も9条の会・事務局長の金城文子さんも持参されますので、何とか行き渡りますが…。「最近は朝から人が多くていいですね」「いやー月曜日は大宜味の人が来てくれるからですよ。他の日はそんなにいないですよ」

昨夜の泊まりは三人、取り立ててのことはなかったと報告されます。

今日の来訪者のメインは、伊江島から、謝花悦子さんが来られるとのこと。沖縄基地闘争の父、阿波根昌鴻さんの秘書として阿波根さんとともに闘い、一九八四年、反戦平和資料館を建設、二〇〇二年阿波根さんが亡くなられた後、阿波根さんの養女として資料館「ヌチドウ宝」の館長になり伊江島を訪れる人々に「伊江島の闘いと今」の語り部として、車いすの生活ながら多くの人々に敬愛されている謝花さんにお会いするのは初めて。

一〇時過ぎ、二本の杖を頼りに車から降りた謝花さん、最近転んで歯を六本も折られたとか。

彼女は自分で揚げたというサーターアンダギーを山盛り持参。

その原料は彼女が住む「わびあいの里」でつくられた黒糖の由。

テントの中ほどに車いすをすすめた謝花さんの「お話」は一時間半におよびました。米軍の土地取り上げに抗して非暴力の闘いを貫き通し、ミサイルを追い払い数々の教訓を残した阿波根さんの闘いが、今、沖縄の炎の闘いの大きな戦術として生きていることを改めて実感させられたひと時でした。

彼女は七六歳、私より年配とばかり思っていました。その彼女の嘆きは、伊江島で少数派になったこと。日本政府のダボダボの金づけに住民が分断され、声を上げられない今が悔しいと。

彼女は講演で語ります。「これから生まれてくる子どもたちを恐怖の時代に迎えるか、安全な世界に迎えるか、それは今生きている人、すべての責任です」と。全く同感です。

私たちが沖縄に住み始めて真っ先に行ったのは伊江島の資料館でした。愛媛の多くの人も訪れているところ。これからも是非にとお勧めしたいところです。

10月26日（月）

あらー　今日は一人の来訪者もいません。

ミーティング、昨夜は二名が泊まり。今日、県環境影響審査委員会が開かれ、連絡会から三名が参加しているとのこと。九時過ぎ、大宜味9条の会の島袋夫妻と東風平さんが来られ、今夜の当番をするという垣花さんが来られた後は、見事に一人の訪れもありませんでした。

午後、県の審査会では、連絡会のメンバー二人の意見を述べることができたとのこと。これまでにないことです。またN４のオスプレイパッドが焼け焦げていることについても意見が出されていたと言います。

ヤンバル三村の島ぐるみ会議は合同で、五日に伊波洋一さんの演説会を我が村で開催することになりました。負けられない参議選です。

11月2日（月）

翁長沖縄県知事は、今日、国土交通省の「県が行った辺野古の埋め立て許可取り消し」を中止とする決定をしたことに不服の申し立てを行いました。

政府は、国土交通省と沖縄防衛局を使い、防衛局を「私人」にして、「私人」しか使えない不服審査請求権で、国土交通省から、埋め立て許可取り消しを停止させ、工事を強行するという、法治国家にあるまじきことを平然と行っています。

菅官房長官は、記者会見し「日本は法治国家だから法に則って、粛々と進めさせていただく」と言い、日本の南の果ての沖縄の出来事は、政府がどうにでも出来ると丸でかつての明治政府のようです。

今日の座り込みの受付担当は、私たち夫婦だけ。朝のミーティングには、一〇人が顔を合わせました。あまり暑くもなく寒くもなく、朝はさわやかです。

夜の宿泊者からは「なに事もなかったが、単車でうろうろする人がいてどうも道路わきの水路に設置したグレーティングを物色している風だ」とのこと。早速、溶接をすることに。だって、百万円する代物です。

来訪者は、茨木県から民商のご一行一〇名。辺野古の座り込みと海上からの抗議行動に参加してきたとのこと。

我が村から、八八歳のご夫婦が里芋の煮物と手作りの薬草のジュースの差しれに来られました。月に二、三度、色々自作のものを大量に届けに来られます。軽四に乗って。先だっては切れた電球を夫・一郎が取り替えていました。

九州からの来訪者四名が来られましたが、今、高江は静かです。が辺野古では、激しい攻防が連日続いています。抗議のカヌー隊の頭を何度も海に沈めて溺れる寸前にするとか、基地に入る工事車両に抗議する住民を羽交い絞めにしてろっ骨を折るとか、押し倒して脳震盪を起こさすとか。後ろから抱きつくので「セクハラはやめて」と声を上げると「お前のハラを触って何が悪い」とか。

世界各地からやって来る人々も「ここに民主主義はない、この光景を世界に知らせていく」と異口同音に語ります。日本のアメリカ・軍事一辺倒の縮図が辺野古の今でしょう。入港を拒否されたグリーンピースのメンバーは、こんな仕打ちを受けたのは世界で初めてと言います。

11月9日（月）

今日は朝から、安保破棄中央実行委員会のメンバー三五名が来訪。七、八日沖縄市で開催された全国会議の参加者です。愛媛の代表として鳥谷律子さんも。神奈川の宇佐美さんや兵庫の方など前からの知人もおられて、急に日本が狭く感じられました。

来年一月の宜野湾市の市長選挙や七月の参院選の沖縄の勝利に向けての支援決議も行われたようです。この会議が沖縄で開催された六年前には私も参加者の一人でした。

午後からは女性の方ばかり三組。北海道、兵庫などから。賑やかな一日でした。「この前来た○○です」といわれて「あー▽▽さんですね」「いえ、○○です」「あら失礼」なかなか名前が覚えられない年頃になりました。尤も元々、暗記はダメ、人の名前を覚えるのは苦手で、損もしてきた自分なのでなおさらです。

11月16日（月）

少し風があって寒さを感じます。鳥の声も蝉の声もあまりしなくなりました。ヘリはブンブン。今日は大宜味9条の会からは七名。

普天間爆音訴訟の団長・島田さんが久方ぶりにみえられました。話題は豊富。

今日は五〇人を超す方々が来られました。昨日は島ぐるみ会議から二六名の方がアメリカに出発しました。アメリカのマスコミや市民運動団体、上下両院の議員や自治体訪問などで、沖縄の現状と辺野古新基地建設の不条理を訴えるためです。そのメンバーは多彩。かねひでの社長を団長に各地域の島ぐるみ会議代表や、学生、女性、社共の議員など、それぞれがカンパを集めての参加です。

島ぐるみ会議大宜味の事務局長もその一員として出発しました。

アメリカでの活動の成果が期待されます。

11月23日（月）

一八日から二一日までの四日間、愛媛ＡＡＬＡの理事会開催と腰痛の針治療のため、松山に一時帰松。

実質滞在は二日、あわただしい帰松でした。来年は愛媛ＡＡＬＡが結成されてから三〇周年を迎えるため、その取り組み準備です。


二二日・昨日は新居浜の友人たち四名が沖縄戦跡めぐりで来宅。今日はその四人と共に早朝から高江です。四人は昼過ぎまでじっくり高江の闘いのレクチャーを受け、辺野古に向かって行きました。

あれれ、元自治労連の幹部・田中章史さんがひょっこり、今は憲法会議の事務局に居られます。

9条の会・事務局長の金城さんが首にしているタオルのマフラーを見て、「僕とおんなじ、これ僕がデザインして今治でつくってもらったものですよ」金城さんには、今治の松田さんから頂いたものを私がプレゼントしたもの。その話にも花が咲きました。

勿論、情勢のやり取りも。この田中さん、フェイス・ブックに情報を送るマニア。殆ど連日写真と共にその行動などが載せられています。でやっぱり高江での写真が翌日投稿されていました。いやだと言うのに。

今日は四三人が来訪。連休だからでもあります。

新居浜からの来客は辺野古での経験を持って帰り、再び楽しい団欒のひと時の思い出を残して翌日、伊江島に向かいました。「また来るけんね」「待っとるけんね」東シナ海は穏やか、天気も上々です。よい旅を！

11月30日（月）

今日は大宜味から七名の参加。二七日は、国が県を代執行訴訟で訴えたことに対して、県側は「県民の同意を得ない新基地建設は、憲法が保障する地方自治の本旨を侵害し許されない」として憲法違反だとする答弁書を裁判所に提出しました。

一方、防衛省は名護市の辺野古周辺の三区に同省が直接補助金を交付できる制度を作り、基地建設で直接最も大きい影響を受ける生活環境の保全、向上を図るとして、一区千三百万円を年内に出すと発表。県民の基地反対の思いに、金で頬をたたく分断行為だとして、一層政府への怒りに油を注いでいます。

ここまでされるとどんなに穏健な県民も「またか」と。近くでヤンバルクイナの甲高い鳴き声が響きわたりました。

12月7日（月）

沖縄の朝七時は、まだ夜が明けきらない感じ。私たちと三人の女性で車は一杯、高江に急ぎます。

高江の住民の会のメンバーは、夜明けから辺野古へ。辺野古では木曜日、またもや逮捕者が三人、しかも現場を指揮するリーダー達。

瀬長和男統一連事務局長、山城博治平和センター議長が狙い撃ちにされました。

暴力を振う警視庁機動隊から抗議する市民を守ろうとした手を縛りました。

金曜日には、菅官房長官がケネディー駐日大使を伴って、麗々しく記者会見。すでに決まっている普天間基地東側の隅っこ〇・七％の土地、沖縄の米軍基地面積の〇、〇三一％を返還すると勿体ぶって、負担軽減になると胸を張ります。見ていて茶番劇だと思わずにはおれません。この土地は、県民が使う道路が少し広くなるだけ。ところによればかえって交通渋滞を招くところもあるといいます。

私たちが座り込みを続ける北部訓練場の返還予定地は、オスプレイパッドの三分の一を完成させながら、一顧だにしようとしません。これらの怒りは早朝から来られた来訪者への説明にもつい熱が入ります。

この記者会見、今激しく闘われている普天間基地を抱える宜野湾市の市長選挙の支援で、日本会議会員だといわれる現市長・佐喜真氏への援護射撃です。

オール沖縄の候補は、志村恵一郎氏。出遅れもあり厳しい状況だとも言われますが、負けるわけにはいきません。年末・年始にはさらに様々な手管で、県民の分断を図り、遮二無二、新基地をアメリカに進呈するために、膨大な金力と暴虐の限りを尽くしてくると思われます。

菅官房長官は言います「これまで何千億円もの金を使ってきた基地建設の金を無駄にするわけにはいかない」翁長知事は言います「これから使う金を考えれば、そのほうが余程無駄だ」と。

山城博治さんは釈放されたと伝えられましたが、瀬長さんたちは、完全黙秘で闘っており、拘留されたままです。名護署前での抗議行動が引き続き展開されています。

権力は基地建設反対の抗議行動をする者はすべて犯罪者とみなしているようでもあります。

今年の高江の座り込み当番もあと三回となりました。電話が入りました。「一〇日の午後二時ごろ春名さんが高江に来られるそうです」。そうそう、一五日には松山の一行一一名が来られるとのこと。ありがたいことです。

「一回は行きたいのだけど」とつい先月話していた愛媛AALAの副理事長・田福千秋さんが四日に急死されました。四〇年余に渡っての同志ともいうべき方でした。

つねに運動をリードしてきた愛媛の大きな星が落ちた気がします。

12月14日（月）

朝のミーティングには一三名が参加。内、大宜味からは四名、その後の参加で大宜味9条の会からは八名も参加。都合一七名が今日の高江での常駐。

恒例の仕事となったTシャツのエブ付け（サイズ別に仕分け）は毎週の私たちの仕事になって手早くなりました。

ところがその後、今日は一人の来訪者もありません。N1テントでの女性五名の終日のユンタクとなりました。先月にも一回、誰も来なかった日がありましたが。

話題は豊富です。宗教団体の話、国と県との係争の現状、宜野湾市長選挙の取り組み状況などなど。男性はあっちこっちにばらばらと、各人での時を過ごしています。ヘリも今日は飛びません。支援の人々は辺野古に集中していると思われます。

新聞からの情報では、政府は安部政権が全力で宜野湾市長選挙の応援を表明（イコール金の投入）したとのこと。現市長は、普天間基地撤去の跡地にデイズニーランド・リゾート誘致のためホテル建設などを菅官房長官に要請、官房長官は「よしよし」と協力を約束したとか。地元では「茶番劇もいい加減にしろ」と言っているとか。地権者や市民に相談もなく、返還の道もついてないのに目先の猫だましがここでも笑われています。

夕刻から雨が降ってきました。森には冷気が降りてきました。寒い！

一〇日に翁長知事誕生から一年を迎えました。新基地建設反対を「県政運営の柱」に掲げて発足した翁長県政の一年は、県民にとっても国の悪政との闘いの一年で、あっという間に過ぎていきました。

今日、一四日は新基地阻止の闘いを統一的に取り組む「オール沖縄会議」が結成されます。

県内の政党・会派、労働団体、経済団体、平和・民主団体、女性・青年、学者・文化人・法律家、各市町村の「島ぐるみ会議」など、オスプレイ配備撤回、普天間基地の閉鎖・撤去、辺野古新基地断念の「建白書」実現に向けて、全県的な幅広い運動を統一的に展開する組織です。「オール沖縄会議」は、裁判闘争支援や辺野古現地への支援活動、大規模な県民大会の開催、全国と世界に理解を広げる活動などに取り組む大衆運動としています。

そして新年早々の普天間基地を抱える宜野湾市長選挙の勝利に全力を挙げるとしています。ここでも安倍政権対沖縄県民の闘いが展開されています。

12月21日（月）

今日もTシャツのエブ付から一日が始まりました。

先日、高江にも退役米軍人らでつくる平和団体「ベテランズ・フオー・ピース（平和を求める元軍人の会：ＶＦＰ）のメンバーが来訪。住民の会との懇談や闘いの現状を視察したと聞きました。この団体は、来沖実行委員会の主催で辺野古や沖縄の米軍基地を視察、市民団体や大学生とのシンポジュウムを開催。イラク戦争やヴェトナム戦争に参加したことで、枯葉剤被害で子供を失ったり、帰国してすぐ自殺する兵士など米兵も戦争の被害者であることが語られました。

ＶＦＰは全米で一二〇以上の支部があり、会員は約四〇〇〇人。

二一日の今日、『琉球・沖縄支部』を立ち上げると報告されています。また、「カリフォルニア州のバークレー市で辺野古基地建設反対の決議がされましたがこれに続いて、ハワイの沖縄県人と協力してホノルル市議会や米国の各地方、そして連邦議員に辺野古反対の意思を示すよう働きかけたい」と語っています。

一五日には松山からの沖縄訪問団一一名が辺野古と高江に来られました。一五日の夜には、このご一行が我が家でにぎやかな夕食会を開催。久しぶりに松山弁が飛び交いました。

今日の来訪者は、京都で保育士をしているご夫婦が幼児二人連れての来訪。勤続一〇年の休暇が取れたので来られたといいますが、保育行政の改悪で民営化の嵐が吹いており、転職を余儀なくされそうだと語り、しばらく保育についての語らいとなりました。

かつての保育運動に熱く燃えた日々が思いだされました。

午後からは福岡県の平和委員会の方々四名が来訪。東京の金曜日集会に一五四回参加し、会社を三月に退職してこれからの生き方、生き場所を探している男性、中学の教師など多士が来訪。

オスプレイも轟音を立てて、一〇回旋回していきました。

12月28日（月）

私たちが参加する高江の座り込み、今年最後の日

朝から雨が降っています。今日は気温も最高一六度になると予報され、寒い一日になりそう。二八日から正月三日までは、夜の監視活動はしないことになり、福岡や東京、埼玉から来られているメンバーは、すでに帰られています。代わりに北海道・帯広から一〇日間近く、高校を退職された方が来られています。「帯広を発つ時にはマイナス二六度、那覇空港に着いた一昨日は二五度、その差は五一度、慌てて服を全部脱いでTシャツになりましたよ」と目をクルクル。今一人可愛い支援者が東京から来ています。高校一年生。つい先ごろまで国会前の集会に連日参加してきたとのこと。「標的の村」を見て、来る気になったといいます。朝ごはんに小さい菓子パンを食べ始めたので、昼食用に持参したちらし寿司弁当を進呈。今日は多くの来訪

者がありました。全国からの参加で、歴教協から三九名、教職員組合のメンバー九名、京都や広島の女教師の一団、兵庫から毎年来られる視力障碍者の工藤さんら三名のほかはすべて教員の方々でした。その数五〇名を超えていました。

一時間を超える二度の説明は、連れ合いの一郎が担当、真剣にノートをとる姿はやはり教師だと感心させられます。

来訪者の殆どは、辺野古を目指して下山。ようやく昼食、一二個作ってきた「ちらし寿司弁当」で間に合いました。

団体の方々が帰った後には、大東学園の教師ご夫婦が幼児を連れて何度目かの来訪。高校生を交えてひとしきり国会前での行動や教育談義が繰り広げられました。

そこに一度立ち去った四人の女教師が舞い戻り、「平良啓子さんがおられると聞き、対馬丸遭難の話を聞きに来ました」。それから一時間余、平良さんの講和に聞き入っていました。

外では、ヤンバルクイナが甲高い声を上げ、しばらくすると道路を速足で横切っていきました。今日はへリの音も聞こえません。降ったりやんだりの小雨がさらに体温を奪います。四時過ぎてひと時太陽が差し、背筋を伸ばすことができましたが。

視力障碍者の工藤さん一行が再びやってこられました。「辺野古に行ってきました。十分なご挨拶もしませんでしたので」と。義理堅い方です。

五時近く、今日も工事を進める動きはなく私たちの今年の座り込み行動は終わりました。「万歳、万歳、ばんざーい」です。来年は早速四日から当番です。

帰路は急ぐため、基地の迂回道路を通りましたが、狭い坂道が渋滞するその上をひっきりなしに轟音をまき散らしてヘリや爆撃機が飛び交います。年の瀬が迫った夕刻、行き交う車のいらだたしさが伝わってきます。

家に帰りついた時にはすでに九時を回っていました。

辺野古では、警視庁からの機動隊は引き上げましたが、新年早々には、全国の県警からの機動隊が乗り込んでくるとか。

現地では、「辺野古の現状が全国に伝えられる機会になる」とも言っています。

二四日に結成された「オール沖縄会議」は、二九日、役員会を開催、辺野古の闘いをさらに全県で支えるための手立てを協議しました。毎日、工事の阻止をできるだけの支援体制をどう作るか。

わが村の島ぐるみ会議も早速の意思統一が予定されています。

軍事政権へと急ぐ安倍政権との真向勝負の一つが沖縄の闘い。日本と世界の未来にかけて負けるわけにはいきません。

今年の数々の熱い激励やご支援ありがとうございました。

来年もどうか強い熱いご支援をよろしくお願いいたします。勝つまで闘うという沖縄の仲間たちとともに、私たちも高江に通います。

沖縄・東村高江の座り込みに参加しています

東日本大地震の津波は、ここ沖縄にもおし寄せました。津波は私たちが沖縄に移住する借家の契約に来た大宜味村の民宿で見た、横一線に押し寄せる三〇センチほどの白波でした。

五月に住民となりその翌月から隣村の東村・高江のヘリパッド（オスプレイ離着帯）建設反対の座り込み活動に参加して丸五年が来ようとしています。

一九九五年に引き起こされた少女暴行事件の全国の怒りの声は、翌年一月一五日の全国集会の呼びかけとなり、集会参加のため、私たち愛媛の女性たちは、愛媛母親連絡会、新婦人、労連女性部の三団体で構成する愛媛平和女性連絡会を立ち上げ、三三名の仲間と沖縄に足を踏み入れました。

それから一五年、ＳＡＣＯ合意による沖縄の米軍基地問題は陰に陽に私たちの平和運動の中心的課題の一つでした。

二〇一一年、夫の退職と私がかかわってきた愛媛9条の会の事務局も新しい担当者に代わり、私の人生も最終章に近づいて個人で参加できる活動の場として、沖縄の基地建設反対の一隅を決めての沖縄移住となったのです。

私たち夫婦は、ここ五年間隣村の山中・高江のオスプレイパッド建設を許さない座り込みテントに、台風でテントが畳まれる以外の月曜日を中心に通い続けています。

その間には、映画「標的の村」で全国に紹介された激しい防衛局、県警、業者の工事強行に抗議しての非暴力の攻防戦もありました。

今、二四時間体制で監視活動の座り込み行動がとられている高江の北部訓練場は、沖縄県本島の陸上にある米軍基地では最も広く米軍が世界で展開する外国の基地の中で唯一の海兵隊のサバイバル訓練場となっています。

ここでは海兵隊の初年兵がジャングルでサバイバル訓練を行い、ベトナム戦争の訓練や枯葉剤散布の訓練もここで行われました。

ここは亜熱帯の動植物が多く生息し自然の宝庫として希少種も多く、世界的に保護が求められていますが、米軍が訓練するジャングルの中には五つのダムがあり県内中・南部市民の六割の生活用水を供給しています。その水がめで日常的に野戦訓練を展開し、空ではヘリやオスプレイの訓練を行い、ここに住む人々を恐怖に陥れています。

SACO合意は北部訓練場過半の返還と嘉手納空軍基地以南の整理縮小でしたがその内実は辺野古の新基地建設と那覇軍港の移転、合わせてここ北部訓練場へのオスプレイパッド六か所の新設が条件でした。新たなヘリパッド建設は八年前から進められていますが、二〇一三年と一四年に二か所つくられてしまいました。しかし、その後の建設はこれからとなっています。

そして今、辺野古新基地建設を巡って、県民の民意を担う翁長県政と県民は、米政権にすり寄る安倍政権と司法の場と建設現場でがっぷり四つの闘いが展開されています。安倍政権は、沖縄の民意を分断するために、「金・権力」での懐柔策を行ってきています。今、展開されている普天間基地撤去・辺野古新基地建設を許さない取り組み、オスプレイ配備撤回の県民の体を張った闘いは、戦争法の具体化を許さない世界と日本国民の命を守る闘いでもあります。

二〇一五年十二月　山本　翠（七八歳）

◆二〇一六年

2月8日（月）

早くも二月、高江の里のそこここのヒカン桜は満開。濃淡のピンクが 愛らしく冷たい風に震える思いも和みます。

先週土・日曜日には、市郡の沖縄本島一周駅伝が小雨で冷たい風が吹く中で行われ、我が家の前での声援もやっとでした。「えいさ」「ほいさ」「もう少しで追いつくよ・足挙げて」など走者の後ろの車からの声かけがヤンバルの森と白波の立つ浜に消えていました。

昨日発射された北朝鮮の「ミサイル」に日米韓政府は大騒ぎ。とりわけ沖縄の離島には三台ものパック3が物々しく配備されましたが、迎撃の実施はありませんでした。識者によれば、「迎撃できる代物ではない」とも。ただ「沖縄の南の島々に自衛隊配備をすすめる絶好の宣伝の機会にはなった」という実感。

高江のテント内での会話は、「なんで人殺しの訓練に躍起になるのかねー」「アメリカやほかの国もミサイルの発射訓練は度々したよね、日本は反対したかねー」「北朝鮮は核攻撃を本気でするのかね」「それをしたら国がおしまいになるぐらいはわかっていると思

辺野古基地建設反対の示威行動　辺野古にて

うよ」「それにしても安倍さんはこれを「戦争法」を使う口実にすると思うよ」。早速日米間の統合司令部を稼働させ、うまくいったと中谷防衛大臣が言明しました。

今日は旧正月の元旦。お弁当にちらし寿司と稲荷寿しを十五人分ほど持参。ついでにひとかけらずつの餅で雑煮も。

寒い中を大阪・京都からの八人、熊谷平和委員会などから二四名、富士国際の旅行団など六十名近くの方々が来られました。三度目という方、初めてという方、そして寝袋持参の大学講師の方など、それぞれの熱い思いが一日を包みます。大学講師の方は、「学校が休みになったので来ました。二、三日、夜の泊まり込みもします。これから食料を仕入れに行ってきます」と車で下山。

今日は、沖縄環境ネットワーク世話人の花輪伸一さんが来られて、四月に予定されているヤンバル三村の島ぐるみ会議、支援連絡会の代表とともに環境省との交渉の打ち合わせが行われました。

環境省は、ヤンバルの森を世界自然遺産に登録したいと様々な取り組みをしています。でもジャングル訓練センターの北部訓練場と隣り合わせは納得出来ない問題で、その交渉にいきます。

2月10日（水）

早朝五時三十五分発―辺野古六時過ぎ着。駐車場には次々に車が入ってきます。外はまだ真っ暗。冷気が満ちています。

ピストンでゲート前までの送り迎えのワゴン車が有り難く、五分ほどでゲート前に到着。すでに百人ほどが結集しています。

山城さんからの簡単な状況説明の後、早速ゲート前に県警のバスが二台据えられている間に次々に腰を据えていきます。

今日も県内各地から議員が次々に座り始めます。ここ何回かの座り込みで必ず顔を合わす方も多くおられます。

那覇から来られる女性は、三時に起きて家族の朝食と自分の弁当を作って二時間かけて来るとか。

「毎日ですか？」「月曜から金曜日まで、毎日」「何時に寝るんです？」「八時には寝ないと」「辺野古づけですね」「そうね、今、頑張り時だから」―脱帽！

高江の当番と辺野古の座り込みに週六日通っている女性もおられます。今日も各議員の紹介と挨拶から。各地の島ぐるみ会議は、活動の紹介が入ります。「弁護士に来ていただいて、今の裁判の学習会を準備しています」「辺野古の問題の学習会を山城さんに来てもらいする予定」なと学びながら闘う！　正解！

明るくなってきました。九時近く、今日は第二ゲートで座り込もう。全員、歩いて移動。

第二ゲートは、米軍の弾薬庫前で弾薬を積み込んだ車両が出入りしています。私たちの移動に合わせて機動隊も続々とバスで乗り込んできます。

「今日は車両を止める行動はしません。ただ防衛局の工事船が、大浦湾にトンブロックを投げ込むことがあったら、私たちはもっと大勢で、弾薬車両の出入りを止めます」

この行動は米軍基地の機能を止めるということでもあるといいます。どくろマークを付けただけの弾薬車両は、先導車もなく悠々と国道を走っていきます。

座り込んで整然とした行動を一時間ほど行って歌声もあかるく弾薬庫前での座り込み演習は終わり。とにかく県警はびりびりしている様子。

ここはキャンプ・シュワブの心臓的通用門。ここから運び出された弾薬の実弾訓練で、たびたび山林火災がひき起こされています。

三日まえから座り込みにきていた神奈川県の方の帰る都合もあり、早めに帰ることに。

今日も工事車両を動かせませんでした。

辺野古の行動には、八五歳の島袋文子さんの姿があります。島袋さんは辺野古の闘いの象徴的存在で、その姿が参加する人たちを励ましています。島袋さんの戦争体験は壮絶です。「沖縄戦で火炎放射器で焼かれて重体の母が宜野座の収容所の病院で、毒殺される寸前にその母を背負って逃げた。焼け爛れた母の身体から湧いてくるウジ虫を山の河原で何度も洗い流して生き延びた。夜、暗い中で飲んだ小川の水は、翌朝見たら死体の血が混じる赤い水だった。人間の血を飲んで生きてきたからには、基地を許しては死ねない」と語り、「安倍総理、そんなに戦争がしたければ、人間の腐った血を飲んでからにしてくれ！」と。

この思いを胸に新基地を止めるまで毎日、ゲート前ですわりこみを続けるといいます。

文子さん自身も火炎放射器で半身が火傷の傷跡で、

腰には弾の破片がまだ残っているそうです。

2月15日（月）

ヤンバル路のそこここには、色とりどりのつつじが鮮やかです。でも今日はすこぶる寒い。時折、吹き去る風が身に沁みます。太宜味村からは五名が参加。平良啓子さんは手袋をしています。風が吹くとことさら寒く、ストーブで焼いた焼き芋が好評。殆ど切れ間なく来られる支援者も「沖縄も寒いですね。もっと暖かいかと思った」「あ、ストーブうれしい」などと声を上げていました。

今日・十五日は辺野古新基地建設問題で、国が翁長知事を訴えた代執行訴訟第四回口頭弁論が福岡高裁那覇支部で行われます。

翁長知事本人が尋問に立ちます。

東村や大宜味村からも多くの仲間が激励集会に駆けつけることになっています。翁長さんの毅然とした闘いが県民を励ましているとも言えます。

日米政府は、沖縄県民の分断を金力・権力を駆使して進めていますが、その別動隊として、海兵隊員をはじめとする米軍の県民への懐柔策が目立つと報じられました。

辺野古地域の祭りへの参加、住民とともに清掃活動を行う、クリスマスパーティーを開催する、保育園訪問で子どもと遊ぶ、大学生とスポーツ試合をする、ハーリーに参加する、相撲大会に参加する、辺野古地区運動会にキャンプ・シュワブとして参加する、大学の英会話を海兵隊が手助けなどなど、これらの「友好・親善活動」を大々的に報道し、基地反対をしているのは、本土の左翼たち、地元の人たちは友好的なのだ、という広報活動をホームページやフェイスブックで行っています。

私たちの部落にも昨年の夏、軍属の子どもたちとの合同キャンプの開催が持ち込まれました。女性たちの抗議で取りやめになりましたが、子どもを使った働きかけがあるといわれます。

十六日から沖縄県議会二月定例会が開会し、翁長知事は辺野古埋め立て承認の取り消しについて「承認取り消しを得るべき瑕疵があるものと認められたため取り消しており、今後も訴訟の場などにおいて県の考えが正当であると主張､立証していく」と強調しました。また基地問題については「辺野古の新基地は造らせないということを引き続き県政運営の柱にし、普天間飛行場の県外移設を求めていく。固定化は絶対に許されず、五年以内の運用停止を含めた危険性除去について政府に強く求めていく」「過重な基地負担の軽減を実現するべく、公約の実現に向けた具体的な取り組みを着実に実施していく」と決意を示しました。

米嘉手納空軍基地では、外来機が相次いで飛来しており、騒音が激しく住民からの苦情が相次いでいます。十日間で、二百六十回の騒音が測定され、飛来前の倍となっています。隣接する北谷町議会は、外来機飛来に抗議決議を全会一致で決議、①外来機飛来や暫定配備、訓練を中止し、即時撤去すること　②基地負担を軽減し、機能強化をしないこと　③騒音防止協定の順守　④地位協定の抜本改定を　と意見書を採択しました。

2月29日（月）

先々週から、私も人の子、世間並みに風邪をひいて十日間の休みとなりました。二週間ぶりに当番についた高江は、桜が見事な葉桜に代わり、山々の木々も初々しい緑色。春の息吹は満開です。でも寒い！

今日二九日は、代執行訴訟の第五回口頭弁論が行われ、稲嶺名護市長が意見陳述を行い結審となります。裁判所前で開かれた激励集会には、千五百人が結集しているとの報告が入りました。

また福島第一原発事故で東京電力元会長らが業務上過失致死傷罪を適用され、強制起訴されたと報じられています。いずれも日米政府が絡む国民をないがしろにする政治の堕落の結果が問われている問題。

今日は東京・清瀬市からのご一行が来られました。あとはマスコミ関係の方が一組。

夕刻、宮城秋乃さんが、Ｔシャツ姿で来訪。ヤンバルの虫、蛇、樹木、草木の話に熱が入ります。「一番好きなのは毒をもつ蛇かな」「えっ？　なんで？」「だって人間がかなわないからかな」。居合わせたコスタリカやキューバなど南米を旅してきたという青年との会話もはいりいっそう話を飛躍させていきます。コスタリカの政治や自然保護が話題になったかと思うとヤンバルの自然保護の問題に移ったり、話は尽きません。秋乃さんは森の中で演習中の米軍に二度遭遇したそうです。見つからずに済んだそうですが。

ヤンバルの森にはまだまだ希少種や未発見の動植物

が多くあると思われ、その調査が楽しくてたまらないと満面の笑みでした。
それだけにむやみやたらと造られる林道やオスプレイパッド建設が許せないようです。

3月1日（月）

またカレンダーを一枚めくってもう三月。気温は二二度となりました。庭先や家の近くの樹々の間を可愛いメジロが飛び交っています。報道では昨日行われた「辺野古埋め立て承認取り消し」の代執行訴訟第五回口頭弁論が行われ、稲嶺名護市長が証人尋問に立ちました。

二月十五日の翁長知事が証人尋問に立った第四回口頭弁論と合わせ、県民の人権を侵害し続けてきた不条理を訴えた弁論がどこまで司法の場に通じるのか、先日高江に来られた元裁判所に勤めていたという方が、「いづれ国の土俵の中でのやり取りだから、決していいようにはならない気がするよ」といった言葉が気になります。

この裁判は今月十三日に判決が出るとされていますが、このほかにも県が提訴しているもの、住民が国を訴えているものなど次々に行われていきます。その中には住民が「翁長さんの埋め立て取り消しは許せない」と訴えた裁判もあります。これは日本会議会員の佐喜真宜野湾市長を支援するものです。

今、裁判で闘われているのは
①代執行訴訟―原告・国、被告・沖縄県
②係争委員会による却下を不服とする訴訟―原告・沖縄県、被告・国
③抗告訴訟―原告・沖縄県、被国・国

③は三月四日に第一回口頭弁論が開かれます。「オール沖縄会議では昨年と同様な大規模の県民大会の開催も検討されています。

そして六月五日には、沖縄県議選があり、翁長知事を支える与党を過半数確保できるかどうか問われており予断が許されない状況となっています。続いての参議選も自民党は、比例区にタレントを起用し集票の道具として、現職の地方区候補の再選を狙っています。

3月5日（月）

国と沖縄県の裁判の和解が成立したと報じられました。新基地工事を中断して、話し合いをするというもの。

でも国は辺野古新基地建設は、普天間基地の負担軽減の唯一の選択肢だと言明し、翁長知事も辺野古新基地建設はあくまで阻止すると言明。平行線は明らかです。安倍政権は、県議選、参議選を間近かにして国の敗訴を避けるための政治的判断をしたとしか思われません。

しかし、県内外の闘いが国を追い詰めたのは確かで、これからも完全中止に追い込むまでの新たな闘いが求められています。

東村・高江でも二年間工事を阻止してきました。「北部を軍基地化しないで」「県民の水がめを守ろう」「そのために北部訓練場の完全閉鎖を」。

アジアで、世界で戦争する国の最前線基地としての沖縄から、気候温暖で豊かな自然を提供する平和の島・沖縄が一日もはやく実現してほしいと願う春の訪れです。

あちらの森からもこちらの樹の梢からも鶯がさわやかなさえずりを啼きかわしています。ブロッコリーの森、ヤンバルは、黄緑のモリモリとした波が太陽の陽を受けて見飽きない光景を繰り広げています。

その下がジャングル戦闘訓練の場等とは思いたくない高江の春です。

今日は大宜味村9条の会から五名が当番。

先週、辺野古埋め立てを巡る国と県との裁判が和解成立、国の敗北が濃厚になったことから参議選を前にしてとりあえずの仕切り直しに持ち込まれました。その間に様々な画策が持ち込まれることは容易に想像できますが、辺野古での工事はストップとなりました。その影響もあってか県内外からの支援の足も減速気味。その余波か高江への足も減速の様。

それでも朝のミーティングには十余名が顔をそろえました。尤も月曜日は大宜味村9条からの参加があるため多いのだとは言われます。

今日の来訪者は四組。お弁当はおにぎり。なんとか欠食者を出さずに済みました。今月から六月末までは鳥たちの営巣期に入るため、重機などの持ち込みはできません。でも森の奥では、何やら米軍の動く気配がしています。そして、県道にはほろをかけた米軍車両が列をなして行き交っています。

3月14日（月）

雨が降ったり止んだり、冷気が入り込みテント内も寒くストーブが有り難く思われます。今日は大宜味からは三人。来訪者もほとんどありません。

十時、防衛局の職員四人がやってきました。住民の会や、各テントに散っている人に緊急連絡。

「今日はこの通路をふさいでいる車をのけて欲しいと米軍からの要請があってお願いに来ました」「なぜのける必要があるのですか、ここは県の道路管理課の管理でしょ」「ここにつけている警告文は何ですか」彼らはテント横においてある車のミラーやフェンスに防衛局と米軍外務事務所の連名でのラミネートされた警告文を貼り付けています。

「これ、私物ですよ、あなたたちにこれをはりつける権利があるんですか、警察でもないでしょ。外しなさいよ」「このフェンスは防衛局のものです。そしてここは基地内です」「そんなことはわかっています。何のためにのけろというんですか。工事を始めるためでしょ。それはオスプレイパッドでしょ。局長はオスプレイパッドではない、そのときはちゃんと説明に来ると言っているのに来ないじゃありませんか。説明に局長が来るべきでしょ」「外しなさいよ」

駆けつけてきた十数人が口々に詰め寄ります。局員は、「とにかくお願いに来ました」。

「誰から頼まれたのですか」「米軍からです」「あなたは日本の公務員じゃないんですか、日本人の立場に立つのが仕事じゃないんですか」「米軍の使い走りですか」「とにかくおねがいします」「いいえ聞くことはできません。外して持って帰ってください」

そんな押し問答の末、しぶしぶ外すことになりました。「いいですか、切りますよ」と鋏を持ってくると頷きました。

切り取って渡しましたが、空にはヘリがこれ見よがしに轟音を立てて低空飛行をしてきました。「今、営巣期ですよ。あなたたちは米軍にヘリを飛ばすなというのが仕事じゃないんですか。米軍に言いなさいよ。日本の環境破壊はやめなさいというべきですよ」。そんなやり取りが四十五分も続いて彼らはN4テントに向かい、ここでも同じようなやり取りがあり、結局、警告文はつけられないまま帰っていきました。

これからは辺野古への目がこちらに向かってくる気配がひしひしと感じられます。気が抜けない季節となりそうです。

今日は来訪者がありません。

3月15日（火）

先日から京都の長岡京市9条の会からの連絡で、今治市の友人も一緒に行くから是非会いたいとの連絡で、上ってきました。たまたま私の七八歳の誕生日、思いついて急遽チラシ寿しをつくっての参加。

長岡京市9条の会のメンバー十名が十時過ぎようやく到来。有り難いことに今治新婦人の仲間から私へのカンパや土産やら、そして高江へのカンパ等々。二時間ほど沖縄と高江の闘いについて私から説明させてもらいました。一行は辺野古に向かいました。今日は来訪者が続き、テントの中はにぎやかです。北海道・釧路から来られた大学の先生が、学生たちに沖縄の現状を伝えたいから「標的の村」のＤＶＤがないかと言われ、家から送ることに。丁寧なお礼の言葉が届きました。うれしいことです。

明日から二週間ほど、愛媛の松山で開催する『愛媛ＡＡＬＡ』の国際情勢がテーマの講演会のため、高江の当番は二週お休みです。演題は「激動する世界をどう見るか」、講師は日本ＡＡＬＡ・国際部長の田中靖宏氏。

世界の動きをどうみるかで日本が見えてくる―講演が期待されます。

4月4日（月）

二週間余、高江とご無沙汰でした。この間に高江では二回の集会が開催されました。一回は一七日、三九〇人の方が土砂降りの中、工事を中止させてきたことの報告と防衛局へのオスプレイパッド建設断念要請の決起集会が行われました。二回目は三一日、防衛局の警告行動を糾弾する集会。

二週間ぶりにみるヤンバルの樹海の原は一段と黄緑の濃淡が艶やかで息をのむほどの美しさ。桜の満開の艶やかさにひけを取りません。ウグイスのさえずりもひときわ冴えています。

今日の当番は五名、女性四名のさえずりがこれまたひときわにぎやかです。

朝のミーティングは十一名が出席。北海道、岩手からも短期の参加者があります。

防衛局の警告や座り込み立ち退きの文書が持ち込まれても受け取らないことが申し合わされます。

十時からは月一回の合同ミーティングが行われましたが、その間に、高江に住む仲間が体調を崩してあわや車ごとがけ下に落ちそうになったと報告があり、救急車とドクターヘリで病院に搬送されていきました。

沖縄のここ、ヤンバルや離島ではドクターヘリが命を救います。

搬送された方は、すぐ手術になるとの報告も入りました。

雨が降ったり止んだり、三時ごろには会話も聞き取れないほどの土砂降りと雷がテントを襲いました。どこかに雷が落ちたような。ドシャン。

その中を東京、千葉、福岡などから四組の方が来られ、長い人は二時間余りも熱心に質疑応答。

その質疑には、「沖縄は基地で暮らしが成り立っているというが？」とか、「中国から金をもらっているというが？」とかもあって、その応答に実態を示したり数字を示したり大変。質問や意見は地球儀的だったり、歴史的だったり、時評だったり、政権批判だったり。次から次に出される質問や意見に対応して過ぎてしまえばぐったり。その間に雨も上がってようやく一日が終わりました。

今日は、三週間ぶりの高江なので、牡丹餅をおやつに、お稲荷さんを昼食に持参。好評の様で安堵。

4月11日（月）

今日の当番は、大宜味の女性三人と男性一人。来訪者は大阪の革新懇、全国退職教職員協議会、沖縄平和ツアー十三人他三組の来訪者約五十名。夫・一郎と交代で説明役をそれぞれ一〜二時間。殆どの人が熱心にメモを取っていて、間違いが許されない感じ。

「あの先にヤマモモがなってるよ」「でもまだ食べられないね」「昔はよくとって食べたね」「もう六十年も昔の話よ」「ヤマモモと聞いたら、子どものとき木に登ってヤマモモを取っていたら、頭が重くなったと思ったら〝啓子さんの頭に蛇がいるよ〟、と言われて大急ぎで頭を振ったらハブがどさっと落ちてたまげたよ」などの会話が来訪者がいなくなったテントの中で次々に展開します。そして行き着く先は激しい沖縄戦で体験した厳しかった暮らしの話。

六、七、八十代の戦中、戦後の体験談に際限はありません。そしてその中でともに苦労した友達や知人が次々に来世に向かっていき、私たちは「いつ行くのかね」「私たちが生きてる間に基地はなくなるのかね」「うーん、無くなったらいいけどね」「世界の動きを見ていたら、案外早くなくなるかもしれないよ」「いい加減、基地に振り回されるのは無くなってほしいね」「ほんと、ほんと」。

今日は天気予報の気温は二七度だったため、薄着で来たけどなんだか寒い。やっぱり山は一〜二度低くなります。

4月18日（月）

この一週間は、熊本で勃発した地震から目が離せませんでした。改めて地震列島の日本を思い知らされました。そして被害のその先は伊方原発と川内原発。八幡浜市をはじめその周辺の方々がどれほど不安におののいたか。

まだ、余震は続き収まりそうもありません。三十余年も前から中央構造線の真上近くにつくられる伊方原発の建設に反対はしてきたものの、その運動の継続に不十分さがあったと心が疼きます。

今日の当番には大宜味から七名の参加。九時四十分早々に埼玉の新婦人十三名がにぎやかに来訪。東京からも女性五名が続きます。

東京からのご夫婦など午前中はにぎやかなこと。説明も声を張り上げて、終わったらぐったり。「またきてくださいねー」

ひと段落したところへ名護稲嶺市長にそっくりの方がご夫婦で来られました。

「稲嶺市長のお兄さんですよね」「え！　そうです」「辺野古へはよく行くんですけど、ここにはなかなか来られなくて」「奥さんは確か選挙の時、ご挨拶した方だと」「そうなんです。ご苦労様です」などのやり取りがあって、「それにしてもよく似ていらっしゃいますね」「そう、あちらが似てるんですよ」。

しばらく懇談の後「また来ますから頑張ってください」の言葉を残して帰って行かれました。

昼過ぎからは雨が土砂降り。慌ててテントの幕を下ろします。

テントから五十メートルほど行った先の県道の脇が大きく崩落しています。雨の度にその傷口は大きくなり、道路のガードレールまで近づいています。かなり大掛かりな補修が必要のようです。

県道を猛スピードでかけ行く単車隊や群れて高速で走るアメリカ人のオールドカーの事故が案じられます。

雨のせいか、午後からの来訪者は無く、夕刻には雨も上がり一日が終了。

昨日は大宜味9条の会のメンバーで二千万人署名の家庭訪問で二つの部落を訪ねました。村民の多くが参加する村内マラソンや親族が結集する「シーミー（清明祭）」で留守のお宅が多い中で、百筆近くの署名がよせられました。一様に「戦争はもういやよ」「安倍さんは何考えとるのかねー」会話は介護で大変なことも挨拶。「ごめんください、署名お願いに来たんですけど」「動けんから上がってきて」奥の間で寝たきりのおばあの声。「失礼しますよ」

同行者の牧子さんが上がって行き、説明しながらの署名をもらいましたが「戦争はいやさ、なんで戦争したがるのかねー」「ほんとに」「がんばってよ」「おばあもお大事にね、誰が来てくれてるの」「娘が来てくれてるよ」「それなら安心ね。お大事にね」こんなやりとりもあっての家庭訪問。

牧子さんはおじいさんがお医者さんだったそうで、名前をだせばほとんどがお知り合い。心強い限りです。八八歳のご夫婦が各戸を回って三五筆を集めておられたことにも感動でした。

署名活動は二つの部落を七名で回って昼過ぎで終了。いささかお腹が空きました。

この間に政府と県が、過日の和解成立を受けての作業部会で、辺野古の海に防衛局が張ったオイルフェンスやブイなどの撤去を県が要求してのやり取りがありました。

政府はその作業部会で、問題外の高江の座り込みの工事現場の入り口に置いてある車両の撤去を持ち出しました。交渉にあたった副知事が「文書で指導する」と回答しました。

座り込みは建設を許さない「抑止力」です。そして、防衛局の車両撤去要請などの動きに抗議する座り込み行動を強化することが合同ミーティングで決められました。

4月25日（月）

雨が降ったり止んだりの天気。元気よく沖縄の新婦人のメンバー七名と宜野湾市でさまざまな運動をリードし、絶えず学習会を呼び掛けている島袋夫妻が来られただけで、極めて静かな一日。

座り込みの強化が伝えられたために多くの方が来る

のではないかと少し多めに稲荷ずしをつくってきたのが空振り。

それぞれにお持ち帰りをお願いしました。

最近は森の鶯もひと際澄んだ鳴き声で相方と啼き交わしています。

熊本地震は止むことなく伝えられ、その被害も亡くなった方の数も日々増え続けています。住宅、学校、医療、交通、ごみ等々、新たな問題も次々に報道されますが、国民がかたずをのんで願っている原発の稼働中止は報じられません。

熊本地震を受けて米軍が一八日から二四日まで、支援として空輸活動を普天間飛行場所属のオスプレイ四機を使用したことについて、日米の発言が食い違っています。

陸上自衛隊が十分な輸送能力を持っているのに米軍がオスプレイを投入したのは、防衛省がオスプレイの安全性への国民の不信感を払うための戦略と言われています。

陸上自衛隊は輸送機を二二〇機持っており、その内五六機あるCH四七ヘリは、五五人乗りで、二四人乗りのオスプレイより輸送能力は高いといいます。

そして、米軍は「日本政府の要請に基づき提供している」と報じています。

中谷防衛大臣は「米側から協力の申し入れがあった」と国会で答弁。

政治的意図は見え見え。沖縄ではこの政府のやり方に様々な反対と怒りの声があることが報じられています。

「東日本大震災の時のように、米軍から今度はいくら請求が来るんだろうね。地震まで軍事の宣伝に使う安倍政権はほんとに軍国主義だね」などの声がしきりのテント内の会話でした。

二二日に、環境省は辺野古沖を含め新基地建設工事の予定される大半の沿岸部を海の生物多様性を守るための「重要海域」に選定しました。さらに「保護区」に指定することが望まれています。

また二二日には、辺野古の埋め立て承認取り消し処分に対する国土交通相の是正指示の適否を巡る国・地方係争処理委員会が開かれ、翁長知事が意見陳述を行いました。そこで翁長知事は、辺野古の埋め立ては「人類共通の財産を地球上から喪失させた壮大な愚行として、後世に語り継がれるのではないかと危惧している」

と訴えました。国側は、〝日米の信頼が揺らぐ〟とか、〝これまでつぎ込んできた費用が無駄になる〟とか〝普天間飛行場の危険がなくならない〟とか主張しています。次回は稲嶺名護市長が意見陳述を行うことになっています。

四時過ぎ、県警が四名テントにやってきました。

「どこから来たんですか。名護署?」「いいえ、県警です」「なんでまた県警が?」「何しに来たんですか」「ちょっと写真を撮りに」「まさか、私の写真じゃないでしょ」

彼らは、道路わきに置いてある車両やテント付近を写真に撮っています。

「それ、なんに使うんですか」「まさか、防衛局に協力するためじゃないでしょうね」「あなた方は県の職員なんだから、県民の立場で動いてもらわなければ困りますよ」「私たちがここにいる理由、知っていますよね」「私たちもやまばらー（ヤンバル人）ですよ」などなどの話をしながら約四五分。「お宅たち忙しいんでしょうからもう来なくてもいいですよ」などの接拶を受けて屈強な若い警官たちは帰っていきました。

4月27日（月）高江に二〇〇人余が結集

防衛局や県警の動きなどから改めて建設反対の意思を示すための取り組みとして、決起集会的座り込みの強化がよびかけられ、早朝八時から近郷近在の島ぐるみ会議のメンバーをはじめ支援者が続々と駆けつけてきます。

国頭村、大宜味村、東村のヤンバル三村の島ぐるみ会議も勢ぞろいしました。今帰仁村、本部町、名護市からも。

宜野湾爆音訴訟の原告団も大きな宣伝カーで駆けつけてきました。毎日、辺野古の海で抗議行動を展開しているカヌー隊のメンバーも日焼けした顔を土産に来ています。その数、二百名を超えたようです。

八時過ぎから、各団体や地域の代表、個人などが次々にマイクをもって、それぞれの取り組みや意見を述べていきます。

広島で被曝の体験をしたという方は、その凄まじい体験を語り、大宜味村島ぐるみ会議は共同代表以下三十名弱が来ていること、今月十四日からの環境省との交渉や東京集会等を行ってきたことを報告。

そこに東京から日本・ベトナム友好協会の一団・

二十名余が到着。飛び入りの挨拶となりました。その中心は国鉄民営化反対の闘いを体験してきた労働者とその家族たちとか。

アコーディオン持参で、コーラスもしているというその一団は、さっそく歌声を披露。集会参加者も加わった歌声はヤンバルの森をしばし揺るがしました。

平和市民連絡会の北上田さんからは、環境アセスメントの不備などで、工事を進めることが出来ない現状があることなど、問題点が提起されました。

それぞれの発言は、お昼近くまで続けられ、高江の闘いの広がりが実感された集会となりました。

その中でも、本部町島ぐるみ会議から本部町の山が削られて、辺野古の埋め立てに使われることに反対する取り組みを行っていること。十八日には、西日本の土砂搬出反対を全国が連帯して取り組む八県から十八団体が名護市にあつまり学習会を行い「沖縄と連携して、埸め立て用土砂搬出阻止、辺野古新基地ストップさせる決議」をしたことが報告されました。

5月2日（月）

あっという聞にもう五月。ゴールデンウィークももう半ばです。「連休中は、来る人が多いかね」「少ないんじゃない？　昨日は八名だったようよ」。そんな会話から始まった朝のミーティング。常連の仲間も二名は帰省中。

「明日は右翼が動くのかね」

沖縄県内でも憲法記念日の取り組みが色々あるようです。「五・三愛媛集会」の結果が気がかりです。

今日の当番は私たちの二名だけ。部落内で青年の自殺者が出たり、大宜味9条の会の例会の取り組みで事務局長も欠席。十時ごろ島袋夫妻が来られました。

十時からは、座り込み団体代表の合同ミーティング。六月十九日（日）午後から高江座り込み九周年集会が開催されます。

私たちが参加をして丸五年となります。高江に通った回数も三百回ほど。しわも増えるはずです。さすがに連休とあって、団体での来訪者はありませんが、二人一組の来訪者が四組。

埼玉、栃木、沖縄・読谷村、北海道から。女性五名、男性三名。

テント前の県道七十号線は、オートバイがひっきりなしに猛スピードでぶっ飛ばしていきます。事故も多発しているようです。

沖縄・ヤンバルの街道は、国道、県道、村道に一メートル刻みのように五月二七日告示、六月五日投開票の県議選候補の旗がひらめいています。

議席は四八議席。翁長知事を支えるオール沖縄の候補者が過半数を占めるかどうかが問われています。

翁長県政の支持を表明する候補は三八名。社民党九名、共産党七名、民進一名、無所属一四名となっています。二五議席が確保されるかどうかは七月の全国の参院選にも大きく響くと思われ、気が抜けない沖縄の夏のはじめです。

五月六日は立夏。「沖縄はそろそろ梅雨にはいります」との予報も聞かれます。

アカショウビンが朝早くから「ヒルルルルル」と甲高くきれいな声で啼き始めました。

県議選に続く参院選もまけてはならない選挙。辺野古と普天間、高江がかかっています。七日には鳩山元総理が高江に来るとの連絡です。

5月9日（月）

土曜日に元首相の鳩山由紀夫氏が高江に来訪。蝶の舞う場所に案内されて喜んでいたとか。挨拶で残した言葉は「平和の構築は軍事力ではできない。北部訓練場を返還してもらい、ヘリパッドもつくらせない。高江の皆さんが返還を求めるのは当然だ」と。

昨日の地元紙は、びっくりすることを三つも報じています。

その一つは、辺野古・キャンプ・シュワブに隣接する沖縄工業高等専門学校で、県外では防音工事の対象となっている米軍の爆破訓練の騒音が基準値を超えていたことです。これは県外の爆破訓練の演習地周辺では実施されている防音工事が県内では実施されず、防衛局は、「認められない」と回答。防音の調査もされていませんでした。この件はさらに防衛省が、交信要綱を変更したという理由で、沖縄の保育園・幼稚園・小・中・高校一〇八校の空調費を削減するという報道があり、その理由は、財政事情と一方的な交付要綱の変更が理由。削減される四六％が沖縄の施設です。空前の防衛予算を組みながら、その被害をまともに受ける子どもたちの教育権まで奪う暴挙に怒りの声が日々広がっています。

二つ目は、アメリカ国防総省が発行した歴史記録書で「アメリカは危機の際には核を再持ち込みする権利を維持した」と明記されていることが明らかになったことです。これは密約を否定する日本政府への牽制〝持ち込み宣言〟とも取れるとしています。米軍の作戦計画では、沖縄が国是の番外地として位置づけられ、実際は今も核の持ち込みを念頭に置いた訓練を実施していることも明らかになりました。日本政府はいまも密約の存在を否定しています。

三つ目は、自民党の石破氏がアメリカに行って、在日米軍について「将来的に自衛隊の敷地内に米軍が『間借りする』形で駐留することを志向しなければならない」と述べ、在日米軍基地を日本が直接管理する必要性を強調したということ。そのための憲法改正、自衛隊の役割拡大と、安保条約と日米地位協定の改定を真剣に検討すべきだと笹川平和財団米国のシンポジュウムで語ったそうです。

また、米軍の性犯罪の報告があるだけでも一四年に六千件を超え、米軍内での性犯罪被害者は二万人近いと推計されるとの国防総省の年次報告書の発表を報じていました。

その被害者は、女性兵士だけでなく男性兵士も被害にあっているとか。

今日の高江の座り込みテントへの来訪者は三人だけ。夕方、雨が落ちてきて、梅雨入りも近いことが思われます。

五月五日が子どもの日でもあったことから、牡丹餅をつくって持参。沖縄ではあまり作る風習がないとのことで、喜ばれました。牧子さんは、本土の友人から送られてきたという山ウドやタラの芽をてんぷらにして大量に持参。極めて美味。おいしいものは場を和やかにします。

ヤンバルの街道は、そこここに白百合が薫り高く咲き誇っていました。

5月16日（月）

梅雨入りが報じられました。昨日は、復帰記念日。

沖縄の平和行進は、復帰記念日の県民集会に向けて、十三日から、毎年労組を中心に行われています。辺野古新基地建設反対の運動が徐々に全国区になる中、今年も多くの労働者が行進に参加しました。その流れで高江の来訪者も次から次にありました。

福岡から、東京から、大阪から雨の中をたくましい青年たちが車でやってきます。

今日の説明役は連れ合いが一手に引き受け、聞き手も真剣そのもの。「来てみなければわからないことが多いですね。職場でも声を広げていきますから」の言葉を残して帰って行きました。

一週間遅いといわれる梅南入りが報じられ、これから四五日の梅雨の季節となります。

予報は雨マークの連続ですが、毎日朝から晩までがびしょびしょではなく降ったと思ったら青空になったりが沖縄の梅雨。真っ赤なデイゴの花が青葉に変わり、ヤンバルの森に妖精のようにイジュの花が白く浮き上がる季節。その中を低空飛行のヘリがうなっていきます。

十日には十一機のヘリが帯状になって名護市、沖縄市など沖縄本島過半の市街地を低空飛行し、苦情が相次ぎました。

今日は座り込みの仲間から庭に実った大きなバナナが一房届けられました。次から次の来訪者に一本ずつおすそ分け。

その甘さがうけていました。

報告では高江住民の会のメンバー三人が、宮古島自衛隊基地建設に反対する人々との交流に出かけたとのこと。北朝鮮、中国を敵視する広大な自衛隊基地の建設が進められつつあります。

地下要塞や巨大なレーダーの建設、美しい浜も上陸作戦訓練場にされる計画です。万が一、国がいう中国が攻めてきたとして、自衛隊は軍用機で脱出しても五万人の島民はどうせよというのでしょう。沖縄戦のように、「日本兵が逃げる問、防波堤にでもなっておれ」というのでしょうか。

アジアの玄関口、アジアの架け橋の宮古島、石垣島、与那国島など八重山諸島への自衛隊基地の建設は、この島々に住む人たちだけの問題ではなく、沖縄だけの問題でもありません。日本の将来がかかった問題だと思えてなりません。アメリカの戦争の戦略の防波堤にされるのですから。これら八重山の島々に一度でも来られた方々も声を上げて欲しいものです。

夜は「オール沖縄」が押す、翁長知事を支える県議候補の女性後援会の決起集会。本部町まで大宜味村の女性十名と出かけました。何としても翁長知事の力を削ぎたい安倍政権との闘いは熾烈です。

復帰四四年、米軍基地に囲まれた沖縄の苦難をこれ以上持ち越すことはできません。

5月23日（月）

またもや元海兵隊員による女性死体遺棄発生。

沖縄中が怒りに震えています。

二十歳の女性が行方不明になっているとのニュースで県民に不安が広がっていた矢先、復帰記念日・「屈辱の日」の十五日に元海兵隊員の軍属の男性に、殺害され遺棄されていたことが十九日に明らかになりました。

即座に県内は怒りの行動が次々に展開され、基地があるゆえの暴虐な犯罪に「全面基地撤去」の声も広がっています。

米軍基地ゲート前での抗議の集会は、嘉手納、普天間、辺野古などで繰り広げられ、女性団体が結集して一斉に抗議の声をあげ各自治体から糾弾の決議や地位協定の見直し、基地撤去などの意見書が挙げられています。

高江では、北部訓練場のメインゲート前での、抗議の座り込みが自発的に展開されました。

高江に住む安次嶺さんが土曜日からゲート前で抗議の座り込みをはじめ、今日は賛同する人々五名がゲート前に座り込んだため、すべての軍用車輌の出入りができず、県道に軍用トラックをはじめ、兵士の車両など十数台が釘付けになりました。地元のパトカーも出動しましたが排除とはならず、午後二時半過ぎ、県警機動隊の来訪が告げられて自主解散となりました。三時過ぎからは米海兵隊員が武装して、顔をペインティングして県道にたむろし森の中での訓練に出かけるところが目撃されました。

辺野古のゲート前での抗議行動は、何度も機動隊に排除されながらの抗議行動だったと報告が入りました。訪米から帰国の途端に事件を知らされた翁長知事は、「日米政府の綱紀粛正、再発防立に全力を挙げるというのは聞き飽きた」「基地があるゆえの犯罪、日米政府の責任」と激しく抗議の談話を発し、二四日には安倍総理との面談で、オバマ大統領に直接会わせるようにと迫りました。

六月一九日（日）に県民大会開催決定

オール沖縄県民会議は、県民の怒りを結集して、十万人規模の県民大会を開催すると発表しました。このため、準備が進められてきた「高江座り込み9周年」の集会は中止となりました。全国からの集会への参加の取り組みもあると伝えられてきましたが、住民の会はすべての力を県民大会に集中しようと呼びかけています。

県民大会はセルラースタジアムと決定されました。（後、変更）

高江の9周年集会に講演をすることになっていたアーサー・ビナードさんは二十日に普天間高校の生徒を連れて高江に来るとのこと。高江で平良啓子さんの話を聞くことになっています。六月二十日・月曜日の当番は、県民大会の翌日とあって参加者が多く来られることが予測されます。今から疲れが…。

5月30日（月）

この季節、ヤンバルの森は霧の季節でもあります。高江に車を走らせる山道の十メートル、二十メートル先は、乳白色の霧が森を覆い、森をしっとりとさせています。

県と防衛局のN1テントでの私たちの抗議行動を巡ってのやり取りが続いています。

辺野古では、工事行動が沙汰止みとなっているため、高江でのオスプレイパッドの工事を少しでも進めたい防衛局の思惑を感じます。

今日の来訪者は、長野の信濃新報の記者のご一行や、東京からの原発労組の方などの三組。鶯が高く低く啼きかわす声が森に響きます。

そして米軍は南北戦争時の犠牲者の慰霊の日とかで休日の由、戦争の訓練はありません。

大宜味村議会では、女性死体遺棄の抗議決議を協議・採択する臨時議会が開催されました。

県内の自治体では、四一自治体の内、すでに二七自治体が、事件発覚から十日間で、抗議の決議や地位協定改定、海兵隊の撤去、米軍基地撤去などの強い要求を含む決議や意見書が採択され、防衛局や政府への抗議行動が行われています。

二七日に告示された沖縄県議選はすでに三日目、米軍辺野古新基地建設を握って離さず、アジアとの玄関口に自衛隊の要塞建設を急ぐ安倍政権と真っ向から対決する翁長県政を支える県議団を一人でも多くと、八九歳の長老を先頭に大宜味村の女性たち二十人ほどが朝七時過ぎから、国道五六号線沿いの二か所に分かれての手ふり運動。

ヤンバルの街道は、歩いての出勤や通学、仕事に急ぐ人は皆無。西に東に行き交う車は千台を超え、その車に向かって候補者ののぼり旗を手に、手を振り、頭を下げての一時間。

梅雨とはいえ、雨が降らないのが幸い。何台に一台かはクラクションを鳴らしたり、手を振って共感を示してくれたりして、そのたびに仲間たちのテンションが上がります。

オール沖縄を少しでも崩そうとする動きが激しく参院選にも連動するとあって、予断は許されないというのが現状のようで、後一日で投票日を迎えます。

6月6日（月）

沖縄県議選、翁長知事を支える安定過半数を獲得して勝利

昨夜開票された県議選は、翁長知事を支えて新基地建設を許さないとする候補が議席の過半数・二七議席を確保して勝利しました。対する野党は二一議席。

その結果を受けて、今日のテント内はその話題でもち切り。

深夜その結果をテレビで見ていてムカデにお尻を噛まれて飛び上ったという田丸さんはミーティングは欠席。一月に行われた普天間基地を抱える宜野湾市長選挙で、辺野古新基地反対を掲げた候補が負けたこともあり、県議選の結果がこれからの高江のオスプレイパッド建設を許さない闘いにも大きな影響を受けるという重圧があった県議選の勝利でした。

早速、菅官房長官は、県議選の結果に関係なく、辺野古新基地建設は進めると強気です。

一昨日、またもや嘉手納基地所属の女性海軍兵の泥酔逆走による交通事故で二人の県民にケガを負わせて逮捕されるという事件が発覚。海兵隊員による女性の死体遺棄事件で、県内が怒りに震えており、沖縄の在日米軍は「喪に服す」として、「県内すべての軍人、軍属に対して五月二七日から基地外での飲酒、午前〇時以降の外出、祝宴などを三十日間禁止する」としている最中の出来事でした。

この報道は、日米両政府、米軍の「詫び」も再発防止策も全くの絵空事として、火にガソリンをかけたほどの怒りと不信感を広げています。「これが喪に服す」

ということの実態だと。

一方、六日午後〇時過ぎ、沖縄中部にある米軍基地キャンプ・ハンセンで今年九件目の山火事が、海兵隊の演習で引き起こされました。火つけ、強姦、殺人の数々は、殴り込み部隊の海兵隊の十八番。海兵隊の撤退は、沖縄県民の総意になっています。

二時過ぎ、障碍者施設に働く青年たちがやってきました。男女合わせて十人。

熱心に説明を聞きながらうなずく姿はまじめそのもの。沖縄でシンポジュウムがあっての帰りだと。続いて共産党の議員の秘書たちという十二人が予定を少し遅れて到着。県議選の応援に来ていたとのこと。殆どが新人議員の秘書だとか。二名を除いて沖縄は初めてだとのこと。

「標的の村」を見たのは約半数。「僕、愛知県なんですが、愛知県でも女性死体遺棄の抗議行動をします。頑張ります」といい、「参議選の勝利が基地撤去につながるんですから、がんばって」とつい励ましてしまいました。まるで孫のような青年もいて「今度来るときはペアでね。うんと仲間を連れてきてくださいよ」というと「ペアができるかどうか、でもまた来ます」「これから嘉手納などを見に行きます」と急いで帰っていきました。「三時頃からは雨」という予報は少しずれて四時過ぎから雨に。今日はこの二組だけが来訪。路肩に野ボタンがそっと紫色の花を開いていました。キレイ！

6月13日（月）梅雨明けの近い沖縄　高江は時々豪雨

今日の朝のミーティングは十四名が参集。いつもは四、五名だとか。

朝九時半ごろ香港から二名が来られるとの連絡があり、レンタカーで来た初めてという女性二人はすこぶる熱心。通訳を交え質問を交えてではあるもの、ゆうに三時間を超える説明となりました。

続いてこられた関西の労組の五名は二時間ほど。合わせて五時間を超える説明を今日は連れ合いの一郎が担いました。

その間には、常連の長野の北村さんや西宮市の杉谷さんなどが来られてのユンタク（おしゃべり）。

テントの外は時々豪雨、強い風が吹き付けたかと思ったら青空が出たりして蝉も啼いたり止んだり忙しいことです。

北村さんは、那覇で仕入れてきたという三線に張るニシキヘビの二メートルもありそうなめし皮を持参、初めて見るその美しい文様と鼻の先から尾までの見事さにしばし感歎。東南アジア産だそう。

夜は七時から大宜味・うまんちゅ女性の会（ウマンチュ＝万人）の、参院選の取り組みについての相談会。二三名が集まって賑やかなこと。沖縄の闘いのこれからがかかっている選挙にみな真剣です。平均年齢は概ね七十数歳、五、六、七、八十代が最後は「腰に左手を右手を拳で」

〝がんばろう〟三唱！　エンジンがかかりました。

6月19日（日）

「元海兵隊員による残虐な蛮行を糾弾！

被害者を追悼し海兵隊の撤退を求める県民集会」に六万五千人

梅雨が明けました。天気予報は連日晴れマーク。真っ青な空に白い雲が光っています。

五万人が参加目標の県民大会、わが村からは大型バス二台が準備されました。二時間半かけて会場に向かいます。日曜日とあって色々行事もありましたがバスはほぼ満席。我が部落からも七名の参加となりました。

国道を南下するにしたがって会場に向かう大小のバスと次々に出会います。

開会は二時から。駐車場となった埠頭は、全港湾労組の若者に誘導されて埋まっていきます。

暑い！　参加者の殆どが黒い服装に身を包んでいます。会場までは延々二十分の歩行。会場の廻りの木陰は人で埋まっています。

主会場の競技場に屋根はありません。それでも埋め尽くされた競技場は、たまらず新聞を頭にのせる人、帽子の上からタオルを被る人、透き通るような青空、憎らしいほどの炎暑です。でも参加者は静かに開会を待っています。

集会は古謝美佐子さんの歌う「童神」が会場を一つにして始まりました。

続いては全員起立しての一分間の黙祷。見渡す限りの人で埋まった会場は五、六機の報道ヘリが空を舞うほかには物音ひとつありません。炎天下の異様なほどの一分間の静寂は、被害者への鎮魂と加害者を生み出したものへの怒りが一つになった瞬間のようでした。

次の被害者を出さないためにも「全基地撤去」「辺野古新基地建設に反対」を。との被害者の父親からのメッセージが代読されます。今日は父の日。

稲嶺名護市長ら集会の四人の共同代表の挨拶は、それぞれ怒りと気迫に満ち、基地があるが故の事件・事件を根絶するために一層の結束を訴えるもの。怒りに声も乱れます。

続いての若者四人からそれぞれに自分の言葉で、時には涙で詰まりながらも追悼と怒り、これからの決意などが訴えられ、共感と激励の大きな拍手が会場に響きました。

翁長知事がマイクの前に立つと一段と大きな拍手。その迫力ある言葉が一つ一つ、会場を沸かせます。「政府は県民の怒りが限界に達しつつあること、これ以上の基地負担に県民の犠牲は許されない」と語り、最後に「負けてはいけない」「県民の子や孫を守っていこう」「がんばっていきましょう」とうちなーロ（方言）で吠えるように叫んだとき、会場全体からどよめきのような歓声と拍手、指笛がおこりました。

この後は、日米両政府の遺族と県民への謝罪、海兵隊撤退と基地の大幅な整理・縮小、普天間飛行場の閉鎖・撤去、日米地位協定の抜本的改定をきめた大会決議を採択。参加者が六万五千人に達したと報告されました。

会場がどよめく中、全員で「怒りは限界を超えた」「海兵隊は撤退せよ」のプラカードを一斉に掲げての集会のメッセージを発信。

集会の最後は、歌手の海勢頭豊さんらの演奏で、参加者たちとの「月桃」の大合唱でした。

この集会には、自民党と公明党は不参加との報道がありました。参院選もまじかに迫り、県民分断のくさびがまたもや撃ち込まれた感じです。

なぜ追悼集会ぐらい一致して開けないのか。屈辱を受けても海兵隊にいてもらいたいのか。会場内でも怒りの声があちこちにありました。

梅雨明けの直射日光に、黒い服、一時間半の集会が終わりました。

バスにたどり着くまで約一時間。帰りも二時間半かけてのバスの旅です。自宅には六時半着。

八時間を費やしての県民大会参加の一日でした。今日は辺野古、高江の闘いの指導者だった太西照雄さんの御命日で、私の母の命日で、父の月命日でもあります。

6月27日（月）

高江の上空をオスプレイが夜中まで訓練。子どもが学校欠席

北部訓練場では、二三日の慰霊の日にもお構いなくオスプレイの訓練が展開されました。その後連日、オスプレイや戦闘ヘリが高江の空を低空飛行で展開、夜の十一時過ぎまでの訓練が子どもたちを不眠にし、とうとう、学校を欠席するという事態に、高江区長と安次嶺雪音さんが村長と教育長に抗議の談判となりました。

建設するというオスプレイパッドがもし完成したら、ここでの暮らしは成り立ちません。

米軍は日本の何を守るというのか、さらに自衛隊も参加しての訓練も当たり前のように言われ始めました。

自公政権の戦争する国づくりは、沖縄ではもう始まっている感じ。

日本政府は、この米軍基地に隣接するヤンバルの国立公園化を決定しました。国立公園の上空を戦闘機やオスプレイが爆音を立てて飛び交う、これが日本の国立公園？　信じられない。

さらに世界自然遺産に登録するのだと。しかし、国際自然保護連合（ＩＵＣＮ）は認めないでしょう。

今日の来訪者は十六名ほど。名古屋から来た日本語の達者なアメリカ人教師は、日本文学専門。アメリカの平和運動、政治活動の現状など、大統領選挙やイギリスのＥＵ離脱を巡る国民投票の話と合わせて、縦横に持論を展開します。そして日本の平和の課題についても柔らかい言葉で、鋭く指摘。そして、「アメリカでは平和運動はあまりないのですかね」というＦ子さんの質問に「アメリカでは、多くの運動があります。日本の平和運動はまだ穏やかでいいですよ、アメリカでは、政府に反対する運動は警官が、襲い掛かってきて大変ですよ。命がけの時もあります。右翼の集会は警官が守ります」「アメリカは銃の世界ですから、怖いと思うのですが…」「そうです。アメリカと日本ばかりでなくて、世界の多くの国で私たちと同じような思いで運動している人が多くいると思うのですが」「そうですよ。沢山います。それを知らせあうことが大事ですね」「どこの国もマスコミが政府よりだから…」「ほんとに」話は尽きませんが、別の行動の時間になりま

した。「また来てくださいね」「ハイまた来ます」これから秋乃さんの案内で森の中を歩きに行くのだそう。

7月1日（月）

高江座り込み9年の報告集会に二百人

午後一時からの集会に車が連なって高江をめざして走っていきます。高江の集落を取り囲むように新しいヘリパッドの建設計画が進められ、それに反対して座り込み行動が始まって九年が過ぎました。その間に六つのヘリパッド建設計画の内、二つしかつくらせず座り込みは十年目に入ります。

座り込み九年の報告集会には、本土からの支援者も多く県内外から二百名が結集。参院選が終わったら、しゃにむに工事を強行してくる気配もあり、集会の雰囲気は気迫に満ちていました。とりわけこの間に、東村、国頭村で結成された「島ぐるみ会議」の取り組みの決意に励まされます。

集会は、防衛局や県警、海兵隊の憲兵などの多くがビデオを構え、中には拳銃や警棒を構えて基地門前に集まっている前でのもの。こちらから見れば檻の中の兵隊にみえます。でも屈強な男性が物々しく睨みつけてくる威圧感は異様です。

炎天下のなかでの集会は、気迫がこもった一時間でした。

7月20日（月）

安保破棄実行委がメインゲートで集会

高江には昨日の県民大会参加の支援者が朝から来ていました。

高江座り込み九年の報告集会が予定されていた一九日・昨日がキャンセルとなったため、記念講演・講師のアーサー・ピナードさんも「僕、幻の講師になりましたので」と座り込みに参加。

あちこちにユンタクの輪が出来ました。

十時近く、安保破棄実行委員会のメンバー六十人がメインゲートに到着。メインゲート前で集会を開催。アーサー・ピナードさんも飛び入りでスピーチ。

約一時間の集会は、米軍車両の進入を止めた海兵隊への抗議の集会になりました。アーサーさんは、「英語で米兵に訴える」と言っていましたが、それはさて？　米兵はゲート入り口にはいません。

十一時過ぎ、防衛局、工事業者、警察、警備員の車両四台がN1テント前にやってきました。

「何しに来たんですか」「ここの車を除けてもらいに来ました」「私たちのではありませんので、除けられません」とのやり取りから十分ほど、業者の青年はやたらと写真を撮り、押問答を繰り返して「また来ます」と言って帰っていきました。

今治から県民大会を含め三日間、保持さんが来られていました。何の接待もしてあげられずに終わりましたが。

7月11日（月）選挙が済んだ途端の早朝の機材搬入

参院選の投開票の報道がされているさなか、高江からの知らせが入りました。「明日早朝、機動隊や業者が入るとの情報があった。よろしく」私たちは月曜のこととて、朝十食の弁当を作りヤンバル路を急ぎます。

八時前、メインゲート前には県警や業者などが立ち並び、抗議する支援者たちも結集して対峙しています。

パトカーも静かな森の県道を行ったり来たり。軍事基地強化のために、警察は県民に向けて黒い服でマスクをつけ、サングラスで顔を覆って拳銃を下げ、ビデオカメラを向けて、脅しをかけ米軍の警護。何という植民地的光景。

業者の工事資材を次から次にゲート内に運び入れ、加えて演習にやってきた海兵隊を詰め込んだトラックが列をなし、戦争前夜の感じさえ思わせます。

この間にもゲート前での抗議行動は炎天下の中、終日行われました。一方、N1テント前には、支援者の車両が隙間なく並べられ、万が一の強制撤去に備えられました。法的には国には強制撤去する権限はなく、県の管轄内。この急襲的防衛局の仕打ちに、翁長知事は抗議の談話を発表。

参院選直後のこの急襲的仕打ちは三年前の選挙翌日にも行われ、県民がいくら意思表示をしても国策を強行するという国家権力の意思表示でしょう。

参議員の糸数けい子さんが駆けつけてきました。続いて衆議員の赤嶺政賢さんも。今回の選挙で沖縄からの選出議員は、自公政権に加担する議員はゼロとなりました。

高江では二四時間の監視体制が組まれ、いよいよ来るべき時が来たという状況ですが、工事に伴う環境破壊やオスプレイの飛行訓練による環境調査は行われておらず、現在、県の環境調査が行われているなど、箇単には着工できない課題もあります。

しかし、参院選の結果を背景に、安倍政権の強引な手法が、一方ではヤンバルの森の国立公園化を餌に住民を懐柔しながら米軍基地強化のために使われる気配に気が気ではありません。

日本の南の果て、アジアの要ともいえる島の自然を破壊しながら莫大な資金を投入して他国の軍事演習基地を強化する愚かしさに泣きたくなるほどの怒りを覚えます。この早朝六時からの資材搬入の作業は、翌日も行われ、全国から四百人の機動隊員を動員し今月下旬にも『負担軽減』という名目のオスプレイパッドの工事着工が行われるとの報道もされています。辺野古の陸上工事も再開とか。

暑い夏がさらに熱くなる高江、辺野古の闘いの夏です。

大宜味村では、今回の選挙で基地容認と引き換えに大臣となった女性の風上にも置けない島尻候補にオール沖縄の伊波洋一さんが、二、四倍の大差の支持を得ました。

7月12日（火）

参院選明け、鳥の営巣期開けは高江の闘いの第二ラウンド

政府の強権力との攻防の日々の再開

参院選で基地撤去を掲げるイハ洋一さんを大差で勝利させた喜びも数時間、安倍政権は待ち構えて、高江に襲い掛かってきました。

まずは十一日早朝六時、県警の機動隊約百人を投入して、北部訓練場メインゲート脇のこれまで抗議行動を行っていた空き地を鉄柵で囲い、抗議する住民をゴボーヌキに。

続いて簡易トイレや移設工事の資材をメインゲートに次々に搬入。

抗議の住人はいきなりの防衛局の行動に虚をつかれ多勢に無勢。鉄柵の違法な設置に抗議してもサイボーグのような県警には通じません。

これからどのような強権が使われるのか。

N1テント脇では、工事道の造成が予測される入り口の封鎖に置かれている車両二台とその前に並べられた私たちの車両の幅一メートル足らずの間に白いヘルメットをかぶった防衛局員が一五人、手を後ろに組み一列に並んで立っています。

ヘルメットの中の温度はいくらになるのか。これが

我が息子ならと胸が痛くなります。昨日からの二四時間体制で交代時間はひどい時で三時間。カンカン照りの太陽の真下で、その出入りは三十センチほどの空間しかありません。その警護を県警がしています。

あまりの暑さに水をさしだしても表情一つ変えず、受け取りません。

翁長知事は、この暴挙に「これだけ安全保障に貢献し、あと週十年も背負い続けないといけない県民に対し、民意がしめされた数時間後から、用意周到にすぐ手続きを始めることそのものが、県知事として容認しがたい」と政府を激しく批判しました。

テント内では、泡立つ怒りとイハ洋一さんの選挙結果への思いが入交ります。伊波さんは沖縄県内四十一市町村の内、二六市町村で、相手候補を上回り、本島内では、一町二村、島嶼部の石垣市、宮古島市を含む一五市町村で相手候補が上回る結果となりました。私が住む大宜味村では、伊波氏約七十%島尻氏約二九%、金城氏（幸福実現党）一%と圧倒的勝利でした。テレビなどのメディアは、東京都知事候補選びでワッサワッサ。

参院選で信任を得たとする安倍政権の行方が気になります。

7月16日（月）午後三時、高江から悲痛な声が…

連れ合いは医療生協の行事で留守、私がパソコンに向かっていると高江の仲間から「今にもテントが壊されそう。すぐ来てほしい」とのSOSが入り、急いで連絡を取り午後五時、高江に急行。

高江では午後二時、県警機動隊がバス二台でN1ゲート前に乗り付け、防衛局員一八名がゲート前に止めている車両の撤去を求める要請文をテントや車に貼り、要請文の受け取りを拒否する住民約四十人と防衛局職員、県警機動隊六十人ともみあいになり、抗議する住民を機動隊員が取り押さえるという場面もあり騒然となりました。とりあえず帰宅。

7月17日（日）

水・木・金・土の四日間、気になりながらも他用で高江には行けませんでした。この間の一日目には嘉手納で、照明弾の誤射があり民間地への被害はなかったものの、住民の恐怖を引き起こしています。

一五日には東京都知事選が告示となり、先だって高江に来られた宇都宮さんは勇気ある撤退、鳥越さんが野党統一候補での出馬。

日本会議のメンバーの小池百合子氏、自公推薦の増田氏との闘いとなりました。鳥越さんは「辺野古募金」の共同代表で、新基地建設ノーを訴えています。

国は県を二二日にも提訴すると発表。合わせて辺野古の陸上部分の建設工事を再開するという露骨な強行策が報じられました。

また、国は警視庁はじめ全国から五百名の機動隊を投入して抗議行動に備え、工事を強行すると報じられました。

N1のテントでは相変わらず防衛局員一五名が立ち並び、交替しながら二四時間立っているとのこと。

N4ゲート前やメインゲート前にも物々しく鉄柵を並べる前に立ち並ぶ県警に威圧感を感じます。

N1テント付近の県道は、支援者と機動隊、防衛局員の車両での占有のしあいこ。チリチリとした神経戦が展開されます。

街道はひっきりなしに県外の機動隊の車両が行き来します。

辺野古では病でなくなった方が「新基地建設反対運動に協力したい」と遺書で五十万円の寄付をしたと報じられ「一度も座り込みに参加できす残念」とも。

辺野古の工事再開、提訴、高江での工事強行と県民の運動を分断し、米軍基地の新設を遮二無二進める安倍政権にこれ以上の怒りはないと思えるほどの言葉にもならないもの、これを何といったらいいのでしょう。

機動隊のナンバーは、警視庁、品川、神奈川、和泉、なんば、千葉、福岡、北九州、名古屋など総勢五百名。バスに金網を張り俗にかまぼこと言われる車両で行き来します。

この機動隊の全国からの投入は住民運動を取り締まる訓練のひとつともいわれ、原発や各地の住民運動への予行演習だそう。

7月18日（月）

一キロの米をお握りにして、はやる気持ちで七時に出発。相変わらずN4ゲートやメインゲート前では機動隊や防衛局員が何を何から警護するのか数十人が道路にむかって立ち並んでいます。二四時間体制だとか。通行車両が襲い掛かるとでも言いたげな警護です。

防衛局は、テント横の車両に一九日までに撤去しなければ、所有権を放棄したものとして強行撤去する旨の張り紙をしています。そこには連絡先さえ提示していません。

今日も一日、防衛局員が無表情に立ち並び県警がそれを護衛する脇でのにらみ合いのような一日が過ぎていきます。暑い、暑い、暑い。

7月19日（火）・20日（水）

早朝五時から連れ合いの一郎、大宜味の仲間と高江に。他県からの機動隊員も加わった県道での検問がはじまったことに怒りは頂点に!!

7月21日（木）

N1テント前での緊急抗議集会に千六百人が結集

「オスプレイパッド建設阻止緊急抗議集会」がよびかけられ、午後二時の炎天下に県内外から結集した支援者は千六百名。南部の各地からもバスでの参加が続々。

N4地域、メインゲート前などの県道には、物々しく機動隊員、防衛局員などが隙間なく立ち並び異様な光景が展開されています。

立ち並ぶ機動隊と防衛局員を背にして始まった集会は、地元、東村、国頭村、大宜味村の島ぐるみ会議代表の挨拶に始まり、多くの団体からの怒りと闘いの表明が相次ぎ、参院選敗北の直後に始まった安倍政権の卑劣な住民への権力行使への糾弾です。

夜の奇襲工事も案じられ、夜通しの待機も呼びかけられましたが、私たちは所用があり帰宅。

7月22日（金）

機動隊が市民を暴力で排除、テントを強制撤去救急車三台が呼ばれる惨事に

私たちが十時に駆けつけると七十号線の新川ダム入り口で機動隊に道路は封鎖され、徒歩でも通ることはできません。朝六時からの封鎖で、支援者や住民が次々にUターンさせられていきます。

「何のための封鎖か、誰が決めたのか」「名護警察署長の決定ですから通ることはできません」「署長にそ

んな権限があるのか」「とに角、通れません」

怒りが先に立ち、「警察官か手帳を提示せよ」とか「署長の命令書をみせろ」とかの言葉が出ません。

仕方なく新川ダムの広場で待機することに。

次々と伝えられるN1テント前の暴力的な機動隊の行動に、昨夜から待機組となっている大宜味村の仲間たちの安否が気にかかります。広場には支援者が次々に集まってきます。

現場には救急車が呼び込まれていきます。「機動隊員に首を絞められて気絶した」「それをまじかにみた女性が意識を失った」「男性があばらを骨折させられた」などの情報が伝えられてきます。

午後二時頃、「これ以上の犠牲者を出すことはできない」との判断から抗議行動を中止することになったとの報が入りましたが、中にいる百二十人がそれぞれもどったのは二時間後になりました。

この間に、テントや車両は強制撤去されました。防衛局に撤去する権限はありません。

まるで、白昼の公務員による強盗。

沖縄県議団は直ちに抗議決議を行ったというニュースが入ってきました。

警察による道路封鎖は住民ばかりでなく報道陣や県道管理者の土木事務所職員、基地従業員にも行われ、道路交通法も無視したという県警の法律違反も甚だしいものでした。

ようやく道路封鎖が解除されダムの広場に集まった人々のこれ以上の疲労はないというほどの声も絶え絶えの報告を受けて、ひとまず解散。

支援者を森に閉じ込める警察・機動隊員

7月25日（月）

私たちが二年間台風の日以外毎週のように月曜日の朝から夕方まで座り続けたN1テントは跡形もなく姿を消し、防衛局員ら作業員の簡易トイレとプレハブの作業事務所が鎮座し、鉄柵の可動式ゲートがつくられ、その脇には高々と四つの監視カメラが据え付けられています。その門に続く作業道をつくるのが目下の彼らの仕事。

パトカー二台が前後につき、機動隊の車両数台に警護されてきた砂利を積んだダンプカーが二台、ゲートを入っていきます。

この工事を請けたのは、隣村・国頭村に事業所を持つ北勝建設。砂利を供給しているのは、これも国頭村に山を持つ国場組。

ヤンバルの山を削りヤンバルの山を壊すことに怒りは倍増します。ゲート前には、北九州の機動隊約五十人が人間の垣根をつくり、私たちはガードレール前のわずか三十センチほどの間しか歩くことが出来ません。ゲート内には防犯パトロールを名目に駆り集められた防衛局員が何をすることもなく直立で立並び、ゲート前には雇われのアルソックが三十人ほどでガードしています。

行き交う車両を一台一台誘導し、機動隊員こそ余程、交通の妨害者、さらには、道路わきには各県からの機動隊のバスが列をなして駐車しています。

ダンプカーが出入りするたびに抗議のシュプレヒコールが山に響きます。「北勝はヤンバルの森を壊すな」「県民の水がめを壊すな」「県警は地元にかえれ」「金で沖縄を売り渡すな」「高江の森を守れ」「高江の命を守れ」などなど、そしてダンプカーが一五台も入るとゲートは閉じられ、機動隊の大部分が引き上げていきます。この機動隊の一日の滞在経費は一千万円だといわれており、ホテルは一流。アルソックの費用なども含めるとゆうに超える筈。

その一方で防衛局は、沖縄の小中高校の多くの学校の冷房費の補助金を財政難を名目に大幅に削りました。飛行訓練の轟音で窓も開けられない学校へのこの仕打ちには、さらに県民の怒りが燃え上がっています。

山本太郎参議院議員が駆けつけてきました。国のこの無法な行動に怒りを炸裂させ、「国会でもこの無法を追求するために績張ります」と。

抗議行動はひとます解散。

私たちは五時までが当番です。

もう森からの鳥の声も耳に入りません。

7月26日（火）

朝六時五十分、我家の前の国道をパトカー二台、防衛局の車両、機動隊に護衛された砂利を積んだダンプが十台、後ろにも機動隊の車両などを従えて轟音を立てて高江に向かっていきました。

北海道から写真家の山田さんが支援に来られて我が家に逗留。三人で高江に向かいます。

高江では昨日と同じ光景が繰り返されています。午後土砂降りの雨。道路わきを切り開いた森の樹々にブルーシートを渡した屋根の下で雨をしのぎます。

社民党の福島瑞穂さんが来られました。機動隊のロボット的対応は変わりません。

高江の雨はゲリラ的、しばらく降ると青空に変わります。

7月30日（土）

八時、駆けつけた高江には支援者は五十名ほど。連日詰めている仲間には疲労感が一杯。

昨日、松山の仲間からお米が三十キロ届けられました。何と有り難いこと。ここ二十日ほどで、お米が急速にごっそり減っていたところへの慈雨。東温市の友人からは過日、沢山の梅干しの贈り物。うれしいことです。


住民の会には、全国から水やカップラーメンなどの支援物資が続々届いています。すぐには行けないけどせめての気持ちを！　オスプレイパッド建設を許さない闘いは、日本の尊厳を守る闘いでもあります。

決してつくらせない。

北朝鮮だ、中国だと脅威を煽りたて軍事産業をいやが上にも肥えふとらせることに怨嗟の声が聞こえます。

昼前、赤嶺政賢さんが来られて、現状に怒りを込めての調査。防衛局の対応に怒り心頭でした。

夕刻には田村・間島さんら九州出身の衆議員二名、抗議行動に参加。

8月1日（月）

えっ！　小池百合子が都知事?!　後は聞きたくもありません。高江に来ておられる多くの方が話題にもしたくない様子。

早朝から安保破棄中央実行委のメンバー三十人余。日本ＡＡＬＡの代表委員・澤田有さんも大阪から来られました。明日までとか。

「聞きしに勝る権力の横暴、戒厳令を見るような」「大阪の府警は乱れとるからな」。目の前に立ち並ぶのは大阪からの機動隊です。県内の新聞には、日米政府のウソと誤魔化しが、新基地を強引に建設する数々の証拠で暴露され続けています。負担軽減もウソ、日本を守るためもウソ、平和の為もウソ。

五日、六日、七日、八日あたりが、新たな大きな闘いの山場になる気配。

八月五日、午後六時からの結集、六日朝六時からの結集がよびかけられました。

大宜味村島ぐるみ会議では、今の高江の現状を全村民に知らせようとビラの全戸配布が行われました。

また、毎朝六時半轟音を立てて国道を走る機動隊に誘導・警護されたダンプカーの隊列に、抗議行動をとる国道の二か所で、プラカードを掲げての抗議行動が始まりました。それぞれ、十四名がきつい朝の太陽の光を受けながらの怒りの表明です。参加者は日々増えます。「ヤンバルの森を守れ」「高江の森を壊すな」「機動隊は帰れ」「北勝は故郷を守れ」などなど、その多くは沖縄戦を体験し、再びの戦さは許せない。沖縄を戦の訓練場にすることは我慢ならん。まして県民の水がめでの演習など合点ならんと心の底からの怒りをたぎらせる七十代、八十代のおばあ・おじいたちです。勿論そのうちの二人は私たちですが……。

高江の今を見てくださーい。

9月5日（月）

ますますえげつない権力の行使
警察も米軍の子分か

私たちが家を六時半に出発して高江に急ぐと高江のオスプレイパッド建設現場に通じる高江の道々には、すでに県民・支援者が車を並べ抗議行動の態勢に入っています。それに参加する若さが欲しいと思わされます。

私たちが通りかかると手を振って迎えられ一斉に道をあけてくれました。

N1テント（新）には大阪からの女性の三人組が賑やかに座っていました。

愛知からの女性もいます。

「何かすることありませんか」「座り込みだから座っていることが闘いですので」「何もありませんね」「これからですよ」

雨が降ったり止んだり、足元はドロドロ。当番の仕事で、仮設トイレの洗浄水の補給や飲み水の氷などの補給に水タンクを数個持って、連れ合いが南下。

一向に帰ってきません。道路の通行もピタリと止まって眼前の機動隊員ものんびりしています。その間、三時間。と、にわかに機動隊員や立ち並んでいるアルソックのメンバーの動きが慌ただしくなりました。警視庁のマークをつけた機動隊員が私たちの目前の道路の白線に一列に並びます。工事道路のゲートが開けられました。そこにパトカー三台に先導され、機動隊車両に護衛されたダンプカー四台が入ってきました。ゲートをくぐったとたんゲートが閉まります。警戒されている「抗議のメンバー」は、私たちシニアの女性九名だけ。笑っちゃいます。警護は総勢約百名。それでも私たちは手に手にプラカードを掲げて、「工事をやめて！」「自然破壊はやめて！」などなどダンプに機動隊員に声を張り上げます。ほどなく『砂利』を下ろしたダンプがターンしてきてのお帰り。それを警護してまた機動隊車両とパトカーが随行。

土曜日は集中抗議行動に三百人が結集したおかげで、『砂利』は一粒も搬入できませんでした。そのため、運ばれてきた『砂利』は米軍基地内に積み上げられており、その『砂利』がピストンで運ばれて、今日のダンプは二十台が行き来しました。そのたびにゲートを開けたり閉めたり、たった九人の女性が睨みつけているだけの中での数十人の屈強の男性たちの作業が続きました。

一通り終わったところで、機動隊の大半が引き上げ、多くの車両が流れてきました。

水汲みに行った連れ合いも「氷が解けてしまって」と三時間に及ぶ県警の交通遮断に怒り心頭。この県警の交通遮断は地元の人々やマスコミ関係者にも有無を言わさぬ横暴なもので、「職場に二時間遅れた」とか、「仕事ができない」との批判が強く上がっています。

結集した支援の方々の多くはN1裏テントに結集しています。

大阪の女性五人組は高江が初めてとのことで、「沖縄&高江」について一時間ほどお話をしました。連れ合いは請われて、別のグループの方たちへのレクチャー。

そこに北の国頭村からの道路で抗議行動をしている仲間から緊急要請。

「あと五分か十分で、機動隊の車が作業員を運んでいくので降りるところを写真に取っておいて」

慌ててビデオカメラを握って走ります。しかし、作業員たちは水タンクや弁当を担いだりして歩いてきます。その数二十名ほど。私たちの批判の目をかわしてかなり向こうで車を降りての行動。県警が作業員を運ぶなど前代未聞の事ではありませんか。防衛局員が全く米軍の僕に成り下がっていることは、日常茶飯事の事として苦々しく思っていますが、県警までも米軍基地の建設に作業員として参加していることに開いた口もふさがりません。

ようやくお弁当となりました。

別れを惜しんで大阪の女性たちが帰途。

今夜は三名の男性がここの泊まり込みの由、残ったおにぎりを夕食にしてもらいました。

先週の報道では、政府は「沖縄の負担軽減のため、米軍のオスプレイパッドの訓練をグアムで行う、その移動費用は日本が負担する。おおむね十六機のオスプレイで十二日からで日米で合意した」といいます。どこまで「ポチ」。

グアムの住民もいい迷惑、「米軍はアメリカ本国に帰れ」です。

また、国連人権理事会に辺野古・高江の問題でNGOが、政府の暴力的市民弾圧に対して声明を送付。「今後日本政府は国際的な厳しい世論にさらされる」と報じています。

二日にハワイで開かれたグローバルサミットで沖縄の副知事らは、辺野古新基地建設について、「日本政府が国際自然保護連合の勧告に従い、現行移設計画を変更するよう」のべ、沖縄、韓国済州、ハワイの三知事が協力してグリーンアイランドパートナーシップ設立に署名したとも報じられました。

日本政府の蛮行はいよいよ「国際的に有名」になり始め、平和の闘いも連帯・ソリダリティです。

9月8日（木） 県民集会参加

国が県を告訴した違法確認訴訟の判決が一六日に言い渡されるのを前に「オール沖縄会議」による「県民の民意を尊重せよ！ 公正な判決を求める県民集会」が那覇市の県庁横県民広場で開催されました。

私たち「大宜味島ぐるみ会議」は、マイクロバスを仕立てて参加。急な企画だったので一六人の参加でした。六時半開会の集会に村を三時半に出発、県庁の退庁時となりましたが、殆どの職員が足早に帰りを急いでいきました。いつもと同じ風景ではあります。

裁判官を変え、まともな調べはしていないという高裁で、県民に寄り添う判決はないだろうとの予測に、「まともな判決を！」「地方自治、民主主義を守れ！」の声を上げた集会でした。雨が降ったり止んだり、予報は雷雨が強まるとのことで、デモ行進は中止に。三十分余の集会の後、家に帰りついたのは九時半でした。

9月12日（月）

九日の『琉球新報』は、四五年前の米軍が沖縄にサリンなどの毒ガスを持ち込み、各種の実験を行い、琉球政府の抗議で撤去したもののその費用は日本持ちであったことを報じ、その撤去作業が今行われている砂利運搬の警護とあまりにも似ているのに驚きです。

核弾頭を装填できるミサイルもありました。その理由は「北朝鮮への抑止力」。自らは何千何百発の核兵器を持ち、ミサイルは当たり前のアメリカが北朝鮮がミサイルを開発したと大騒ぎ、しかも北朝鮮の領土内のすれすれで大規模な軍事演習をして挑発するのは年中行事です。沖縄戦が行われた直後から、北朝鮮を敵国に仕立て上げる作戦が沖縄の地を中心につくられてきたのではないかと思わされます。

九日から民間ヘリによる資材の運搬が始められました。村道や農道などの通行ができない基地建設の資材が空中を舞います。

N1ゲートから運びこまれ途中に置かれた重機やパイプなどの資材が易々と移動する光景を見上げてあきれるばかりです。さらに来週には、自衛隊の大型ヘリで、大型の重機を運ぶのだとか。米軍の基地建設に自衛隊機を使うのは前代未聞。

前代未聞はほかにも累々です。警視庁はじめ、千葉、神奈川、愛知、大阪、福岡から五百人の機動隊が高江の基地建設に二四時間関わって、県民の弾圧に躍起となっていますが、何とその燃料、高速代は沖縄県警持ちとのこと。給料は派遣する県が負担、その他の手当てや経費は国負担だそう。県警ぐるみで米軍基地建設に手を貸すことを何といったらいいのでしょう。

多くの泊まり込みなどの支援者は、一キロほど前の路上での抗議行動を行っています。

今日運び込まれた土砂はダンプ九台、資材の搬入六台と大型重機二台、これはヘリで宙づりで運ばれるのでしょう。勿論これらの車両はパトカーに先導され、機動隊の車両での護衛付き、その物々しさにあきれるばかりです。そしてそのたびに私たちは道路脇の白線まで一列に並んだ機動隊員たちに押し込められてしまいます。

午後、ヘリが舞いはじめたかと思うと山の中腹から資材を運び始めました。七度ほど往復して終わり。

山々には紅葉はないものの所々の樹々が茶色に変わっています。南の海上で台風が発生しました。その行路は、沖縄本島を避ける模様。今年は台風の直接のお見舞いがありません。

八重山諸島は直撃を受けたところも。機動隊員につい叫んでしまいます「ここはいいから、早く地震や台風被害のところに行ってあげて！」と。

9月16日～20日　韓国・済州島に行ってきました

私の所属するえひめＡＡＬＡ（愛媛アジア・アフリカ・ラテンアメリカ連帯委員会）は、二〇〇六年のヴェトナム訪問をはじめ国際友好ツアーを開催して近隣諸国への訪問を行ってきました。韓国、沖縄、台湾、ネパール、中国（旧満州）、モンゴル、そして今年は、韓国・済州島。最も日本に近い外国の一つ済州島。

地理的環境から、沖縄の歴史に類似している韓国の島です。

住民の殆どが反対し、建設反対運動を強権的に官憲が排除して今年二月二七日に完成したという海軍基地には新たな攻撃が住民にかけられていました。

それは、「反対運動で基地の建設工事が遅れ、工事を請け負った企業に損失が生じ、それを政府が弁済した分を住民と反対運動をした平和団体に弁済しろ」というもの。今、その弁済の請求書が住民に配られているといいます。

この海軍基地は、韓国政府のものですが、米韓協定でいずれは米軍の艦船も使用するものだとは常識になっているようです。アジアに照準を合わすアメリカの意向である事は明白。

かつて、モンゴルの元宗に百年にもわたって従属を強いられた民族支配、一九一〇年からの日韓併合では、日本の植民地としての新たな民族支配、その侵略戦争の末期に、全島に七万五千人余の日本軍の駐留で海岸には人間魚雷の出陣穴を無数に掘らされ、全島にいまだに全容が明らかでない無数の防空壕掘りが島民の命と暮らしを破壊しました。防空壕掘りでは、二年間も地上に出されることがなかったため、失明した方の子孫が自費でその記念館を建てられており、むごたらしい日本軍国主義の新たな実態の一つに触れました。

島民が日本の治世下でどれほどの屈辱を受けて暮らしたか。改めて息をのむ思いがしました。

日本の敗戦後、日本兵が引き上げた後、希望に燃えて朝鮮半島の新たな国づくりに燃える済州島には新たな苦難が待ち受けていました。終戦を前にソ連とアメリカの朝鮮の分断支配野合の下、朝鮮半島の統一国家を願う国民には激しい弾圧の嵐が吹き荒れました。

とりわけ離島の済州島は、終戦後の米軍政によって、自主独立国家建設に燃える島民に、日本軍人として日本の侵略戦争に従軍した島民の経験を生かされ、弾圧の手段にされました。

日本軍の三光作戦「奪いつくし、殺しつくし、焼き尽くす」戦法が持ち込まれ、米軍政に組織された右翼の青年組織によって一九四八年四月三日に始まった済州島の悲劇は、米軍政下に続く朝鮮戦争、そして李承晩政権と七年七カ月にわたる殺戮が、五万人とも六万人ともいわれる島民の命を奪い去りました。

指導的人士ばかりでなく少しでも関わりのある部落民全員の集団虐殺、検挙、拷問、銃殺や『焦土作戦』で四万棟の家々が焼き払われ、日本や韓国本土に逃れる人や追及を恐れて息をひそめて生きる日々を強いられてきました。この四・三事件は一九五七年に一応の終息を迎えましたが、一九九七年の金大中政権によってようやく真相糾明が始まり、一九九九年に犠牲者の名誉回復の特別法がつくられて大統領の謝罪もあり、様々な追悼祭も行われています。

実質三日間の訪問でしたが、ここにも戦争の傷跡が生々しくありました。

ミカンの産地、海女の活躍する風光明媚な東アジアの要所に位置する済州島、平和の島として蘇らせたいと願う方々の言集が身に沁みました。「南北の朝鮮が統一し日本と朝鮮が仲良くなり韓国が平和国家となることが、東アジアの平和への要となると思います」と。

9月26日（月）　二週間ぶりの高江は無残な姿に

N1テントで当番の仕事をしている私たちは直接には見えていませんが、ヤンバルの高江の森は無残に切り刻まれている模様。予想外の工事道路を延々と作り、オスプレイパッド建設予定地は、広大に樹木が切り倒されて、貴重な動植物の住処はひとたまりもなく陽がさんさんとあたる野原にされ、野生動物は追い立てられていったようです。九月十五日は、このヤンバルを亜熱帯の最も自然豊かな貴重な動植物の宝庫として国立公園に指定し、近隣の村々の長や環境省のお偉方の参列する式典が開かれました。

何といえばいいのか、その国立公園の山々をオスプレイや爆撃機が日夜、爆音を立てて飛び回るのです。また、海兵隊のゲリラ訓練は、六割の県民の飲料・生活用水となっている水がめで野営し、薬きょうの投棄、野戦食のごみの散乱や排せつ物が谷川を流れダムに至っているといいます。ゲリラ訓練は時には千人を越えるときもあるといわれ、その汚染度を想像することさえ恐ろしい思いがします。

私たちの毎朝の国道でのスタンディングは二カ月を超えました。

砂利運搬のダンプカーは、時間差を狙いながら相変わらず、パトカーと機動隊の車両に守られながら轟音を立てて国道を我が物顔で、建設現場に向かっていきます。この砂利は、隣村・国頭村の山を削り壊し、高江の新基地建設でヤンバルの森と自然を壊すもの。ヤンバルに住む人々の胸の痛みの深さも痛々しい気がします。

N1ゲート前での一日は、台風の余波の雨が降ったり止んだりの中、県民の抗議の声の中をパトカーと機動隊車両に守られて、三往復の三三台がゲート内に入っていきます。

その度にゲートをあけたり閉めたり、私たちは道路の端に追いやられ、立ち並ぶ機動隊員と胸すれすれでの抗議のスタンディング。

そしてこれほどまでに米軍の僕に成り下がった防衛局と警察のみじめな姿を日本国民のすべての人にみて欲しいと思います。

午後、大阪うたごえ協議会のメンバー一行が大型バスで来られました。多くのカンパと寄せ書きを持参され、ヤンバルの森に向かって、連帯の歌を高らかに歌い上げ、さっと引き上げられました。

高江の森では毎年、甲高く金属的な声で啼きかわすオオシマゼミの声もありません。蝉さえも追い立てられたのでしょうか。

「右翼」の街宣車が口汚いがなり声をボリューム一杯にして、やってきました。「どこから金が出ているのだろうね」「知りたいね」テント内での会話です。

大型の台風一八号が、今回は沖縄本島を直撃の予報に高江のテントは畳まれ、十月三日の座り込みは中止になりました。

そして日本列島も直撃の様子、被害がないことを祈ります。

10月3日（月）

台風一八号襲来の予報

高江からはテントが畳まれ、防衛局も撤収とか座り込みも中止、スタンディングもなしに

一日中、台風の特別警報が鳴りっぱなし。気象台から。村役場から―今夜半から大型で強い台風―瞬間風速六五メートル、大雨、洪水、暴風、高潮、特別の警戒を！　携帯電話からも特別警戒を！　けれど一昼夜、雨も殆ど降らず、風もなく、眼前の東シナ海の海原には、白波一つありません。

勿論、台風が来ないことに越したことはありませんが、余りにも特別警戒の声が高く拍子抜けしてしまいました。台風一八号は、沖縄本島を迂回、まわりの島々を激しく荒らし、台湾、中国に上陸、ここにも激しい傷跡を残して去りました。

おかげで四日の砂利搬送もなく、朝のスタンディングは空振りと十分で終了。

10月10日（月）

何と砂利搬入六六台

防衛局の強引な国の権力をフル動員しての米軍のオスプレイパッド建設に抗議する闘いは、日に日にあらたな展開があります。

防衛省が北部訓練場を自衛隊の対ゲリラ訓練場として共同使用する計画があり、あらたな基地負担が生じることが県議会で明らかにされました。

戦争を放棄している国の自衛隊はどこのゲリラと闘うつもりでしょうかね。

そして昨年の在日米軍の刑法犯の四五％が沖縄に集中していたとのこと。

安倍首相はオスプレイパッド建設と引き換えに北部訓練場のすでに使われていない部分が返還されることになっていることについて「県内の米軍施設の二割が返還され、本土復帰後最大の返還だ」と強調していますが、実際は使いもしない土地を米軍に提供し続けていたことこそ問題で、しかもそこは国有林。県民が使

用できるものではなく、その空は米軍機が当たり前のように飛び回るでしょう。返還される土地の汚染除去の費用は日本持ちとなります。

水曜、土曜が集中結集日となり、早朝からの集会や抗議行動に二百人、三百人と人々が結集して、土砂の搬入がありません。これまで一日三十台だった分が木曜日と月曜日に、水・土に米軍のメインゲート内に運ばれた土砂がＮ１ゲート内に運び込まれるということに。このため、午前九時過ぎからＮ１ゲート前で抗議行動する市民のゴボーヌキが始まりました。百人を超す機動隊員が道路脇で抗議行動する市民を一人ずつ機動隊員でつくった人垣の中に運び込みます。「危ないですよ、気を付けて」と言いながらその行動は有無を言わさぬ強引な羽交い絞めや拘束行動。すべての市民が機動隊員の輪に囲い込まれると工事用ゲートが開けられ、パトカーと機動隊の車両に先導されたダンプカーが四台入ってきます。森の中で砂利を下ろしたダンプカーが返ってくるとまたパトカーが先導して、砂利を積みに。これを午前、午後のピストン輸送で、計六六台分の土砂を搬入。この土砂が運びこまれる間は、県道は機動隊によって封鎖され通行禁止とされます。農業などをする住民の暮らしは無視されます。

土曜日から支援に来られている北海道の豊島さんは我が家に逗留。一緒に座り込みです。北海道はもう雪が降ったとか。今日は森住卓さんの姿も見えます。平良啓子さんとお嬢さんたちも。

土砂の運び込みも終わり、支援者の多くも帰途に就き、少し静かになったＮ１ゲート前の脇の土手で事故発生。工事用道路を見ようと土手に上がりかけた中年の女性が仰向けに転落、うちどころが悪かった頭から血が噴き出し、救急車のお世話になりました。幸い軽症の様でしたが……。

自分も含めて、若いつもりが体のほうが先に年を取っているようで用心にも用心を重ねなければならないと肝に銘じた次第。

米海兵隊の戦闘攻撃機ハリアーが沖縄本島東の海上に墜落して二週間、まだ墜落の原因も明らかになっておらず、多くの自治体や県が「原因究明までの同型機の飛行停止」を求めている中、米軍は「安全に飛行を再開する確証を得た」と原因究明のないまま飛行再開を宣言しました。「事故原因は特定できていない」中での飛行再開です。翁長県知事をはじめ、県内から激しい憤りの声が上がっています。

米軍は当初、会見に臨む三十分前に県知事に電話で飛行再開を説明する予定でしたが、連絡を受けた県は「県の同意を得るための説明ではなく単なる通告だ」とこれを拒否しました。

日本政府は「米軍が安全を確認したのだから、飛行再開するのは当たり前だ」とこれを追認。どこまでもアメリカ追随で県民の安全には関心が無いようです。

稲田防衛相は、五日ハリス米太平洋軍司令官と会談、再開を了解するとともに、辺野古の新基地建設、北部訓練場のヘリコプター離着陸帯を連携して進めることで一致しました。どこまでもアメリカ様！

北部訓練場で自衛隊との共同使用が県民感情を和らげる？ ―いい加減にして―

防衛省の内部資料で、自衛隊がゲリラ訓練のため北部訓練場の共同使用を計画していることがわかりました。その背景には県民の反発が根強く米軍基地を自衛隊が使うことで県民感情を中和する狙いがあるといいます。北部訓練場には今年五月、陸上自衛隊の特殊作戦部隊（自衛隊の海兵隊）が海兵隊のジャングル戦闘訓練を「視察」しており、過去にはイギリス、イスラエルなどの軍が自衛隊とともに「合同視察」したことも発覚しています。

北部訓練場は辺野古新基地と一体的な基地機能強化がもくろまれています。これに対して沖縄県も県民も新たな反発こそあれ、自衛隊が使用するなら「ＯＫ」だなんてとんでもない。県民を馬鹿にするにもほどがあるというのが回答のようです。

沖縄の九月県議会は、高江の過剰警備問題等高江の今に議論が集中しました。

そして政府は、一七年度の防衛予算の概算要求で五兆円を超える大増額をしてきました。消費税を上げたいわけです。このニュースには高江でも怒りプンプン。目の前に無駄が山積みで立ちんぼしているのですから。

10月17日（月）

オスプレイが飛ぶ前に工事を止めて ―住民三三人が提訴、特派員協会で訴え―

十三日、ヘリの離着帯建設の中止を求めて国を相手に工事の差し止めを求めて那覇地裁に提訴した住民を代表して、安次嶺富現達さんと伊佐育子さん、原告代理人の弁護士が日本外国特派員協会で、記者会見を行いました。

伊佐さんは、「いつまで他国の軍隊を引き受けないといけないのか」と主権国家であるはずの日本を憂い、弁護士は高江で警察や自衛隊の「違法」が横行している状態を告発、安倍首相の詭弁を批判しました。

土曜日の集中行動で、防衛局は土砂の搬入が出来なかった分、今日の月曜日に搬入。ピストン輸送で六六台のダンプが、パトカーと機動隊に先導されて工事現場に入っていく姿は、慣れたとは言えやはり異常。私たちは、がっちりと道路わきに押し込められ、大阪の機動隊に一歩も道路に出られないようにガードされています。

午後からの搬入もあり、抗議行動もいささか疲れます。

搬入がひと段落した後、今日の抗議行動の指揮を執っていた労働平和センターの山城博治さんたち十人余が新たな抗議行動に行かれました。しばらくして機動隊のメンバーの動きが慌ただしくなり、二十人ほどの隊員が森の中へ駆け込んでいきました。

一時間後でしょうか、山城さんが県警に護送されて行ったとの知らせが入りました。

報道では、「米軍の同意を得て県警が基地内での摘発はできる」ことが日米地位協定に基いているなどとの県警警備部長の発言として報じられており、新たな弾圧が仕掛けられるのではないかと案じていた矢先の出来事でした。同時にこの県警隊員への抗議行動の中で隊員の「この土人が」「シナ人」発言が飛び出したのでした。

大阪から派遣されてきていた機動隊員です。

十一日には、工事用の業者のトラック二台に機動隊員が荷台に肩を寄せ合ってつかまりながら工事現場に入っていきました。

これを追及された県警は「基地内なので道交法は適用されない」といい、「N1地区で抗議行動があったのでダンプ三台で隊員を移動させた」といいますが、この日、そんな抗議行動はありませんでした。弁護士は「道交法以前の問題で、信じがたい」「前回は警察が作業員を運び、今回は作業員が警察を運んだ。持ちつもたれつの癒着の関係で、贈収賄と同じ構図だ」と批判しています。

当番の私たちは残りましたが、支援者の殆どは、名護警察署に不当逮捕の抗議行動に駆けつけていきました。今日のテントでの泊りは三名、お弁当のおにぎりを置いて、夕日が鮮やかな帰路につきました。

10月24日（月）

午前七時過ぎ、集会開会を待って、N1ゲート前の並べられた板の席に座っていると汗をびっしょりかいた女性が……。「あれー阿部さん？」「あら、山本さんおはようございます」ということで阿部悦子さんとの久方ぶりの出会い。

二一日〜二三日まで、宜野湾市で開催されていた第三三回日本環境会議沖縄会議に参加してきたとのこと。阿部さんは愛媛県議として、聞きしに勝る保守王国の愛媛県議会で奮闘を重ねてきた人です。私とは運動の仕方と場所の違いはありましたが、ともに一時期、学校給食運動を展開し、一回だけ、共同の集会をしたことがあります。そして彼女は瀬戸内海の環境問題を手掛けてこられました。現在は辺野古土砂搬出反対全国連絡協議会の共同代表として、土砂搬出が予定されている西日本の各地をはじめ全国を飛び回っています。私より十歳ほど若い女傑です。

集会がひとまず終わってからのほんのひと時、愛媛の今に話の花を咲かせました。

午後からはこの環境会議に参加された方々が三々五々来られて、驚きの声をあげたり説明を求められたり。

一週間前の「土人」「シナ人」発言は、国家公務員たる機動隊員の若者が発した言葉として、全国で大きな物議をかもしています。

沖縄蔑視、国民蔑視があからさまになった問題であり、さらに大阪府知事発言がそれに拍車をかけ、沖縄担当大臣鶴保氏の不見識まで露呈する事件となりました。

国会でも官房長官や法務大臣は「不適当な発言で遺憾」と言っているのですが。

大阪府警は、「二人の発言は誠に遺憾であり厳正に処分した」とコメント。処分は戒告の懲戒処分。山城博治氏が逮捕されてから五日後の二一日、県警はN1裏のテントや山城博治氏宅の家宅捜索を行いました。

容疑は公務執行妨害と傷害の疑い。家宅捜索の結果の押収物はありません。「土人」「シナ人」発言は、戦前の一九〇三年、大阪で開催された勧業博覧会の「人類館事件」や日本国内で定着していた沖縄蔑視、沖縄戦でのスパイ扱いによる虐殺事件などを想起させ、戦後の日本政府による差別的取り扱い、昭和天皇をふくめた日本社会が生み出した意識の問題としても根が深い問題です。

抗議行動に対して激しく排除行動をとるのは県外の機動隊員が担っており、県警は「顔見知りもいる県民同士では難しい」と語っています。

私たちが帰宅する間際には、二六日から始まる五年に一度の『ウチナーンチュウ大会』に参加するため世界各国から来沖している中の有志がバスで到着。住民の会の伊佐育子さんの対応となりました。

10月31日（月）

今日は近所の方から、「私たちは座り込みに行けないからせめてバナナでも」と言われて百本ほどの五房のバナナがことづけられました。車の荷台が一杯になりました。

今、高江に向かう路端も朝のスタンディングをする国道端もススキの穂が黄金色に光り、朝日が当たるとことさらにきらきらと美しく見とれるほど。

毎朝徒歩で通うスタンディング場所の前に広がる東シナ海はここ二、三日、風が強く白波が高く打ち寄せています。その白波に時折灰色の雲間の隙間から太陽が白波を照らし白銀の光を放ちます。その美しさも格別。無粋なダンプと警察車両の行列が無ければどれほど平和な光景かと思ってしまいます。

今日で十月も終わり、理不尽な権力と対時する激しい日々も三カ月を超えました。

先週土曜日の集中行動で、二百人を越える支援者の結集で土砂の搬入を留めることができましたが、その分今日は百台もの搬入となりました。九時過ぎから始まった搬入は二時近くまで休みなく行われ、抗議するこちらもヘトヘト。

抗議行動の体制を分散方式にしたことから、私たちが陣取るN1前は人員もまばら。私一人で道路脇に椅子を構えて、幟とプラカードを持ち座り込んでいるとその前に若い機動隊員が私の警護につきました。

幟でダンプの邪魔をされまいと幟に手を出してくる

ので、ダンプが通るたびに幟は隊員が持つことに。ダンプが通り過ぎると幟を返してくるので「ずっと持っていてよ」「それは困ります」。押し問答していると上司らしいのが飛んできて、ダンプが通る時だけになってしまいました。機動隊員に幟を持たせての抗議行動でした。

この隊員、福岡の産だとか。周りに仲間がいない間は私と小声でおしゃべりです。その会話で、交代は三十分毎、制服の洗濯は自分でする、福岡との交代は一カ月毎、などなど。そして、沖縄の歴史や高江の事を話していると「よく知っていますね」「だって、ここには五年以上通っているのよ、それに七八年も生きてるのよ」というと「マジすか、うちのばあちゃんぐらいだな」「あなたのばあちゃんはお幾つ?」えーと、八十ぐらいかな」などと話していると太った上司に話し声が聞こえたのか、スーと寄ってきて素知らぬ顔で「ずっと座っているとエコノミー症候群になるといけませんから時々は足を伸ばしたりして下さいよ」。「ありがとう。親切ね」。若い隊員の目がにやりとしました。午後から、韓国で基地闘争や北朝鮮の子どもへの食糧支援をしているという一行二三名が来訪、連れ合いの一郎氏の説明を受けた後、歌での交歓。今日の弁当は栗飯のお握りとおかかの海苔のお握り、鮭のおかずでした。アーしんど!

11月7日(月)

朝七時半、N1ゲート前にはすでに支援者二十名ばかりが来ておられます。八時から集会開催。支援者は徐々に集まって七十人ほど。N1裏や七十号線沿いなどにもそれぞれ抗議行動の体制がとられていて、百名は結集していると思われます。

今日の集会の司会は、沖縄平和運動センター事務局長・大城梧さん。状況説明などの後、県内外からの参加者の挨拶や意見などがおこなわれていきます。先週土曜日も集中行動日で、多くの仲間が県内外から駆けつけ抗議の拳を上げ続けたことから工事用砂利の搬入はできませんでした。

八時過ぎ、機動隊の車両や防衛局の車両が列を連ねて北上してきました。新たな工事現場・宇嘉川周辺に向かうものとか。次第にゲート前が物々しく緊張の空気が漂い始めました「座り込みの体制を整えましょう」の掛け声が響きます。

九時過ぎ、機動隊の車両から数十人の隊員が降り立ち、ゲートがガラガラと開けられ始めると一斉に抗議の集会をしている仲間たちを「車両が入りますから」と一人一人強引に手足を四人がかりで、道路わきに押し込めていきます。これ、ゴボーヌキ。その前には屈強な隊員が人垣を作り、一歩も動かせません。隊員の胸には名札もなく所属の徽章もありません。今日は参加者が手薄のため、ダンプはパトカーに先導されて来るわ来るわ八八台。この間、三時間。このため、遠来からの支援者や観光客、地元の車両もすべてシャットアウト。

ようやく解除となって、バスから降り立った長野県から来られた毛利弁護士一行は、この無法な行為に、カンカン。三五分も通行止めにあったと。他の一行が「私たちは二時間以上ですよ。こんなことが平気で行われるのは沖縄だからですかね」。私たちが毎日のように体験することながら、改めて怒りが湧きおこります。

ショッキングなニュースが飛び込んできました。

政府が今度は東村にも金を出すといい、高江区民が受け取ると。

「あくまでオスプレイパッド建設には反対だが迷惑料として受け取る」と。

すでに工事も終わりに近づいているともいわれ、政府が早々に米軍に引き渡すのではないかともいわれている中で、爆音と恐怖の被害だけが残される高江区民の気持ちだといわれます。金で（税金ですが）住民を懐柔する政府の卑劣さに怒りが収まりません。

午後からは「フェミン」の女性たちが元気よく来訪。この一週間は柿づくし。松山の友人と岐阜の方から大きな富有柿がどっさり送られてきて、タッパーに詰め込んで運ぶことしきり。目の前の機動隊員たちの振る舞いに怒り心頭への一時の慰めになりました。優しい心遣いに感謝です。

今日は稲荷を六十個作って持参。これも受けていました。ここでは、熱いコーヒー、おいしいお弁当、果物などがいら立つ気持ちを和ませます。

11月14日（月）　毎朝のスタンディングも四カ月目

雨降りがつらい季節になりました。最近では工事を受注した北勝建設のダンプばかりでなく、近郷のダンプもかきあつめての搬送作業となっています。

在郷のトラック協会が仕事を分けろといったとか。この中には違法車両もありますが、それをパトカー四台が先導し、機動隊車両が護衛する光景は相変わらずです。法の番人が聞いてあきれますが、米軍基地建設に血道をあげる日本政府のこれが実態です。

今日の砂利搬入は五五台、ますますヤンバルの自然は破壊され、貴重な亜熱帯の動植物は、住処を追われ「人殺し訓練場」に姿を変えています。全国の各地でオスプレイの飛行訓練に反対する旺盛な取り組みが行われていることが、次々に来訪される方から、報告されて心強いことしきり。今日も静岡県御殿場から、東富士演習場のオスプレイ訓練に反対して闘うご一行が多くのカンパを携えてこられました。

日本国民の多くが日本の象徴とする富士山のドテッパラに砲弾を撃ち込まれ、その山野がオスプレイの演習場として縦横に飛び回られることへの屈辱を語り、木更津の闘いと合わせてこれからも強く連帯して行きたいとのこと。ご同慶の至りです。

今日もヘリでの資材運びが行われました。十往復でしょうか、何でもありの高江のオスプレイパッド建設工事です。

もう蝉の声も聞こえなくなりました。

11月21日（月）

先週十六日、大宜味島ぐるみ会議で映画会。高江のセンセーショナルな場面をつづったドキュメンタリー「森は泣いている」の上映会には一二〇名が参加。

この中でヒーロー的に扱われている山城博治氏は、先月一七日に逮捕されてからすでに一カ月を過ぎました。そして今日、起訴と報じられました。八月の基地内の工事現場で防衛局員の作業を妨害したとの公務執行妨害が罪状のようです。この行為で他に四名の支援者が逮捕され、県内の三か所の警察に拘留されています。

機動隊員の市民への暴力による障害行為は一切取り上げず、それに抵抗する抗議行動には権力が牙をむいて襲い掛かり、それを喧伝して、運動の分断を図る意図がむき出しです。

非暴力と不服従、言葉の暴力も慎みながらの闘いがいっそう強く求められている高江です。

「捕まるのも覚悟の上」という仲間もいますが、勇ましいだけが闘いではないと痛切に感じる日々でもあります。

沖縄沖で日米軍が仲良く救護訓練を始めたと思ったら、もう南スーダンへの派遣。大阪では二五年に大阪万博を開くための開発を進め、カジノを開設したいとか。然し、このカジノの開設は維新の会ばかりではなく、自民党も躍起になって、解禁の法律作りに血道をあげているのですから、何とも続ける言葉もありません。

あれほど女性蔑視発言を繰り返していたトランプ氏が閣僚にふたりの女性を起用すると発表。安全保障関係の閣僚は、元CIA長官などの軍人をあてるとか。元防衛大臣の中谷氏は大喜びのようですが。オバマ元大統領は、核の「先制不使用」宣言を断念したとも報じられています。日本の好核の女性防衛大臣の発言はまだ無いようです。

トランプ政権下で沖縄の米軍基地がどうなるか、縮小を期待する人もいるようですが、甘い期待はできません。

そんな中で、防衛局は外部に配布する資料に、平和運動センターの山城博治議長らの抗議行動に参加する個人の氏名や写真を掲載し「違法で悪質な行為」などと説明しました。起訴はされましたがまだ有罪だとは決まっておらず、プライバシーの侵害だとする質問にも「適切だ」としています。高江の現場では、四台の監視カメラをはじめ、多くの機動隊員がビデオをとりまくっており、私たちの抗議に手を止める隊員もいますが、その多くが機動隊の野蛮な行為です。これを評価の対象にするのかと思ってしまいます。

11月28日（月）

二五日、昨年より一カ月半早いインフルエンザの流行が始まったとの厚労省の発表がありました。中でも沖縄が最多だそうです。何でかねー。ツツガムシ病の感染症の発生も報じられました。

二四日には、東村の住民がオスプレイパッド建設工事の差し止めを求める仮処分申し立ての審理が終結しました。

国は公益を主張し、米軍機の飛行差し止めを求めることはできない、住民の被害は許容範囲だといい、住民の暮らしがなりたたなくなるという住民の主張への判断は六日～九日に出されることになりました。住民側は即時抗告をしました。

「県民の命よりも米軍基地が大事！」

もう日本国民のための政治ではありません。

一方で、カジノ（ギャンブル）を解禁することに多数の「政治家」が狂奔する図は、政治腐敗もここまでか、と悲しくさえなります。大企業や自治体が人々の金を巻き上げるのは『良』で、それに付随する苦しみや人間破壊は個人持ち。競輪、競馬、競艇、パチンコ、麻雀などのギャンブル依存症で、どれほどの家庭や子どもたちが奈落に突き落とされてきた事か。それを食い物にするために、さらに国民の税金をつぎ込むことを平気で声高に叫ぶ愚かさに目を背けたくなります。

軍需産業も基地建設もギャンブル解禁も、さらには社会保障制度の改悪もその根っこは同じに見えます。政府を変えなくっちゃ。国民の命が危ない！　子どもたちの人生が心配！

今年もあと約一カ月ばかりとなった最後の月曜日、出発の六時半はまだ薄暗く、海には靄が立ち込めています。いそぐ路傍には、ススキがすでに白い穂を揺らしています。

今日の当番は四人で。

月曜集中行動日が提起されて、N1テント前には早くも三十人ほどの方々が集会のスタンバイをしています。

「三時に起きて那覇から来ました」「私たちは五時出発」「昨夜はデイゴ家に泊まって、さっき来ました」「まだご飯を食べてなくてペコペコ」と持参のパンをかじる人、「二食分の弁当を作ってきました」「朝一番のバスで来たので、すいぶん歩きました」などなど、それぞれが語るオスプレイパッドをつくらせるのは嫌だとの献身的な行動で駆けつけてこられた思いに、改めて頭が下がる思いです。

七時半からの集会開催。そこにJR東日本労組の若者二一人がバスから降り立ちました。

一斉に拍手が起こります。半袖のTシャツを着た青年もパラパラといます。続いて安保破棄中央実行委員会の一行七十名がバスから降り立ちました。

東森事務局長はじめ、北海道から九州までの二八の都府県からの参加とか。すでにここでの多くの顔見知りの方がおられます。

埼玉の宇佐美さんは、「今年、十回来ました。来月も来ますから」東森さんは、十一回？　兵庫の後藤さんもおなじみです。

私が愛媛AALAの仲間との沖縄旅行で、このツアーに便棄させてもらい高江に来て、すわりこみを始めていた伊佐育子さんの説明を聞いたのは十年前でした。

若い母親たちが子ども抱いて、防衛局員に立ち向った話に息を飲んだことが昨日のことのように思い起こされます。

今日の集会には、二百名余りの方々が結集しました。各地からの激励や取り組みの報告が続きます。北海道から、東京、高知、鹿児島、新婦人、大阪、うるま島ぐるみ会議、ＪＲ東日本等々、それぞれ地域で、国会前での高江に連帯した取り組みが報告されます。

この高江での権力の横暴で違法な行為を目の当たりにして、この行為が日本国民に向けられた行為であり、米軍基地建設が決して世界平和につながるものではないことなどの告発を、地元の人々と行っていく決意にも共感の輪が広がります。

とりわけ、大阪の女性から大阪の府警職員と知事の発言への謝罪から始まり、府警の沖縄への派遣に抗議・告発する取り組みに大きな拍手が起こりました。「どっこい、国民をなめたらいかんぜよ」そんな声が聞こえてきそうです。

この二百人余が結集した集会に、午前中は砂利を積んだダンプのお出ましはありません。それぞれの日程もあり多くの団体が午前中の引き上げとなりました。それをみはからって、機動隊と防衛局が動き始めました。

にわかに機動隊員が立ち並び、これから食事に取り掛かろうとする仲間たちに襲い掛かってきました。たちまちのうちに、隅っこに支援者たちを押し込める間まもなく、パトカーに先導された「ダンプ様」が、煤煙をまき散らしながら突き進んできます。そのすべてが、このヤンバル（国頭村・大宜味村・本部町）にある土建業のダンプたちです。

仕事とは言え、「ヤンバルの住民がヤンバルの森を壊してどうする」「ヤンバルの山を崩した土砂で、ヤンバルの水源地を壊すのか」…。「悲しいねー」「それをさせる政府も自治体も、許せないねー」。

砂利の搬入は、六十台も続き、一度張ったというオスプレイパッドの芝の修復用でしょうか、芝の搬入も行われて、食事になったのは、午後も三時を回っていました。

早い朝、出し切った抗議の声で、お腹はペコペコ。

機動隊員たちは三十分毎の交代です。静けさを取り戻したのは四時前でした。

それにしてもこの機動隊員たちの横暴な行為を直接全国から来た仲間たちに見て帰ってほしかったなー。「貴方達の払った税金がどんなに無駄に使われているかってことを」

先日、長野から来られた北村さんが、「先日、伊方の原発の集会に行ったら、機動隊員がここと同じような行動をとっていたな」と。

そういえば、「ここの機動隊員の行動は、これからの住民運動への演習でもある」と誰かが言っていましたっけ。安保法の具体化が住民の暮らしに襲い掛かることを予測するのは、私たちより警察の方が早いのでしょうね。

この高江の政府の強引な作業に抗する運動の中で、残念ながら六人が官憲に拘束されていましたが、ようやく二人が釈放されました。

しかし、山城博治氏をはじめ四人はまだ拘束されたままです。しかも八か月も前の辺野古での行動を理由に新たに四人が逮捕となっています。

私たちの闘いは、あくまでも非暴力・不服従、言葉の暴力も含めて、非暴力に徹することを合言葉にしてきましたが、少しの逸脱が官憲の罠と運動の分断を招くことが危惧されます。あくまでも愚直に世論に訴えて、全国、全世界の仲間とともに横暴な「戦争や」を包囲するしかありません。

住民の会の仲間は、全国の集会などに招かれ、今高江で起こっている事と住民の願いを訴えに走り続けています。今も現さんは大分へ、田丸さんは福岡、清水さんは福島へ。高江の映像やＤＶＤを携えての講演は、新たな闘いの輪を広げ続けています。

その輪は、ニューヨークにもカナダにもパリにも、勿論、韓国、台湾、中国、ベトナムにも広がり続けています。

そうそう、二六日には高江の上空に三五枚の凧が舞いました。それぞれの思いが書かれた連凧が舞う「平和凧揚げ大会」。

高江の森には、鳥のさえずりはめっきり少なくなりましたが、今は闘いの歌、平和の歌や連帯の歌が響き渡っています。

来年も座り込みが続きます。ご一緒に沖縄の闘いの一端を知って頂けると嬉しく存じます。

12月5日（月）

月曜日の砂利の搬入を止めたのは初めて

七月十一日から始まった工事の強行は、すでに五カ月弱。様々な抗議行動が、夜明けから日没まで様々に展開されてきましたが、機動隊と防衛局員を全国から導入し、警備員など一日千人近い警備体制を敷いて工事が進められてきました。その中で支援者が多い集中行動日には、ダンプカーでの砂利の強行搬入は出来ず、翌日になることが繰り返されてきました。月曜日の搬入を断念させたのは今日が初めて。

尤も工事の進捗状況が、そうさせたことがあるかもしれませんが—。早朝からの集会参加者は県内外から約百五十名。

集会進行は現地行動連絡会・共同代表の仲村梁さん。工事の専門的な説明を交えながらの司会と各地からの挨拶や、沖縄の民謡やうたごえなどを交えた集会は三時まで続けられ、参加者を飽きさせません。私もこの東村、国頭村、大宜味村・ヤンバル三村の十四歳から十七歳までの少年千名が、スパイ活動の訓練を受けて沖縄戦に駆り出されて、我が家に火を付けさせられたり、幼友だちをスパイとして銃殺させられた護郷隊の悲劇が繰り広げられたこのヤンバルの地での戦争の訓練場づくりが、どれほどむごたらしい行為であったかを語りました。

この護郷隊は、厳しい緘口令が子どもたちの口を塞いできたこともあり、沖縄の人々にもあまり伝えられていないのが現状です。

勿論、そのほかにも目の前で繰り広げられた日本兵による母子の殺害と食糧の略奪、米兵による家屋への放火、女性への強姦などなど戦争の悲惨さ、非人間性が記憶にある中での戦争準備活動への怒りは、ねっとりとした犯罪の血糊の感触を消すことが出来ない怒りでもあります。

12月12日（月）

海兵隊オスプレイ、住宅地の上空でつりさげ訓練。抗議に「今後も訓練する」と。この屈辱

一週間前の六、七日、宜野湾市の住宅地の上空をオスプレイが大きな物体をつりさげ、飛んでいるのが目撃され、すぐさま住民から激しい怒りの声が上がりま

した。かつて沖縄ではトレーラーをつりさげて飛行していた航空機からトレーラーが落下し、下にいた棚原隆子ちゃん十一歳が圧死させられた事件があり、県民の脳裏に焼き付いています。抗議を受けた防衛局は米軍に「十分な配慮をするよう求めている」と回答していますが、米軍は「風の状態、安全考慮、人口密集地や住宅街の上空を極小化して選択している」と回答し、住宅地は飛んでいないと強弁。住宅地の上の訓練も訓練の内のようです。

九日には、神奈川県・厚木基地の周辺住民が、国を相手に米軍と自衛隊の早朝・夜間飛行の差し止めを求めた第四次爆音訴訟で、最高裁は「自衛隊の運行は高度の公共性と公益性がある」として、飛行差し止めを命じた一審判決を破棄し、住民側の敗訴を言い渡しました。賠償金についても後ろ向き。最高裁もますます軍事優先になっています。基地爆音訴訟は、現在、東京都・横田、石川県・小松、山口県・岩国、沖縄県・嘉手納、普天間の各基地周辺の住民が裁判で闘っています。

オスプレイつりさげ訓練に怒る高江の住民は、住宅近くのヘリパッドの撤去要求を区民会議で決議しました。

12月14日（水）

ついにオスプレイが墜落・大破、日米政府大慌て

昨十三日夜九時半、辺野古に近い名護市・安部《あぶ》の海岸八〇m沖にオスプレイが大破して墜落しました。

夜間に空中給油の訓練で、給油ホースがプロペラに接触しバランスを崩して空中を舞い、ついに墜落・バラバラ。

これを米軍と日本政府は不時着と発表。駆けつけた県民は、バラバラに飛び散った機体は墜落そのものとカンカン。ここでも国民を欺く政府の姿がありました。

すぐさま、県警と来沖中の機動隊は群れを成して、米軍の警護に当たり、県民の目を遠ざけるのに必死。駆けつけた稲嶺名護市長さえも近づけませんでした。

即座に、沖縄県副知事が在沖米軍のトップのニコルソン四軍調整官に抗議しましたが、ニコルソンは「住宅や県民に被害を与えなかったことは感謝されるべきだ」と逆に机を叩いて、不快感を表したと報道されま

した。副知事は「植民地意識丸出し。私たちは配備に反対しており、事故を起こすなんてとんでもない」と語っています。

またニコルソンは「抗議書のなかにパイロットへの気遣いがあってもいい。訓練にはリスクも危険も伴う。そのリスクはお互いの国防衛のためには必要」と訓練が事故を前提としていることでもあるようです。

さすがに朝のダンプの大名行列はありませんでした。機動隊員や県警は、オスプレイ墜落現場での警護が忙しいようです。毎朝の街道でのスタンディング前を通り過ぎる車からは、普段よりいっそう私たちに手を振り、頭を下げて共感を示していく人が多いように思えました。

さらに普天間基地では、もう一機、オスプレイが胴体着陸の事故を起こしていたことが判明。県民の怒りが沸きおこっています。

12月16日（金）

東シナ海の風強し、波荒らし、雨ぽつぽつ

砂利の護送は終わりに

日課となった国道での抗議スタンディングがとりあえず今日で終わりとなりました。仲間が勢ぞろいしてスタンバイしていたところに、携帯で砂利の護送がないとの報。ダンプの運転手から「首になった」と告げられたとか。

三十分の行き交う車に示威行動をして終わり。しかし、オスプレイパッドは残り、北部訓練場もあります。「今後の行動は改めて年明けから考えようね」「これで終わることはならんよ」との合意となりました。

12月19日（月）

N1テント前の早朝集会に二四名余の仲間が結集

私たちが到着したN1テント前にはすでに多くの仲間が座り込みを始めていました。JR北海道の若者たち、千葉、愛知、大阪などからの全労協の方たち、自治労各県本部の書記長の一団等々。オスプレイ墜落、おためごかしの「不要地の返還式」に次々の挨拶の言葉にも怒りがもどかしく感じられるほど。

国民主権のかけらも感じられない日本政府のアメリカへの隷属ぶりがこれほどとは、との思いが雨脚の強くなった集会に参加する仲間たちに闘いを広げる決意の再確認をしあう場にもなっています。

約五か月間、一人ひとりは普通の日本人の青年に権力の刃を持たせて、沖縄県民の民意を押しつぶしてきた日々。

憲法を遵守する義務を負う公務員に真っ向から憲法を踏みにじらせる政府への憤り、言葉にもなりません。

オスプレイの墜落事件で、機動隊が辺野古に集結してその姿がまばらになったN1テント前は、アルソックの警備員十五名ほどが埴輪のように立ち並びゲート前を警護している以外は、県警の車両が三台、私たちを威嚇するように置かれています。

久方ぶりに埼玉の杉浦先生が来られました。先生も高江の変貌に怒りの言葉も出ないようです。今日こられた方は十五都道府県をこえたようです。

『闘いはここから、闘いは今から』の歌声にも熱が伝わります。

今、伊江島でも新たに基地の整備が村長や議員団等の抗議にも耳を貸すことなく、住民に相談もなく強引に進められています。

辺野古・高江・伊江島を魔のトライアングルとして、日米のオスプレイを中心にした戦闘訓練場に仕立て上げようとする安倍政権の戦争国家づくりがますます沖縄県民の怒りをよんでいます。

大宜味村はアングルの真ん中です。勿論それは沖縄を扇の要として、全国の米軍基地、自衛隊基地を点と線に、空・海を面にして広げているのですが…。

オスプレイ飛行訓練再開
日本政府は容認、「理解できる」

事故から六日、米軍はオスプレイの飛行訓練を再開しました。墜落現場には残骸が散在し、有害物質の調査もしないまま、事故の解明もされていません。菅官房長官は「理解できる」と追認。県民・国民の不安や怒りはどこ吹く風。

沖縄に国民は全く「不在」です。

12月22日（木）

「欠陥機オスプレイ撤去を求める緊急集会」に
四二〇〇人が決起
「奪った土地返還祝賀式」には
仲井真前知事ら閑古鳥

ずさんな工事を強引で弾圧的な国家権力を投入して

「出来上がった」として二〇年前に返還が合意されていた北部訓練場の四千ヘクタールの国有林の返還式が名護市のホテル・万国津梁館で行われました。

この返還される土地は、米軍の使用不可能な土地であるばかりか、返還されても村民には使用できない国有林です。政府はこの返還によって、沖縄の基地負担が軽減するとの宣伝に使うのが目的でしかありません。

この式典にはケネディ駐日大使や在日米軍司令官らと菅官房長官、稲田防衛相、仲井真前知事、自民党と維新の会県関係国会議員と県議らが出席。県政与党と公明党は欠席、地元の国頭、東村長は出席しました。この茶番劇に抗議する県民は、雨の中、会場前で強い抗議行動を展開しました。

一方、この返還式に合わせて企画された、名護市の屋内運動場を会場に開催された抗議緊急集会には、六時半開会前の五時頃から参加が始まり、怒りの熱気が上がり始めました。

県選出の国会議員たちとともに会場に現れた翁長知事には、拍手の嵐が鳴りやまず、総立ちの時間が続きます。翁長知事は「返還式」には参加していません。

主催者団体、国会議員、名護市長等々、次々の登壇者の三分間スピーチにも燃えるような怒りの言葉が会場の共感を呼び、熱気が上がります。

共同代表の高里鈴代さんは「この事故は日本政府によって引き起こされたといってもいい」と指摘。稲嶺名護市長は「辺野古新基地、高江、駄目なものは駄目だ。オスプレイが落ちたのは名護市の庭先、住民の暮らしを支えている海、――負けない方法はあきらめないこと、最高裁の不当判決にも政府の扱いにも我々は絶対に引かない」と決意を述べ、翁長知事は「不安が現実になった。米軍を良き隣人と呼ぶわけにはいかない。日米地位協定の下で海上保安庁は調査すらできない。日本は法治国家とは言えず、独立国家は神話と言わざるをえない。―今後もあらゆる手法で新基地は造らせないという公約に向けて不退転の決意で取り組む。新基地を造らせなければオスプレイも配備撤回できる。必ず造らせないよう頑張ろう」と決意を述べ新たな満場の拍手に包まれました。

最後は雄たけびのような頑張ろう三唱が体育館になり響きました。

沖縄県内では県議会をはじめ各市町村議会が次々に

オスプレイ墜落への抗議と配備撤回の決議を政府や米軍、防衛省にあげています。

12月26日（月） 今年最後の高江座り込み当番

天気予報が外れて東村は雨。今年五三回目の高江の当番です。でも高江には百回ぐらいかな。

昨日、オスプレイの空中給油訓練も再開すると発表されました。座り込みのメンバーは口々に「また落ちるよ」といいます。アメリカの専門家もオスプレイの構造上、空中給油はリスクが高く「構造上の欠陥」と指摘しています。

辺野古では、最高裁の判決を受けて工事の再開が報じられました。

今日のN1テント前にはもうあの機動隊員の物々しい姿はありません。オスプレイ墜落の辺野古の現場に移動していると思われます。「お砂利様」の搬入もなくなったとか。

しかし、ゲート前には防衛局雇用のアルソックの警備員が手を後ろに組み埴輪のように十五人ほどが不動の姿勢を取って立っているのにかわりはありません。

七時半には、すでに二十人ほどの支援者が座り込みを始めています。そして、東京都教職員組合のバスが到着、三二名の方が降りたち、続いて全教のバス。大阪から五組ほど、三重、神奈川、埼玉、大阪茨木など今日は何と退職者も含めて教職員の方が多い事。

「冬休みに入ったからですか」「ええ、やっと休みが取れてくることが出来ました」「もっと早く来れればよかったのですが」「いえいえ、来てくださって有り難いです。闘いはまだ半ばですから」

そして、集会が始まりました。

工事は間に合わせでずさんに行われ、土砂の流失の恐れがあること。酸性の土壌に弱アルカリ性の土砂を入れたことで生態系が壊されること。動植物の環境がかえられること。工事はまだ終わらず続けられるであろうこと。使用不要の土地の返還が県民・住民には関係ない事（国有林のため）、オスプレイの墜落事故で、返還式が茶番になったことなどが報告されました。

この間、私たちは五カ月間、多くの支援者を迎えて、暑さや雨を凌いできた林の中に張り巡らしてきたブルーシートの撤去作業です。

半年もすれば、刈り取られた笹は新しい芽を吹き、もとのしずかな森に戻り、小動物の住処となるでしょう。

ようやく終わった作業を見張っていたように雨が大降りになってきました。人があふれ、小さいテントはすし詰めとなりましたが、雨も一時間ほどで上がり、多くの団体は辺野古へ移動。

そして、初めてこられたという方を相手に、夫の一郎は四回ほどの状況説明、私は一回のお役目で……。

午後からは来訪者もまばら。今年も後五日で終わりになります。

宜野湾市長選挙と辺野古での座り込みなどから始まった二〇一六年、高江での座り込みも月曜日の当番は、台風とお盆でテントが畳まれた以外はおおむね休むことなく責任を果たすことが出来ました。

島ぐるみで闘われた県議選、参議選なども村内の女性たちと賑やかに楽しく取り組むことが出来ました。そして、参議選の大きな勝利を手にした途端、翌日からの安倍政権の強権力を駆使した暴力との闘いと五カ月間の早朝の連日の抗議のスタンディングは、終生忘れることの出来ないものとなりました。高江での座り込み行動は引き続き行われ、私たちの当番の役割も続きます。同時に辺野古をはじめ沖縄の新たな闘いの局面に入ります。

二〇一六年沖縄十大ニュース

一、米軍属の女性暴行殺人　四月に行方不明、五月に暴行殺人死体遺棄が明らかになった事件に、県民六万五千人が怒りの集会開催。
二、オスプレイ、名護市安部に墜落・大破
三、沖縄の子どもの貧困率三十％、県が三十億円の基金創設
四、辺野古敗訴、高江で「土人」「シナイ」発言
五、第六回世界ウチナーンチュ大会に海外から最多の七二九七人
六、米での心臓移植の幼児二人に、募金六億七千万円集まる
七、リオオリンピックで県勢活躍、空手は世界一に
八、与那国島に陸上自衛隊新部隊配備
九、観光客来訪、一五年度七九三万人
十、「オール沖縄」参院選大勝
六月、県議選は、三議席伸ばし過半数を確保。七月、参院選。沖縄担当相・島尻氏を十万票差で破りイハ洋一氏圧勝、沖縄選挙区は衆参ともに「オール沖縄」勝利

◆二〇一七年

1月2日（月）今年も怒りを込めて、座り込み開始

連絡によれば、昨日の元旦にも多くの来訪者が来られたとか。今日も早朝から次々と団体で来られます。殆ど現職と退職された教職員の方々。

「先月のあの機動隊の無法ぶりを見て欲しかったですね」とつい先日までの安倍政権の何が何でもオスプレイパッドをつくるための強引な住民排除の光景を説明していると、「ようやく、休みを取ることが出来てくることが出来ました」「ニュースなどを見て、早く来たいと思いながら、体むことが出来なくて」とすまなさそうに断る方が多くて、「すみません、折角来て下さったのに」とお詫び。

学校の先生方の年末の忙しさは容易にわかります。貴重な正月休みを割いての来訪に頭を下げるのみです。

群馬、東京、三重、広島、長崎などなど、幼児を連れた家族も三組。県内の家族連れも来られて年末からの泊まり込みの仲間の三人もいて賑やかなこと。

一月とは思えない暖かさです。機動隊の姿は殆どあ

全国からの仲間とともにオスプレイパッド建設反対！

りません。

十二月十三日、名護市安部の海岸にオスプレイが墜落・大破した時から高江からは姿を消した様子。

私たちのテントを強引に撤去してつくられたオスプレイパッドに続く道の前につくられたゲート前には、防衛局雇用のアルソックの警備員が十五名、埴輪のように、サングラスをかけ手を後ろに組み足を開いて並んでいます。

このアルソックの警備員の青年たちに正月休みはきちんとあったのでしょうか。

ゲートを支える左右の鉄柱の上には、四台の監視カメラが据え付けられています。

この監視カメラはゲートの建設と同時につけられましたが、あくまで私たちの一挙一動を記録するためのものでしょう。ゲートに続く森の中には、鋼の付いた有刺鉄線が長く伸びています。触ったら即座に血が吹きだしそうです。

昨年の十月十八日に、公務執行妨害容疑で拘束された山城博治さんは、いまだに釈放されません。罪悪犯でもないのに、家族との接見も許さず仲間からの差し入れも許さない権力の横暴は、人権問題として日に日に県民の怒りを広げており、国際的にも批判の目が広がっています。

高江での工事はまだ続けられ、作業員は毎日森の中での作業をしておりますが、物々しいダンプでの土砂搬入は沙汰止みとなり、低空飛行のヘリやオスプレイが轟音を響かす以外は静けさを取り戻しています。

最高裁の「政府の言い分」をオウム返しにした判決で、辺野古埋め立て承認取り消しが敗訴となり、鬼の首を取ったように防衛局の辺野古埋め立て工事が再開され、新基地建設反対の闘いの中心は再び辺野古に移りました。

これからの高江での座り込みは、改めてオスプレイパッド設置の撤去・北部訓練場の撤去・閉鎖に向けての示威、啓蒙の課題を掲げての座り込み行動となります。私たちも新たな決意で、頑固に粘り強く闘いの発信源としての役割を担って行くことが求められる年明けの座り込みです。

1月8日（日） 嬉しい仲間との再会

昨八日、愛媛平和女性連絡会の「沖縄平和ツアー」の一行が来沖、二泊三日の旅の一時をご一緒しました。

一九九五年に引き起こされた沖縄の少女暴行事件は、愛媛でも抗議の行動が大きく展開され、その結果として女性三団体で『愛媛平和女性連絡会』を結成、翌九六年一月に開催された沖縄・与儀公園での抗議集会に三三名が参加しました。私を含め多くの仲間が沖縄の基地の現状に直接触れた最初でした。その後、大分・日出生台演習場での海兵隊への抗議行動や山口・岩国基地での集会などにも取り組んできた愛媛女性連絡会の二十年ぶりの沖縄ツアーです。

二十年前のメンバーに新たな仲間も加わっての今回の仲間たちの来訪は、待ちに待った私の希望でした。大きな闘いの嵐が過ぎ去りしばらくの静寂が、高江の森や辺野古の海を包んでいた年明けの日曜日の一日でしたが、予報の雨も直撃せず、おだやかなツアーとなったようです。それにしても何と月日の流れの早い事。

「次の二十年後は無いよね」「この中の何人かは百歳近いものね」「それまでには基地をなくしたいね」「ほんと、ほんと」

このツアーの参加者の何人かとは、六十年代の初めから米軍基地撤去への拳を上げ始めてからすでに半世紀を超える人生を共に過ごしてきました。

仲間たちとは、辺野古を経て名護市までご一緒してお別れし、また、しばらくのご無沙汰です。

1月9日（月）

朝七時、車はまだ明けきらない国道を東に向かいます。うっすらと明るくなり始めた空からは、雨が落ち始め、寒い一日になりそう。

今日の当番は、平良啓子さん、土谷牧子さんと私たちの四人。N1テント横には、まだ県警の車両二台が居座っています。

早速二台のストーブに点火。中々着火せずいらいら。つい、住民の会の担当者にストーブの購入を要求。ようやく点火したストーブにやれやれ、沖縄も冬です。今日も雨の中をアルソックの警備員は腕を後ろに無言で十人余が立ち並んでいます。

「おはようございます」と声をかけると二、三人がかすかに頭を下げました。テントの中には私たちの他は現地行動連絡会の方、統一連の糸数さんの四人ほど。

N1ゲートのフェンス奥に見え隠れする防衛局員二人が、フェンス越しにこちらを双眼鏡で覗いています。

「あなたたち、何してるの！」「それが仕事?!」

つい、声を荒げてしまいます。

九時過ぎ、神奈川民医連の方が雨の中を来訪。続いて女性の団体二十名、古堅さん夫妻に案内されての民医連の方々が次々に来訪。降ったり止んだりの雨で大変。

連れ合いが四度も説明を繰り返しました。

夕刻には名護からの女性たちも来られて、今日は何と女性の多い事。六十人を超えての来訪者でした。森住卓さんが今年初めての来訪。「おめでとうございます」「あ、まだ正月でした。おめでとうございます」

攻撃ヘリが爆音をまき散らして飛んでいきます。二機編隊。

1月16日（月）　今年一番の寒さ

新しいストーブが二台入れられました。

「やっぱり新品はいいねー。火が直ぐ点くよ」

テントの中には五人。当番は平良啓子さんと私たちの三人。来訪者が来られるまでのユンタクではつい、昨年暮れに車の免許証を返上した平良さんに話題が集中します。

「私が講演に行くのに子どもたちが四人がかりで大変よ」「事故を起こしてからでは遅いといわれて決心したけど、やっぱり不便ね」

沖縄の北から南を年中、講演のため車で駆け巡ってきた平良さんの思いは痛い程わかります。

私も沖縄に来て返上、六年近く身動きが取れないような思いからまだ解放されません。しかし、連日のように高齢者の運転事故が報道され、その痛ましさを見せつけられては、いかんともし難くというところでしょうか。ここ高江での座り込み行動も車なしでは、歯が立ちません。そんな車談義をしていると名古屋からの女性六名が来訪。

一気にテントの中が賑やかになりました。

続いて、東京、大阪、そして東京から、「一度は現場を見たかった」と『標的の村』を観たという人、「横田基地のすぐそばに住んでいるから沖縄の人の思いがよくわかる。私たちも座り込みをしています」という人。

「ここは、いつも誰かいるんですか」「ええ、今は朝八時から夕方五時まで当番で誰かはいます」「毎日ですか」「年中です。ここの当番は住民の会が担当していて、私たちはその一週間の月曜日を担当している隣村の大宜味9条の会のメンバーです。ここにおられるのが9条の会の代表の平良啓子さんです」「え？ 平良啓子さんて、対馬丸事件の？」「そう、対馬丸遭難の生存者の平良啓子さんです」「私たち、昨日、対馬丸会館に行ってきたんです」「お話を聞かせて頂けますか」早速、平良さんの前には、沢山な人の輪ができます。

月曜日には平良さんが来られているということで、月曜日を選んで来られる方も多く、そのための子ども連れの方も多くおられます。

平良さんは、繰り返しての話を厭わず、熱を込めて話されます。

「こんな経験はもう二度と子どもたちにさせるわけにはいきませんよね。今でも波にのまれていった子供たちの声が耳から離れないいんですよ。だから私は、戦争の訓練基地をつくるなんて許せないいんです」「ここで、平良さんのお話が聞けて良かった。一度は直接お聞きしたかったんです。幸運でした。ありがとうございました」

一様に感動の面持ちです。

「それにしても今の日本政府のやり方は異常ですね。特にここでのやり方にはびっくりしました」「こんなこと、いつまでも許しておくことはできませんよね」「また来ますから」

お互いの激励の言葉のやり取りに熱くなって、日が暮れていきます。

「あれ？ あれはヤンバルクイナの鳴き声じゃない？」「そうだね、後ろの方から聞こえるね。去年いたヤンバルクイナかな」

鳴き声は一度きりでした。

1月28日（土）

アメリカ新大統領トランプ氏の就任でどうなる?!

このところ、連日連夜トランプ氏の言動を巡って、マスコミが賑わっています。安倍首相のすりよりも気になるところ。

先週から、朝のスタンディング開始。訴える課題は、辺野古新基地建設NO！、北部訓練場の撤去。オスプレイ配備撤回などなど。とりあえず週一回・金曜日の朝、七時三五分から村内三か所です。島ぐるみ会議では、全県一斉にしようとの提案があったとか。二十日の朝は連絡不十分で、私たちの持ち場では三人での取り組みとなりました。

今日は旧正月のため高江の当番は私たち二人が引き受けました。テントには韓国のイルカ先生が来られていました。他に糸数さんと大西さん。

殆どの人が辺野古に集中しています。そこに現達さん夫妻が来られて朝からしばしのユンタク。

現達さん一家は、隣村の国頭村に移住を決めたとか。オスプレイの轟音の下では、眠れず暮らせずの結果の決断をしたといいます。

国頭村への山村留学で、小学生の子どもが入る学校は全校生徒七名で教師は三名とか。

近隣の幼児を連れた家族が次々に部落を去っていくようで、胸が痛みます。

オスプレイパッド建設に合意し、その見返りに金を押し頂いた村長たちへの無念の怒り、金で頬を叩いて、希少動植物の住処を奪い、県民の水がめを戦闘訓練地に変えてはばからない、従属国日本の為政者たち。この怒りをどんな言葉で表せばいいのか。

世界の多くの為政者たちが批判の声を上げる中、ひたすらもみ手をしながらトランプ氏に迎合する日本の財界と安倍政権の一挙手一投足に国民の批判の目が注がれています。

九時過ぎ、埼玉から教会のご一行十五名。寄せ書きやカンパなど。有り難いことです。

午後には、富山県から女性六名農民連や母親大会の中心メンバーのご一行で、かつての富山での日本母親大会や愛媛での大会開催の話に花が咲き、大木さんや木村さんの消息など、昔からの知古のように二十年も前のことを昨日のことのように懐かしんだ一時となりました。

日放労の青年一人がレンタカーで駆けつけてきました。

「組合の沖縄の基地問題の研修で辺野古に来ました」「お一人で?」「いえ、みんなは辺野古までで帰ったんですが、ぼくはどうしても高江を見て帰りたいと思いまして来ました。ニュースを見て許せないと思いまして」「どこから?」「東京です」

一定の説明をした後、「最近、あるマスコミが有らぬデタラメを流しているって、憤慨しているんですよ。日放労の人たちに期待しているんですよ。頑張って下さいね」そんなやり取りもあった後、青年も「がんばってください」の言葉を残してかえって行きました。

「今日はそろそろおしまいにしよう。五時も近いし、今夜は部落の初会なんですよ、少し早いけど帰りますね」

部落の「初会」は、ご近所一班十世帯全員集合の新年会です。

1月30日（月）

翁長知事、稲嶺市長ら「辺野古に基地をつくらせないオール沖縄」訪米団出発

早くも一月が終わりです。

長野から北村さんが来られています。今日の当番には大宜味9条の会から五名が当たっています。N1テントが新しくなりました。大きくて明るくて。これで雨漏りも無くなりました。トイレも手作りで立派なのが出来ています。機動隊との息詰まる毎日、支援者の健康保持に活躍した簡易トイレは返還。

間に合わせのパッドは出来たといいますが作業はまだ続いており、闘いは途上です。沖縄本島の北部一帯を日米軍の新基地に作り替えることを許さない闘いの拠点としてのN1テントです。

足元が冷えます。今日はサツマイモを三本持参。ストーブの上で焼き芋の香りが漂い始めました。

新しいTシャツが入荷。今日は女性の手が沢山あるのでエブつけです。

知事を頭にオール沖縄の代表団が、アメリカの世論に新基地建設等の不当性を訴える訪米に今日出立します。次々に来られる来訪者も多くが知事の見送りに空港にいくからと足早に那覇空港に向かいました。

「自衛隊機が那覇空港で事故を起こして、飛行機がストップしている！」とスマホを見ていた大西さん。

「えっ、知事の飛行機は大丈夫？」

一斉にテントの中に不安が広がります。

沖縄の国際空港は、軍民共用で、航空自衛隊機の離発着がひっきりなし。その間を縫って民間機が飛び立っているのが実情。脱輪だったようですが、二時間ばかり閉鎖になったようで、翁長さん一行はどうやら出発できました。いつ大事故になってもおかしくない施設の一つです。

トランプ政権の出現で沸きに沸いているニュースが日本のメディアにもあふれているアメリカ。翁長訪米

団の活躍が期待されます。

二八日は旧正月、沖縄でもお墓参りをはじめ、各家庭での祝いがあったようです。夕刻、千葉からの一団が来られました。

「僕、北京支局で特派員をしています。中国の春節の休みで帰ることが出来たので家族で来ました」

まだ若い青年、名刺には支局長とあります。ご一緒の方は連れ合いやその母親。ゲートのまえに埴輪のように整列しているアルソックの異様な風景に驚きながら、「あの人たちはいつまで立っているんですか？」。「交代はしながらですが、一日二四時間休みなしですね」「何のために？」「さー、防衛局は私たちが基地を壊すとでも思っているんですかね」「ものすごい税金の無駄遣いですね」「ほんと」

誰でも思うことは同じです。

日が暮れてきました。中国の実情を聞きたいところですが、それはタイムアウト。

2月6日（月）高江の里は寒緋桜が満開

オスプレイパッドの付帯工事が着々と進められていて、その監視活動や阻止行動に向けた取り組みが強められています。

先々週に体調を崩して一週間近く体と頭が思うように機能しなくて座り込み行動がいささか不安に思えていましたがどうやら回復。

ようやく五時起きの弁当作りをこなすことが出来ました。工事の監視活動の仲間たちは三時起きで、那覇や本島南端の豊見城から駆けつけているのですから気合を入れなければ……。

辺野古の海上では、一個十四トンのコンクリートブロックを二二八個も投下する暴挙が始められました。県内外からはこの環境破壊の安倍政権の許しがたい暴挙に、連日抗議の行動が早朝から展開されています。海上でも防衛局の無法な海の囲い込み「臨時制限区域」設定のフロートを張りめぐらす行為に抗議するカヌーや抗議船を繰り出して抗議行動を行っています。

辺野古での抗議行動は連日、朝七時からの座り込み行動ですが私は今のところ参加できていません。

昨夜、帰国した翁長知事等の訪米団は早速辺野古の抗議行動に参加。名護稲嶺市長が参加者を激励したと報じられました。

辺野古の強引な工事再開に当面はそちらへの集中が

中心となります。そのため、今日の高江の来訪者はまばら。

高江の闘いを嘘と詭弁で誹謗中傷するテレビ番組に対して、その嘘に反論する取り組みで来られる報道陣が後を絶ちません。

つい先日は、私の友人に紹介されたという沖縄に住む女性から、「あの報道は本当ではないのですか、日当を五万円もらっているのは本当なのでしょう？」という質問が自宅の電話に入り、あっけにとられました。体調を崩していたこともあり、弁解する気にもなりませんでしたが。

来訪者がすくないこともあり、少し休憩して当番の女性四名で新川ダム周辺の桜見物へ。ついついその愛らしさに手が伸びて、花房をハンカチに山盛り。桜茶や押し花にしたくなりました。

高江の街道の山肌には、つつじが花を開き始めました。点在する家の軒先には、ブーゲンビリアが満開。

東村は間もなくつつじ祭り。公園の山一面がつつじの香りに包まれます。

先週金曜日朝のスタンディングで、強風と寒さに震えたことがウソのようです。誰かがいいました。「手袋が欲しいね」気温は十五度ぐらいなのです。先を急ぐドライバーが手を振ってくれるのが励みです。

2月13日（月）

横井久美子さん一行来訪　久方ぶりの再会

今日も仁王立ちするアルソックの警備員は基地ゲート前に無言で十五名。ゲート内には防衛局員が数名見え隠れしています。毎度のことながら、米軍基地を警備する日本の国家公務員、『誰から？』ここには日本人しか居ません。

京都から韓国からの留学生を伴っての家族連れ四名。「高江も変わってしまいましたね」「去年来たときはテントは向こうでしたのに」「ニュースやインターネットを見ていて、悔しくて、孫と娘を連れてまた来ました」

そう言われれば、しばらく前にお話したことを思い出しました。あれは夏でした。

続いては東京からの四人、熱心に現場の地図を見ながら大西さんの説明に聞き入っています。来られてからもう二時間以上も経つでしょうか。

ドイツからの青年男女四名が来ました。日本語が話せるのは一人だけ。目をキラキラさせながら説明に聞き入っています。何という軽装、「寒くないですか」「沖縄は暖かいです」短パンに素足でゴムのサンダル。若さっていいね。

三時半、横井久美子さん一行四五人がバスで到来。赤い服に野球帽、若いいでたちです。彼女をえひめ母親大会に招いてコンサートをしたのはもう二十数年前、二度目は十二年まえにハノイの枯葉剤被害児が暮らす平和村でのコンサートを少しお手伝いした時以来です。年中、国内外でコンサートを開催して動いている横井さんの記憶には、あまり残ってない様で、ハノイでの話をすると「あーあの時の」でした。「それにしても何でここにいらっしゃるの?」「人生の最終章の一つです」答えるのには時間がかかります。

そういえばハノイでも横井久美子の名前の入ったそろいのTシャツを着た四十数名のファンがご一緒でした。一行の殆どが初めての高江の来訪です。説明の時間は三十分。まあなんと慌ただしい事。汗が吹き出します。「また来てくださいね」。これから那覇に向かうとか。高江で一曲ということにはなりませんでした。

次のツアーが来られたのは、四時も過ぎてから。三二名の団体です。全国各地からの方々。初めての方が多く時間が無くて説明も大変。どこまで分かってもらえたか心配です。

それにしてもこの山奥まで来て下さることに感謝。「沖縄の闘いは日本の将来に関わる問題です」「平和憲法をかなぐり捨てて、武力をもって世界に出ていくための前線基地を沖縄につくるというのですから」

今日は退屈する暇はなし。ストーブで焼き芋。そして来訪者の接待? 今日の弁当は、豆ごはんのお握り、おかずは高野豆腐の煮つけにコロッケ、自家製の沢庵など。この沢庵、大宜味名物の赤土大根を暮れから干してようやく出来上がりました。まあまあ好評です。

オスプレイが旋回しています。ヘリも。国会では、大阪での国有地の不当な売買劇場が始まりました。官僚と政治家と「右翼教育家」の国家財産を食い物にする一大スキャンダルの行方。徹底して明確にすべきです。いよいよ総選挙が近くなるのでしょうか。

2月20日（月）

赤嶺政賢さん来訪

東京からの富久さんが久々に来訪。話題山盛り。工事用の車両が頻繁になっています。現地行動連絡会のメンバーが早朝から監視活動を強めています。私たちが到着する二時間も前からの行動の展開です。

私たち当番はTシャツのエブ付け。随分と慣れました。

十時に赤嶺政賢議員が来訪。住民の会や地元高江の方、連絡会の意見や要望、状況を丁寧に聞き取っておられました。二日後に国会での質問や防衛庁との折衝をされるとのこと。心強いことです。

二人、四人、五人と今日は八組の方が来られました。最後はインドネシアからの若い研究者たち三人が琉球タイムスの記者に連れられて来られました。連れ合いは説明中だし、私はいささか疲れたしと思っていたら、富久さんが英語での挨拶を始めました。助かった!

緊急連絡が入りました「辺野古で逮捕者が出ました。名護署に連行されました」と。四時から名護署前で抗議行動が行われるということで大西さんが駆けつけて行かれました。

ゲート前のアルソックの警備員が増えています。二二名が仁王立ち。ヘリでの資材の搬出も行われました。

2月27日（月） もう二月も終わりです

毎週金曜日の朝のスタンディングも楽になりました。風も和らぎ、眼前の海の上をカモメが気持ちよさそうに空に浮かんでいます。

高江に向かう車窓にも明るい陽が差し込むようになりました。

今日の当番は五人。賑やかです。明日で高江での音の出る工事はすることが出来ません。

鳥たちの営巣期になります。

でも工事の音より激しく鳥たちが怯えて巣から飛び立つことも出来なくなるヘリやオスプレイの轟音はお構いなしです。この轟音の被害から人間さえも高江から去りつつあります。

安倍政権がアメリカへのへつらいの道具にした高江の急ごしらえの高江のオスプレイパッドに早くも崩壊が始まりました。

水漏れで崩れたり、芝生が浮き上がったりで補修に大わらわ。このオスプレイパッドの工事費が何と四倍以上にふくれあがっているといいます。

昨年着工した四つのオスプレイパッドの当初

の契約は、六億一千三百万円、それが四、一倍の二五億一千六百万円余に。その契約変更の内容は、警備業務の追加八億四千五百万円余、ヘリによる資材運搬が九億四千万円など気が遠くなるほどのお金が注ぎこまれたと報道されています。

しかもまだまだこれからも追加が出るでしょう。

ダンプ約四千台で四万トンの砂利を入れ、四万本の樹を切り倒して森を破壊して動植物の住処を奪い、二五億円余の国民の血税をジャボジャボとつぎ込み、他国への殴り込み部隊の訓練場を提供することの犯罪行為に改めて怒りが沸騰します。

その沖縄には、多くの島々にも人々が暮らしていますが、防災のヘリは一機も配備されていません。何という不条理。他の島々では、人が住んでいないとはいえ、爆撃機の攻撃訓練で形も崩されているといいます。自衛隊機の配備よりも防災ヘリを、医療ヘリを。当たり前の要求です。

高江に来訪される方々は異口同音に、二四時間基地入り口に立ち並ぶ二十人余のアルソックの警備員に、「何というこの無駄遣い」と嘆かれます。

来月からは大きい工事もないと思われますが、この無駄遣いをいつまで続けるというのか、一点を見つめて私語も許されず、不動姿勢で「埴輪」の姿を強要されている若者たちの胸中も痛々しく感じられてなりません。

時折、ゲート内の金網の中から防衛局員が、道路を隔てたテント内に座る私たちを双眼鏡で監視している様子。統一連の糸数さんが、その局員に向って、「あなたたちは私たちがなぜここに座り込んでいるのか、分かっているのか」と沖縄県民がおかれている現状や基地の問題を話しかけます。

糸数さんは「本当は、警備員に話しているんだよ」と。

時には私も「何のために覗いているの。国家公務員は米軍のために働くのではなく、憲法を第一にまもるのが務めでしょう。私たちは憲法を守るために座り込んでいるんですよ」などと抗議しますが、むなしい気がします。

荷台の長いトラックがゲート内に入っていったかと思うと大小の重機二台を積んで降りてきました。続いて警備員たちが使用するプレハブ小屋にバキュームカーが近づいたと思ったら、「わーっ。臭い！」強烈な「香り」が森を覆いました。二月の座り込みも終りです。

3月6日（月）今日の当番は、平良啓子さんと二人

今日は夫の一郎が、白内障の手術を受けるために欠席。他のメンバーも所用で当番は二人。このため、すでに自動車の免許証を返上した二人は、9条の会・事務局長の金城文子さんの護送でやってきました。

まだストーブが有り難いテント内です。持参のコーヒーで一息ついて、やってこられた糸数さんとしばしのユンタク。時折道路を走りさる車両の他は、小鳥のさえずりもありません。

話題の種は豊かです。森友学園事件、豊洲市場問題、小池劇場、そして、結婚したという啓子の次女・次子さんの話等々。

誰も来られないうちに、お昼にしようかと弁当を広げた途端、中年の二人の方が賑やかに入ってこられました。「どちらからこられたんですか、ここは初めてですか」「いいえ、二度目です。私ね、初婚で牧師をしていて、今、沖縄に単身赴任しているんです」「うちの人は再婚ですけど、東京で牧師をしているんです」「二人とも前に来ました。その後どうなっているか、気になりましてね」「お食事は？」「帰りにどこかで食べるつもりです」「なら、たいしたものは入っていませんが、これをどうぞ」持参のお弁当が今日は人が少なく、四人分が余っています。「あー、良かった」二人分が減りました。

最近は、おおむね八人分の持参ですが、今日は六人分です。

食事をしながらの話は、五十歳で結婚したこと。単身赴任はさみしいことなど、問わず語りで結婚したことがよかった感想を嬉しそうに語ります。いいね、私たちにそんなことあったっけ？　私の初めての結婚は五三年前の今日だったけど。

ガイドの横田さんが若い男女十人ほど伴って入ってこられました。「この人たちね、保育士の卵、自分たちでお金を貯めてきたんですって」「わー立派」。私が説明に入ります。

続いてはシニアの女性群、五名ほど。「私、那覇の○○、去年来たでしょ」「えー、でもお名前は」「啓子先生、私知ってるでしょ、ほらこの前お話したー」「そうでしたね、いろんな方が来られるから、つい忘

れて」こんな会話が飛び交い、もごもごしてしまいます。だって、人の名前はなかなか覚えられません。私も啓子さんも！　シニアの一群は持参したお弁当を広げて、にぎやかに食事を済ませ「また来ますね、今度は覚えておいてくださいよ」「これから私たち辺野古に行きますね」「お気をつけて」。でも次まで全部の人の名前を憶えておれるかしらね。無理だわー。

国民学校一年生の会ご一行到来。

かねてから来訪が告げられていた「国民学校一年生の会」の修学旅行のご一行四十人がバスから降り立ちました。昭和十六年（一九四一年）に尋常小学校から国民学校令によって、国民学校になり、「皇国の道に則って初等普通教育を施し、国民の基礎的錬成を行う」ことを目的とされました。この国民学校の一年生として入学した井上ひさしさんたちが結成した「国民学校一年生の会」は全国に会員をもち、戦争体験集や本、機関紙の発行、戦争戦跡への修学旅行などなど様々な活動を通して憲法、平和問題等多様な活動を展開してきました。その会が今年で解散となり最後の修学旅行に沖縄を選ばれました。

国民学校は昭和二二年（一九四七年）学校教育法の公布・施行によって六年間で廃止になりました。

降り立った方々の中には、前に来られたこともある方もおられますが、初めての方もあり、時間はすでに四時を過ぎています。しかも今夜は那覇泊り、明日は宮古島に行かれるとか。「で説明はどうしましょうか」「三十分ぐらいでお願いできませんか」。伝えたいことは山とあります。「分かりました。高江だけでなく沖縄の闘いも伝えたい。どこまでしゃべれるかわかりませんが、お話しします。不十分なところは後で資料を読んでください」。

ふと見ると、多くの方がノートを取っています。その真ん前に伊藤千尋さんがにこにこしているではありませんか。一気に背中に汗が流れるのを感じました。時計を見ると丁度三十分が過ぎました。

対馬丸事件の生存者、平良啓子さんもこの国民学校一年生です。伊佐真次さんも来ておられますが、挨拶や一言をお願いする時間もありません。あたふたしているうちにバスに乗り込み始めた方もおられます。挨拶もどかしい中で、事務局の寺脇さんから、ご自分が出版された著書を頂きました。「外壕の青春」。ご一行はこれから辺野古に回っていくとか。那覇に着くのは七時を回るでしょう。病人がでなければと願うのみです。

続いて富士国際のツアーの一団も来訪。日の暮れが遅くなったとはいえ、少し冷気も覚える高江の山中にひと際慌ただしいひと時が過ぎ、帰宅となりました。

自分の生きざまと重なる「外壕の青春」

一日の勤めも終わって頂いた本を開いてびっくり。それは六十年安保闘争を法政大学の学生生活の真只中で過ごされた方々のその後の人生の生き方の記録でした。

私が高校卒業後の労組の中で六十年安保を知り、その流れの中で沖縄返還、ヴェトナム反戦、七十年安保、保育運動、母親運動、労働運動等々を経てきた自分の生きざまの中で出会い、教示を受けた方々の名前も多くあります。

中でも岡倉古四郎先生のお別れ会でお話した後、音信が途絶えていた河合恒生先生の名前をみたとき、資本論の手ほどきを受けていたときのその声まで思い浮かぶ心地がして、これも高江に座り込み続けてきたお陰かと夜明けまで心弾む思いでした。

尤も本に登場する方がたは法政大学卒、あるいは大学院卒の方々、高卒の私のキャリアなどとは比較もしようがありませんが、六十年安保闘争を産湯にその後を生きてきた青春の日々とその後の生きざまに間違ってては無かったと誇りを覚えるひと時でもありました。

3月13日（月）当番は女性ばかり四名

連れ合いが白内障の術後のため欠場、一日中殆ど小雨。

アルソックの警備員は相変わらず、基地入り口のゲート前に十五人が雨合羽を着て横一列に仁王立ち。やっぱり何のためにと言いたくなります。

「でもこんな仕事をさせられて可哀そう」とは当番一同の弁。防衛局は非人間的。

雨の為か、今日は来訪者がまばらで十四、五人。しかも再訪者で顔見知りばかり。

久しぶりの山本真知子さんに私の生きざまを延々と語らされました。七九年分ですものね。後はわいわいがやがや時事放談。相変わらずは籠池・森友学園問題は話題の花形。そして政局の行方。原発と東芝、アメリカとトランプ大統領、インド政権などなど。

いつ、暴走の安倍政権の命運が尽きるかが最も知りたいところです。

3月20日（月）ブロッコリーの森が　若々しく衣替えの季節

平良啓子さんが奄美大島の宇剣村に七二年前の対馬丸遭難者の記念碑が建立され、その除幕式に出席のため、常連の牧子さんは所用があって今日の当番は三人。テントのすぐ上で「チョキン、チョキン、チョキン」と聞こえるけたたましい鳴き声。「あれは郵便局のまわしものよ」「えっ、どうゆう事？」そばにいた民商の糸数さんが平然と「貯金、貯金ていってるさ」「なるほどね、わはっは」が座り込みの一日の始まり。

テントの周りの森は、週ごとに緑の色が若返り、春の息吹きを感じます。

今日の早速の来訪者は、二歳の坊やを連れた若夫婦。「早く来たかったんですけどね。中々これなくてー。やっと休みがとれたんです」「どちらから？」「山口の祝島です」「原発で頑張っているところ？」「そうですそうです、上関原発です」「愛媛の伊方原発もすぐ近くだしね」「原発を作らせたら終わりですよね」ひとしきり原発建設反対の運動についての会話が続きます。「沖縄の基地問題も原発問題も同じですよね。ホントに腹が立つ」「原発もそろそろ終わりですよ。安倍首相が財界のメンバーを連れて世界に売り歩いている原発もヴェトナムで撤退でしょ。東芝はアメリカの原発を買収して倒産まがいで、台湾も中止だし」「そうですよね。日本の恥をこれ以上増やしてほしくないですよね」など会話も弾んで「また来ますね」。坊やもじっとしていません。「気を付けてね」三人は元気よく下山。

午後からは神戸からの弁護士9条の会の方々八人が来訪。熱心に連れ合いの説明に聞き入っておられました。

「あれまー、杉岡さん、久しぶりですね」大阪のおばさん党のメンバーで、毎年のように支援に来ている杉岡さんが入ってきました。にぎやかな人。辻元清美さんのシンパです。

「あれー、きれいになったんじゃないですか。色も白くなって」「よう言うわーもー」

「この前はツータン家で、一緒に指圧をしてもらった方ですよね」と金城文子さん。「そうそう、あの時は気持ちよかったですよね」「あれはもうおととしですよね。N4で座り込んでいた時だから」。

とりとめのない会話がはずみます。

「どこに泊まっているの?」「○○さんとこ」「へーあそこ、蛇を飼ってるって聞いたよ」「そんなことないよ。あー、迎えが来たから帰るね」「あー松葉さん。じゃまたね」「またね」「元気でね」「お互いね」

手を振って車に消えていきました。

伊佐さんが青年の一行を連れてこられました。東京からとか。熱心にメモを取りながら伊佐さんの説明に聞き入っています。

やっぱりいいねえ。若いって。もう夕暮れです。

「そろそろかえりの支度をしないと」「あのアルソックの人たちはあのままかね」「交代はするけど夜通しでしょ」。やっぱり金城さんも気にかかるようです。

今夜は住民の会の田丸さんと辺野古に支援に来ている杉谷さん親子が我が家に食事に来るといいます。さて献立をどうしよう。冷蔵庫の食材が気にかかります。

来週は松山に出かけるため高江はお休みです。

――・――

二二日から二九日まで松山へ―松山は寒かった。

次男の出迎えを受けて一年ぶりの松山。街の景色が少しずつ変わっています。

梅が終わって、でも桜はまだ。我が家の軒先の椿が満開、ぽたぽたと花柄が通路を散らかしています。寒の戻りで空気は冷え冷え。でもアジサイの新芽が勢いをつけて伸びています。

久しぶりに温泉を堪能したり、多くの友人との語らい、愛媛AALAの取り組みの相談の合間のホリディーin松山。それでも最終日は新居浜市での緊急の沖縄の報告会に、二十名近くの方々が二時間もあかずに付き合って下さり、ありがたい事でした。

年度末で飛行機の便もままならない一週間の旅でした。

――・――

沖縄の新しい闘いの始まり

翁長知事も参加の「3・25違法な埋め立て工事の即時中止・辺野古新基地建設断念を求める県民集会」に3500名の熱気

三月二五日、辺野古に新基地をつくらせないオール沖縄会議主催で開催された米軍キャンプ・シュワブ前での県民集会は、バスなどで県民が続々参加。

翁長知事が辺野古での集会に参加したのは就任以来初めてです。

翁長知事は、「辺野古の埋め立て承認を撤回する」と初めて明言しました。

政府は、最高裁で勝訴したことで「終わった問題」として主張し、工事を続けています。

これに対して知事が、改めて承認の撤回という強い権限行使を表明したことで新基地建設阻止の闘いは、新しい戦いの始まりとなりました。

4月3日（月）

政府、辺野古で違法工事強行　法治国家があきれる
沖縄防衛局は辺野古で、岩礁破砕許可期限が切れているのにも関わらず、許可の更新をしないまま護岸建設関連の工事を行い始めました。理由は辺野古漁協が漁業権を放棄したため、県の漁業権が消失しており許可申請は不要としているからです。

しかし、政府は、これまでこうした事態でも県の漁業権は有るとしてきました。しかも抗議する市民を県警の機動隊が力ずくで排除して、工事車両を通し、海上では民間警備員が抗議船に向って「立ち入り禁止」を繰り返し、無法状態の工事が進められています。

国がすることは何でもＯＫの違法がまかり通る辺野古の新基地建設現場、ますます、大衆的な抗議行動が待たれています。

今日、高江の当番は私たち夫婦だけ。

Ｎ１テント前のゲートに立ち並ぶアルソックの警備員は、夕方五時から朝の八時までは、五人体制になったらしく私たちがテントに着くと同時に交代し十二人体制になります。聳えるほどのゲートを固く閉ざし、その頭上には四機の防犯カメラを設置している前での仁王立ちの警備がなぜ必要なのか、毎度のことながら、米軍にへつらう日本政府を見せつけられているようです。

地元新聞のニュースでは米陸軍基地で、ヘリのつりさげ訓練が行われ、読谷村で住民の激しい抗議が行われたこと、相変わらずの米兵の飲酒運転の逮捕が報じられています。

4月4日（火）　特別出張?!

友人の東風平京子さんの依頼で、教会の友人の方々

の説明役を引き受けました。

奈良、京都、大阪など関西の教会からの小学生を含む一行一四名が十一時から来られるとのことで十時ごろから待機。

今日はすでに二組の団体が来られて田丸さんからの説明を受けています。すこし遅れての来訪で時間が三十分ほどしかありません。十分な説明とはなりませんでした。残念。それでも来てくださったことに感謝。「また来ますから」の挨拶に癒されました。

今日はとてもいい天気。よかった！

4月10日（月）
六日にアメリカがシリアが化学兵器をつかったと断定してトマホーク五九発で攻撃、安倍首相「直ちに評価する」と

アメリカのトランプ政権がシリアのアサド政権が化学兵器で空爆をおこなったと断定して、その報復措置として、地中海の米海軍の駆逐艦から五九発の巡航ミサイル・トマホークで攻撃したと報じました。安倍首相は「米政府の決意を支持する」と述べ、「国際秩序維持へのトランプ大統領関与を高く評価する」と発表しました。

アサド政権はこの化学兵器の使用を否定しています。

しかし、この攻撃はどんな理由をつけても国際法違反であることは確かです。

ましてやアメリカが直接攻撃されたのではなく、この単独行動には国際的な批判も起こっています。トマホークは核弾頭も装着できるミサイルです。

そして七日には、安倍政権が強引に「共謀罪」の審議入りを決定しました。

「共謀罪」法は、国民には全く無用で、政府・権力が国民を監視するための法律です。しかもその内容は国民には、理解されず、官権が一方的に解釈・運用できる法律でもあります。

戦争体験者は、戦前の治安維持法と同じだといいます。

今日の当番は啓子さんと私たちの三人。テントについた途端、小雨となりました。

一日中降ったり止んだり、少し寒い。もうストーブはありません。

北海道の豊島さんが来られました。今月初旬から車で北海道から来たという豊島さん。沖縄に永住されるとか。すでに名護市に居を構えられました。六月には平良啓子さんを帯広9条の会の講演におつれするとか。

沖縄の闘いを北海道に広めるために一生懸命です。高校教師をリタイアしての取り組みです。

ここ二年ほどは、我が家の正月の常連さん。レンタカーで山を下って行きました。

4月27日（月） 真っ赤なディゴの花の季節の沖縄です

国道三三一号線沿いの、先週田植えをしていた田んぼがもう青々としています。高江の森は曇り空で霧が深く、鶯の囀りあう声だけがさわやかです。

今日は山城博治さんの三度目の裁判。司法の場でも安倍政権の県民を威圧する姿は如実です。

沖縄の米軍基地・嘉手納では、北朝鮮の祝日行事に鵜目鷹の目、それ核実験、やれミサイルのと、朝から晩まで煽りっぱなしと感じるのは私だけ？ 米軍の艦隊が北朝鮮の近海に自衛艦も従えて出撃していて、沖縄の米軍基地は戦闘態勢のような報道で、どちらが挑発、威嚇しているのか。

自衛艦が米軍の威嚇行為に参加しているのであれば、これは明白な憲法違反じゃないですか。核実験もミサイル開発も勿論、許しがたい行動ですが、すでに開発を済ませ武器にして威嚇し、空爆で、無人機攻撃している米軍はどう説明するのか、それを誉め讃えるのは見るに堪えません。

世界で一番のテロ国家は、アメリカだと思うのは、私だけでしょうか。十一年前、私が参加したブラジルで開催された第五回社会フォーラムに世界各国が参加した際の二十万人ものパレードで一番多かったのは「世界一のテロリスト・ブッシュ」という写真付きのプラカードでした。掲げていたのはヨーロッパやアフリカの青年たちでした。今はさしずめ、トランプ大統領というでしょうか。

いずれにしてもどんな紛争も話合いで解決すること以外、真の解決にはならないのは当たり前だと思いますが。

テントについてひと段落して広げた新聞記事からの連想が広がります。

「なんか怖いねーこの頃の新聞見てたら、戦争が起こりそうね」「昨日の新聞に、アメリカの平和団体が声明出してたね」「なんて?」「そら、トランプ大統領が、先制攻撃も選択肢の内って、北朝鮮に圧力をかけたでしょう。これにトランプ政権の先制攻撃の脅しは、朝鮮半島の緊張を高めているって、批判して戦争になったら、イラク戦争と同じくアメリカの歴史で、最も破壊的な政策になるって」「それに韓国人と韓国にいる米軍が危険な目に遭うって」「沖縄も大変なことになると思うよ」「韓国の大統領候補も大統領に電話して、先制攻撃を中止させるって言ってたって」

今日の当番は、平良啓子さんと金城文子さん、それと私たち夫婦の四人です。

新聞を挟んでの時事会話は、女性三人の放談。「私、トランプ嫌い」「好きな人いるかね」「私はまだ、好きっていう人に出会ったことがない」「それに、国会で教育勅語を教材にしていいって、閣議決定したってね。ヒトラーの我が闘争もよ」「閣議って、大臣の集まりでしょ。あの人たちの頭、いったいどうなってるのかね。これも恐ろしいさ」「そうかと思えば、愛人とハワイで結婚式を上げてシャーシャーとしていたりして、恥かしいよね」「その人たちが舵を取ってる日本なんだから、どうしようもないって感じね」「それこそ、安倍政権退場だけど、あの花見のニュース見た?」「昭恵夫人も平気なようね」「内心は平気でもないと思うよ」「あれで、籠池問題終わりにするのかね」「そうはいかないよ」「天下が許さない」

鶯があちこちで囀りあう以外は、殆どの物音もない高江の森のなかでの談義は話題が尽きません。

二〇日ほど前、佐久間さんの命日前日に、宮城節子さんが亡くなられました。節子さんは、成田闘争にも参加し、伊江島の土地闘争も参加され、辺野古、高江の闘いには、足しげく参加されてこられました。誰からも「せっちゃん、せっちゃん」と気さくに声をかけられ、いつでもきちんと自分のお弁当を持参、仲間への気配りをさり気なくしている姿が目に浮かびます。染色や織物をなりわいにしていたとか。ご冥福を祈らずにはおれません。節子さんには身寄りがなく伊江島と辺野古、高江の森に仲間たちの手で散骨されました。

4月24日(月)

道路沿いには真っ赤なアマリリスが満開

生垣にはブーゲンビリアが
今日の当番は啓子さんと私たちの三人。富久さんが同人誌「作家」をもって来られました。

富久さんはこの「作家」の常連で年二回の発刊に毎号寄稿しておられる作家。

高江には十年来、年に数回東京から来訪しています。今回は四月末から辺野古で頑張っています。

N1テント裏で起居しているという大阪の佐々木さんも三十分ほど、顔を出しました。

辺野古での防衛局の動きが慌ただしく、今日、埋立て本体の第一段階となる護岸工事の石材を海中に投下しました。

でも、この護岸工事着手行為は、政府防衛局のパフォーマンスで、反対世論を分断するためのもの、という声も強く気の長い大衆的な抗議行動が工事を止める力です。

テントの中は何となく冷え冷えとして、啓子さんは鼻紙が手放せません。風邪にならなければと案じられます。

昨日、投開票のうるま市市長選挙が五千余票の差で負けました。うるま市は沖縄県三番目に人口が多い十二万人の都市。県中部の太平洋側東海岸に面した、世界遺産の勝連城跡もある勝連半島と八つの島があり、海に伸びる海中道路と橋で五つの島が結ばれています。

町村合併によって広域化したうるま市には八つの陸・海・空・海兵隊の米軍基地・施設と三つの自衛隊基地があります。

米軍基地は、米原潜も寄港するホワイトビーチ海軍・空軍基地、司令部、将校クラブ、住宅、メリーランド大学やオクラホマ大学、大学院、短大、小学校、スポーツ施設の他、弾薬庫、貯油施設等々、日本人従業員も千人近く雇用されています。

基地への個人の土地賃貸料も二百億円近いものとなっています。昨年の四月二八日、二十歳の女性が米軍属に無残にも殺害されたところ。多くの基地被害が絶えないところですが、当選した市長は、『基地を資源として捉える』『基地と共存する』という基地容認派。自公政権の強力な支援で、翁長県政と政府与党との〝代理戦〟ともいわれる選挙でした。

七月に行われる県都・那覇市の市議選も激戦が予測されます。

気が抜けません。

辺野古新基地阻止！　共謀罪廃案!!
4・28屈辱の日を忘れない県民集会
辺野古ゲート前に3000人が結集

予定された集会開会前から、黒い衣装に身を包んだ参加者が次々とゲート前に結集してきます。

その多くは県内各地から家族連れも多いバスでの参加。各地の島ぐるみ会議の旗、団体の旗が閃いています。私たち大宜味島ぐるみ会議もマイクロバス満杯で参加。名護市からのバスや自家用での参加もあります。刻々と膨れ上がるゲート前の人垣。日差しが強くなりました。

集会は演台となった宣伝カーの車上からのリードで「立ち上がろう」の大合唱から始まりました。

昨年の昨日、元海兵隊員に殺害された女性・島袋さんへの追悼の黙祷に続いて、主催者をはじめとする登壇者の新基地建設、「屈辱の日」への告発、共謀罪廃案への決意など、いずれも参加者の強い共感の拍手を受けての挨拶、集会宣言の採択が行われました。

この日の朝、瀬嵩の浜では、殺害された女性への追悼の黒い連凧が、戦後七二年にちなんで七二枚の連凧につくられ、空高く上げられました。

5月1日（月）　今日はメーデー
私たちは高江の森の中で　静かな語らいです

東京で、松山で、那覇で、全国各地で様々なメーデーの取り組みが報じられています。

何十年とその準備に動き回った日々が懐かしく思われます。

それにしてもそのスローガンにあまり変わりがないだけでなく、一層切実さが増したように思います。

憲法守れ、米軍基地を撤去せよ、最低賃金を上げろ、全国一律の最低賃金制度に、世界から核兵器の廃絶を、男女差別をなくせ、軍事費を福祉に回せ、税金下げて年金上げよ等々。デモ行進での自分の声がこだましてくるようです。それに今年は「共謀罪」許すな、原発の再稼働許すな、戦争法を廃止に等々でしょうか。まだありました。「安倍政権は即時退陣せよ」「沖縄の新基地建設を即時中止せよ」でしょう。

でも世界の労働者の健全な暮らしを守る要求はさら

に多く、とに角、世界の平和を願うすべての人々がどう連帯して、戦争勢力を包囲するかでしょう。その決起の日がメーデーだと思うのですが。

「テロ」の元凶を無くすためにその根源を世界の多くの人が理性的に処罰する日が必ず来ると思うのですがいつになるのか。

私はまだ沖縄のメーデーの集会には参加したことがありません。ヤンバルの周辺での取り組みはないようで、労働運動の取り組みも弱いようです。

さて今日の当番は三人。静かです。昼近く、ハワイから青年男女六人が到来、埴輪のように立っている防衛局の雇人アルソックの青年たちを見て「オー、ノー」。やはり異様に見えたようです。米軍基地を守る防衛局の姿は恥かしい。午後からは、久留米法律事務所のメンバー五人。弁護士とそのスタッフ。熱心につれあいの説明に聞き入っていました。

北海道から帰ってきた豊島さんは、那覇でのメーデー集会に飛んで行かれました。北海道の土産はおいしい魚の干物でした。

そうそう、ここ東村は宮里優作、宮里藍など有名なプロゴルファーの出身地。男子ゴルフの大会で優作が優勝し、村の中心地にはそれを祝う大きな横断幕が張りだされました。彼らは住民票を村に置いていて、税金の納付は村にされるのだとか。村人の応援も一入です。

5月8日（月）

山城博治氏と高橋氏の裁判

朝早くから山本真知子さん来訪。すでに数日になるとか。熱心に平良啓子さんの体験を聞き取りしています。今は大学院に在学中。素敵なお嬢さんです。今日、帰るというのでお弁当を上げることが出来てラッキー。稲荷ずしにしてきてよかったなー。

最近は弁当が余り気味で少し減らさなければなりません。年金も乏しいのですから。「でもね、来られる人がお腹が空いていると思うとついね」

余ったら持ち帰って夜のご飯です。

今日の当番は牧子さん、啓子さんと私たちの四人。

五日夜、松山の友人たちから「大宜味村に大雨が降って被害が出たというニュースがあったけど大丈夫？」とのメールや電話があってびっくり。

「どこの大雨？」テレビのニュースを見て、ター滝での谷川の増水での救援活動があったことを知りました。隣村では海兵隊員の女性が滝つぼに飛び込んで遭難死したことも後で知りました。

今日は、山城博治さん、高橋さんが県警に逮捕され半年以上も勾留された基地建設反対行動での公務執行妨害事件の公判があり、高江には連休明けとも重なって、来訪者は殆どありません。

昼前に平良啓子さんのお嬢さんが友人と来られただけでした。座り込むテントのすぐ近くでは鶯が啼き交わし聞き惚れていると無粋な米軍の攻撃ヘリが轟音を立てて飛び交います。

新聞紙上では、北朝鮮が核開発や弾頭ミサイルを開発するニュースが繰り返し報道され、その脅威は新たな段階に入ったとしてその発射拠点を巡航ミサイルなどで破壊する「敵基地攻撃能力」の保有をめざして早ければ来年度予算で調査費を計上する政府の方針を伝えています。

何ということ。日本が長年にわたって痛みつけ、まだ第二次大戦の後始末も十分にしていない北朝鮮を標的に「攻撃能力を高めて攻撃するための巡航ミサイル」をアメリカから急いで購入するというのです。

勿論、北朝鮮の軍事強化は許せませんが、それを煽り、それに乗じて日本のさらなる軍事化を推し進める安倍政権にはレッド・カードです。その金のほんの一部で、離島で成り立っている沖縄に一機もない医療ヘリや防災ヘリの購入こそ、急ぐべきです。

沖縄の医療ヘリは、住民の涙ぐましい寄付でようやく運営されているのですから。

5月15日（月）
沖縄は祖国復帰の日、四五年平和行進と辺野古で県民集会、二千二百名が参加

一昨日から宮古島を始め三か所から今年の沖縄平和センター主催の平和行進が行われ、昨日、辺野古で「復帰四五年、五・一五平和とくらしを守る県民大会」が行われました。平和行進には全国の六百数十名の労働者も結集。辺野古で二千二百名が決起の拳を上げました。

大宜味村からも島ぐるみ会議がマイクロバスを出し参加。集会には韓国からも四十名が参加。米軍基地に怒りをもやしている仲間たちです。

今日も当番は四人。午前中、昨日の集会に参加され

た韓国の一行の内の半分の二十名が来られました。中には何度目かの方もおられましたが、二時間近く熱心に説明を聞いていました。

「大統領が変わってよかったですね」「えー、でも韓国もこれからです」「去年、済州島に行ってきましたが、あそこの闘いも厳しいですね」「韓国の米軍基地建設も沖縄と同じですよ、機動隊もおんなじです」「米軍はアジアから出て行ってほしいですね」「ほんとに」などの会話もあり、中には私が生れた春川市生まれの若い女性もいて、春川市の事を聞きたいと思ったけど時間切れ。那覇市に向かう時間となりました。

午後には福岡からの青年や東京からのシニアの女性たち五人。

「前に来たけどすっかり変わってしまいましたねーここは。東京でもオスプレイが飛ぶんですよ、私、横田の近くに住んでるんです」「一緒に追い払いましょう」

「また来てくださいね」「えー、また来ます」「お気を付けて」など別れの言葉が森に消えていきます。

今日の最後の来訪者は、高知県南国市からの父娘。

「私は度々きちゅうけんど、この子は初めてじゃきに、説明してやってくれませんか」ということで約四十分の説明タイム。

「オスプレイ?」。轟音が響きます。「また、どこかで落ちるよ」「先週は毎日、ヘリが大宜味でも飛んでいたね」。慣れっこになるのも怖い話です。

5月22日（日）　白百合が路端で可憐に出迎え

今、ヤンバルの路傍は白百合が満開。月桃の花も可憐です。

今日は久々に五人で当番。午前中は来訪者もなく、ユンタクの話題には事欠きません。

籠池問題はどうなったの？　加計学園の問題は？　憲法問題で安倍発言は憲法違反だけど罪にはならない？　共謀罪に、皇室問題、マスコミの問題などなど

「NHKの報道はひどいよね、まるで政府の報道機関ね」「それに比べたらアメリカのマスコミはまだましだね」「特派員の報告っていうのも時々おかしいね」「このテントに盗聴器はつけられていない？」「その内つけられるかもよ」「ありうるね」「あー嫌だ」「これが共謀罪の狙いだね」「だけど、安倍内閣も必死だね」「籠池問題や、加計問題から、国民の目をどうそらす

かが目的みたいに見えるね」「安倍首相の憲法発言もそうなのかな。無茶苦茶過ぎるよね」「それにしても昭恵夫人はひどいね。加計学園でも名誉校長になっているんでしょ。安倍首相は逃げおおせるかね」度々。

森の中にいては直接的にはどうにもならないもどかしさがあるだけ、怒りの言葉があとを絶ちません。

地元の新聞によれば、防衛省が沖縄の米軍基地の再編強化に協力した自治体に新しい補助金十億円を計上したと報じています。その中身は那覇軍港の移設、牧補給基地の移設など、返還を名目に辺野古への補助金をモデルに九割の補助率を上限に公共施設整備に充てることが出来るとしています。

いいかえれば、老朽化した米軍基地の再編強化（つくりかえ）に協力する自治体に箱モノをつくるための補助金を出すということでしょうか。さらに言えば、札束で自治体を懐柔して沖縄の基地を整備する、ということでしょう。歴代の官房長官が直接自治体に乗り込んできて、金で懐柔する姿を沖縄県民は知っています。

この補助金、市町村の協力や計画の進展に合わせて直接市町村に補助金を交付するとして、計画の加速化をはかるのだそうです。怒りの言葉も出ません。

午後からは、関東の障碍児教育の退職教員の一行二十名がこられました。小雨が降りだしました。テントは満杯です。

続いては茨城県からシニアのご夫婦。元々埼玉県の住人だったけど、沖縄問題の取り組みが弱い茨城県に移住して、沖縄問題を広めるために活動を始めたとのこと。頭が下がります。

今回は、昨年以降高江がどうなったかを見に来たといわれます。「有り難いことです」というと「これは日本の問題ですからね」。ご尤もです。

五時を過ぎて家路を急ぐ国道五八号線から望む水平線の西日はまだ高く雲間に見え隠れしています。

明日の夜は大宜味村の島ぐるみ会議の第三回総会が予定されています。記念講演は隣の名護市・市長稲嶺進氏。「辺野古新基地建設阻止の展望」が演題です。

来年一月が改選となる名護市長選に稲嶺氏はまだ出馬表明していません。

5月29日（日）月桃の花がたわわ、森はイジュの花盛り

昨日は違法な護岸工事が強引に進められている辺野

古・キャンプ・シュワブのゲート前で、「辺野古新基地建設阻止！　Ｋ９護岸工事を止めろ！　環境破壊を許さない県民集会」に県内から二千名が結集、怒りの拳を上げました。

大宜味村の参加者の最高齢は九十歳のご夫婦。「絶対、基地作らせたら駄目よ」。このご夫婦、最近長男を亡くされたばかりです。

憲法違反の南スーダン派遣の自衛隊の完全撤収がおこなわれ隊員の帰国が報じられました。政府は早くも次の派遣先を探しているそうです。何ということを。大宜味村・９条の会が行っている「共謀罪」法案の廃棄を要請する村民内外の署名が五百筆に迫っているとのこと。村人口の一六％を越えました。

先日、東村村議全員が参加して、防衛局員同行で、完成したというオスプレイパッドの現地調査が行われましたが、伊佐村議の説明によると、建設現場内には、ところどころに多くの砂利の山がつくられており、工事は続行されるようだとか。

現場を調査した仲間の専門家によると、オスプレイパッドに敷かれた芝は根腐れし、その下はぼこぼこ。通行路も未完成で、作り直しをしなければならない状態だといいます。鳥たちの営巣期が終わる七月から、改めての工事が再開されることは必至で、六月中旬からの監視体制の二四時間監視活動や工事阻止行動の再開の協議の提起がありました。

六月二五日（日）一時から、「高江座り込み十周年報告会」が東村農民研修施設を会場に開催されます。記念講演はアーサー・ビナード氏。高江の座り込みも十一年目に入ります。

辺野古の闘いでは、翁長知事が国の岩礁破砕違法工事の撤回を求めて、提訴することを決めました。

辺野古の工事は、名護市長の許可五つを受けなければ進めない工事があり、その上に知事の許可が必要なことも多くあります。

また、埋め立てに必要な土砂の採収に反対する西日本十八カ所では、採取反対のネックワートワークでの運動も進められています。県内では、各地で新基地反対のスタンディングが毎週行われています。

一方、この闘いの山場の一つといわれる来年一月の名護市長選挙に向けて基地建設推進派はその候補者選びに必死の様相です。そして今、翁長県政を支える県都・那覇市の市議選は、七月九日投票の激戦が展開されています。

沖縄にいると絶えず、基地被害のニュースや事件・事故が報じられ、米軍基地への爆撃機の搬入が伝わり、基地の無いこの村にも殆ど毎日のようにオスプレイや攻撃ヘリの爆音が響くなど、心休まる時がない思いがします。

そして、間もなく沖縄に七二年目の六月二三日の終戦記念日が巡ってきます。その沖縄には未だに沖縄戦時の遺骨や不発弾が眠っており、その発掘や処理が行われています。

とりわけ不発弾の処理は、今後数十年の歳月がかかるといわれ、その処理の都度、住民の避難処置が求められています。

6月12日（月） 北海道は雨

盛会だった講演会　先週の座り込みはお休み

先週、二日から五日までの座り込みはお休みして、平良啓子さんのお供で北海道に行ってきました。平良さんの「対馬丸遭難」の体験がテーマの講演会。帯広市と小樽市での講演会は、あいにくの雨模様。気温は急激に下がり、いささか寒い旅でした。

帯広の講演会は、十勝・帯広9条の会連絡会と映画9条の会の主催。何と十勝地方には五七の9条の会がありました。

平良さんの講演は、参加者に大きな感銘を残したようです。参加者は二三〇名ほど。会場が一杯になりました。夜には偶然にも奄美大島の唄者、朝崎郁恵さんのコンサートが帯広音楽鑑賞協会主催で開催されていて私達は招待されました。朝崎さんはＮＨＫの新日本風土記のテーマソングを歌われている方。八三歳という朝崎さんの声とエネルギーに活を入れられた夜となりました。講演二日目は、小樽。急遽、実行委員会で開催された講演会は四十人ほどでしたが、聞けば様々な集会もあっての事とか。

雨の中、九五歳といわれる元学長の参加もあって、ここでも新たな戦争への足音に怒りをもちながらの共感の輪が身を包んだひと時でした。北海道は遠い。ヤンバルを朝八時に出発して帯広の宿についたのが夜八時。小樽講演は、宿を朝七時過ぎに出て、講演後、列車・飛行機と乗り継いで我が家についたのが夕方の六時近く。日本列島南から北への旅でした。つくづくと「こんなに遠い処から北海道の人は、よく高江や辺野古まで来てくれるねー。有り難いね」。平良さんとの語らいです。

で、今月二週目の座り込みは梅雨真っ最中。訪問者はありません。しきりと稲光と雷雨がテントを襲います。すると、雨合羽を着て雨にさらされていたアルソックの警備員が突如として消えました。「えっ、どうして？」。約二時間近く。雨が小降りになり再び整列。夕方テントを覗いた伊佐育子さんの弁によると、雷の予報が出ると、〝撤収〟するのだそうです。人命第一です。いいことです。

あと一週間は雨マーク、時にはひどい降り。オスプレイパッドが流れたらいいのに。でもまた税金がつぎ込まれますよね。

6月19日（月）雨・雨・雨

朝から雨、ついに午後からはテントの中に小川が出来ました。その川下は足を上げっぱなしの座り込みです。

一時間に八十ミリとの報を後で聞きました。やっぱりアルソックの立ちんぼの人が気になります。十二人が頭を下げて雨に耐えています。交代はあるもののその時間四時間近く。

報道によれば、この高江のオスプレイパッドの建設予定価額は、約六億円、出来上がったとされる四つのパッドに要した費用は、九十億円を超えたとか。その中で要した警備費が六五億円とか。今、少なくとも毎日百人ほどが米軍基地を交代で警備しています。ここに座り込む度に人けもほとんどない基地ゲート前に立ち並ぶ屈強な十二人の警備員の費用を考えてしまいます。報道によれば防衛局は、沖縄南部の基地が集中する那覇、うるま市、沖縄市などの学校の冷房費用の削減を決定したとか。何という事。この暑い沖縄の日中の授業中、米軍機の爆音を遮るための窓を閉めての冷房装置は当然です。その費用を出さない？　なら、米軍機の飛行をやめるのが当然です。

昼前の雨がほんの一時、上がった時、久方ぶりに「本島赤ひげ」がその可憐な姿でテントを訪問。でも餌付けをすることにはなりませんでした。

6月25日（日）

「高江座り込み　十周年報告会」

七二年前、ここ東村でも米軍との交戦があり、農林学校二年生だった青年が鉄血勤皇隊として駆り出され十一人の学徒が命を落とした記念碑が「県立農林学校最期の碑」として建立されています。命を落とした場所は、今ではダムの底になっているとか。

その東村の地の大半は、米軍北部訓練場、その最も自然が豊かな地にオスプレイパッドの建設がつくられるとして反対の座り込みを始めて十年。その報告会が開催されました。私たち夫婦がその座り込みに参加して六年が過ぎました。

報告会は午後一時から。今年の記念講演は、再び詩人のアーサー・ビナードさん。昨日から我が家に泊まっての参加です。

昨夜の十一時ころまでのおしゃべりで、いささか眠い気分です。

県内外からの参加者で開催時には殆ど会場は満杯の四百人ほど。昨年後半の激しい闘いで、全国版となった東村・高江オスプレイパッド建設反対の闘い。安倍政権のむき出しの権力攻勢。米軍への忠誠のあからさまな姿を目の当たりにした闘い。その闘いも十年で終わりではありません。

子どもの貧困率全国一という沖縄で米軍にはズブズブに税金を流し込む姿がまだまだ続きます。そして県民を犯罪者視して、憚らない権力行使も。

辺野古と高江の闘いはまだまだ続き、その為政者たちに素手で、非暴力で、自己負担での闘いにも参加者は陽気です。人間としての誇りはこちらにありますから。

ビナードさんの講演は、笑いを誘いながら沖縄の闘いを世界史的に位置付けての説得力のある講演でした。その夜もワインや泡盛片手に夜が更けました。

ビナードさんから宿泊を頼まれて、故障気味のクーラーの手入れに四苦八苦した連れ合い、でも朝、冷房を切って平気で寝ているビナードさんから「僕、冷房は苦手なんで、いらないんです」に「ダー」。愉快な会話が途切れない二夜でした。三度目の来訪でした。昨年は泳ぎに来て、二度目は食事に。

二三日は、沖縄の慰霊の日、沖縄の各地で様々な慰霊祭が行われました。その関連から太平洋戦争当時、日本軍が沖縄に連行した朝鮮人軍夫の氏名、本籍、生死の有無などを記した「船舶軍（沖縄）留守名簿」と題する文書の写しを琉球新報が入手、その名簿には二八一五人の氏名があり、連行された朝鮮人の七割以上が戦時中に死亡または消息不明となった事実が浮かび上がったとも報道されています。当時は南北朝鮮の区別はありません。その謝罪は済んでいるのか。七二年経ってもはずかしいと思う日本です。沖縄はすっかり梅雨が明け真夏日の日が続きます。

6月26日（月）

木村康子さん逝去の報

先週、元日本母親大会実行委員長の木村康子さんが亡くなられました。四十数年のお付き合いでした。一度は辺野古と高江に行きたいと数年前から言い続け、昨年春でしたか、予定表まで送って来て直前にキャンセル。「そのうちに行くからね」といわれましたが幻となりました。肺気腫を患い心残りも多かったと思われます。二八日に嬉野京子さんから最期の状況の電話をもらい、胸の詰まる思いがしました。年はたった三つしか違わない大きな先輩でした。

高江では昨二五日の十周年報告会に参加された方が、私たちよりも早くN1テントに五名ほど。今日はビナードさんと松井さん同行の出勤？です。テントの周りが一度に賑やかになりました。話題の多くは昨日のビナードさんの講演を巡っての話と選挙戦真っ最中の都議選が話題。

その結果が沖縄の闘いにどんな影響をもたらすのか、安倍政権が生き延びれるのかなどなど。

蝉の鳴き声も賑やかです。

嘉手納基地では米海兵隊の垂直離陸型最新鋭のステルス戦闘機F３５Bの二機が県内ではじめて飛来し、連日飛来しています。

この戦闘機は攻撃機で騒音がものすごく電車が通過するガード下の音と同じ百デシベルで耳が痛くなるほどの轟音。今後、普天間や伊江島飛行場の使用が予定され、すでに離島の鳥島射爆場では、訓練が行われていると報じられています。

また嘉手納基地では、パラシュートの降下訓練が行われ住民からの激しい反対と中止の要望が行われていますが、米軍はさらに夜間の訓練も行うとしており、住民の生活を無視した傍若無人な米軍の振る舞いに嘉手納基地撤去の声が大きくなっています。

辺野古では、ゲート前での市民の抗議の座り込みを前にして一四二台の砕石を積んだダンプがパトカーに先導されてキャンプ・シュワブに入りました。

高江では四時ごろ、にわかにガラガラ音を立てて、ゲートが開けられたと思ったら、防衛局の車両が四台、続いて東村の車両、続いて米軍人を乗せた車両の六台が吸い込まれていきました。東村の車両には村長が乗っていたそうです。

先日来、赤土の流失が報じられ、防衛局が謝罪に来たり、オスプレイパッドの崩壊が伝えられたりして、いよいよ七月一日から再び工事を再開するための調査が行われたのだと思われます。帰路は別ルートを通ったとみられテント前では確認できませんでした。

ビナードさんはお昼過ぎに那覇空港に向かい、変わって「ザ・思いやり」の中村みづきさんの到来。

平良さん、松井さん、中村さんらとの八十歳対四十歳の人生談義で夕刻まで盛り上がったN1テントでの午後でした。

7月1日（日）

工事再開ののろし！

昨日「機動隊が来ている、早朝結集を」の連絡が入りました。既にN1ゲート前には機動隊の車両が駐車し、私たちの車両の駐車を防止するためのカラーコーンが配置されるといいます。今日は連れ合いだけが早朝急行。

報道によれば、今回の工事期間は九月までの三カ月が予定されているといいます。完成したはずの工事の補修も含めて、またまた、税金の膨大な投入が行われる様を見続ける日々が始まります。

昨三十日は、五八年前、米軍嘉手納基地を飛び立ったジェット戦闘機がうるま市の住宅地や宮森小学校に墜落し一八人の命を奪った忘れられない日でした。

世界のどこの国も買わず日本だけが一機二百億円もの法外な値段で買う予定の欠陥機オフプレイは、すでに辺野古の海で一機が大破し、いつ事故をおこすのかが危惧されています。

訓練の標的にされている高江部落では、その不安は一層深刻です。しかし、その不安は高江部落だけでなく、その訓練のコースにされている私たちが住む隣村の大宜味村でも同じです。

また、六月十二日に九二歳で亡くなられた元沖縄県知事大田昌秀氏の県民葬が七月二六日に開催されると発表されました。「辺野古新基地を造らせないオール沖縄会議」は、「辺野古新基地建設阻止！県民大会」を八月十二日二時から、三万人規模で那覇市の陸上競技場で開催することを決定したと発表しました。この県民大会には翁長知事も出席します。

昨年と変わらず熱い暑い沖縄の夏が展開されます。

今年も早や、半年が過ぎました。

7月3日（月）

去年の夏の闘いの再来

今日、大宜味9条の会は五名が早朝から当番として駆けつけました。すでに住民の会を始め仲間たちがきつい朝日を受けて座り込みを始めています。

今まで朝八時までは五人だったアルソックの警備員が今日は二十数名がいかめしく鉄柱のゲート前に張り付いています。仲間たちはその前にブロックを並べての座り込み。

九時過ぎ、県警の機動隊員がバスを二台連ねてきたかと思うとたちまち座り込む仲間たちの排除にかかりました。一人に三、四人がかりで、強引に引きずるようにして道路わきに集め人垣をつくって封じ込めます。封じ込められた仲間たちは口々に抗議し、不当な行為を糾弾しますが、機動隊員は能面のような表情を崩しません。

仲間を排除し開かれたゲートに、大型トラックが機材や重機を積んで次々に吸い込まれていきます。

「工事をやめろ」「ヤンバルの山を壊すな」「米軍の基地づくりに手を貸すな」「ウチナーンチュが自然破壊に手を貸すな」「沖縄の水がめをまもれ」

シュプレヒコールがトラックに向けて突き刺さります。続いて、女性たちの『沖縄を返せ』が一斉に始まりました。その間、約一時間ほど。十台近い車両が出入りして機動隊の撤収となりました。

この攻防戦は、さらに一時間後にも行われました。結集した仲間たちの多くは、さらに辺野古に向っていかれます。

今日はアメリカの建国記念日でヘリたちの演習はありません。

午後、名古屋市から池内福祉会の一団が来られ一時間ほどレクチャー。続いて三重県から労組の方など六人。自治労連の方もいて、しばらく組合活動についての談義が盛り上がったあと、平良啓子さんの対馬丸遭難事件の体験に耳を傾けられて…。

夕方には「安倍晋三首相が余命三カ月のガンだって」というブログが流れたというニュースで、十名ほどいたテント内は、半信半疑ながら、話題沸騰。「まさか」「いや顔色が悪かった」「母親と一緒に病院に行ったらしい」など。ガセネタのようではありましたが。

東京都議選の結果を受けての話題にはこと欠かないN1テントのユンタクのひとときでもありました。

沖縄の石垣島付近で台風三号発生、本島の南を北上している様子。梅雨前線とも重なって、災害が予測されています。

九州に上陸して、四国を縦断、紀伊半島へ。大きな被害が出なければと願うのみです。

7月10日（月）

暑いなー。朝から日焼けがー。

今日は当番の大宜味9条の会の常連、五人がうちそろっての参加。N1テントにはすでに多くの仲間が強烈な朝日を受けて座り込んでいます。

機動隊員の姿は見えませんが、ゲート前のアルソックは二五人体制。殆どがサングラスをかけて、どこを見ているのか分かりません。尤も座り込みの仲間の女性たちも日焼け対策の完全武装、声を聴くまで誰だかわからない人もおられます。

N1裏からの連絡で、「裏で作業員の車数台と防衛局員の車両をストップさせている、応援頼む」—。

座り込みの中から、車数台が走り出していきました。今度は名護市の国道五八号線を走行中の仲間から、「機動隊のカマボコ車が数台北上中」との連絡が入ります。

さては、防衛局員が機動隊の出動を要請したか。各所に伝達を走らせます。五八号線からここまで何分かかるか、機動隊員がどこに来るか、緊張が走ります。

「作業員が新川

沖縄県選出の国会議員も勢揃い。森の中の座り込み

ダム方面に移動したから、その監視に行って！」「作業員がまた、N1裏に回った」「機動隊員が、N1裏に回った」「排除が始まった」「作業員たちが工事に入った」

次々に連絡が入ってきます。この間、約四時間。

今朝は四時間、作業を遅らせることが出来ました。非暴力の抵抗でした。

行動に約六十名の仲間が汗を流しました。「山を壊すな」「戦争の訓練に県民の水がめを使うな」「ヤンバルの自然を壊すのはやめて」。仲間たちの思いの声々が山に吸い込まれていきます。

直ぐ近くで急にクマゼミがけたたましく啼き始めました。

今日の行動はこれ以上ない予想。支援者の多くは、「これから辺野古の座り込みに行ってくるね」と車で南下。「ご苦労様です」

午後、三人の男性が奈良から来訪。連れ合いが現状を説明。概ね一時間を過ぎたころ、座り込みに参加していた女性がいきなり、運動論を展開し始めて、説明を中断させ、居並ぶ七人との論争になりました。それにしても説明中のいきなりの横やりに驚くやら憤慨するやら。聴いていると、先日辺野古で持論に抗議されたことがあって、その怒りの矛先になっている様子。やれやれです。

上から目線で独善的な言い分をまくしたてるので批判が集中して、「また来ます」の言葉を残して帰って行った女性。余りいい気分にはなれなかったのではないか。こちらにも後味がよくない雰囲気が残りました。「辺野古で批判を受けたのも納得できるね」という感想もあって、疲れもどっとテント内に残った感じです。こんな疲れ方もたまにはあるものですねー。でも再現は難しいー。

今日もいろんなことがあった高江の座り込みでした。

7月17日（月）

朝から温度計グングン上がって

テントの中でも三二度、エアコン持って来て！

今日は四人で当番。私たちがN1テントにつくともう支援者の方が座り込みを始めています。強い朝日の直撃を受けながら、静かに新聞を読む人、目をつむって耐えるように座る人。「コーヒーを持ってきましたからいる人はどうぞ」と声をかけると「待ってたよ」と現地行動連絡会代表の間島さんが早速手をあげます。千葉の三浦さんは「これこれ、これだよ」とうれしそうです。座り込みには二十名ほどの方が来られています。

あまり上等なコーヒーではありませんが暑い中でも熱いコーヒーは好評で、やっぱり持って来てよかったと思う瞬間です。

今朝五時には、作業員が赤橋を通過して入ったとの報告が、見張りに立っていた田丸さんからあったとのこと。六時からの行動で監視に入るこちらの裏をさらにかいての攻防戦です。

耳元で激しくクマゼミがなき立てます。

今日はその他の作業車などの搬入はない模様で、座り込みの方十人ほどは、辺野古などへ移動していきました。アルソックの警備員は、ゲート前に二十二名。朝日の直撃を真正面に受けて、足を開き手を後ろに組んで、サングラスをかけて、頭にはヘルメットでの無言の警備体制。

「暑いでしょうに」

時にはかすかに前後に体が揺れている人もいるので、立ったままの居眠りもあるようです。

午後から、オフプレイが舞い始めました。二機が旋回しています。見るすべもありませんが、新しくできたパッドを使用してのものだと思われ、近くで作業している人もあるだろと思うと、改めての怒りが胃の底から湧いてきます。この飛行、夕方までに四回数えられました。攻撃ヘリも飛んでいて、「いい加減にしろ！」

今日は稲荷寿司弁当を十食分つくってきました。この弁当は間島さんの好物。「よかった」の声が聴かれました。稲荷寿しにするのは、おかずが少し省けるのとご飯が痛むと怖いからなんですけどね。あ、それと手軽だから。

今日の来訪者は、東京などから四組の方々。やっぱり思ってしまいます「遠いところにようこそ！」

7月22日（土）

大浦湾の埋め立て阻止、人間の鎖行動、基地を囲む

法律をいかようにも解釈して、「法治国家」と豪語して、米軍基地建設を最優先してはばからない安倍政

権に、敢然としてその違法性を主張し、二四日に再提訴する翁長知事を支える意思表示も含めて、午後二時からキャンプ・シュワブ包囲の人間の鎖行動が提起され村の仲間たちと辺野古へ。

一時を過ぎた頃からひっきりなしにマイクロ、乗用車、バスがキャンプゲート前に人々を吐き出して去っていきます。幟をなびかせて先へ先へと進む一団。色とりどりの風船を両手に先を急ぐ青年。

瞬く間に基地の金網は人垣で埋められていきます。太陽はぎらぎらと照り付けますが、ほんの数秒森から吹く風がふっと気持ちを和らげます。

「もう少し進んで。鎖が切れている」「第二ゲート前が薄い」などの声も飛んで、ようやく二千人の鎖がつながりました。その距離、一、二キロとか。集会が始まりました。鎖のあちこちから風船が舞い上がり、ゆっくりと青い空に消えていきました。そして、鎖のウエーブが何度も打ち寄せてきます。

名護市長や国会議員の挨拶などが参加者の気持ちをさらに盛り立てます。

では基地に向かってシュプレヒコール！

「辺野古新基地建設反対」基地はいらない、撤去せよ、の思いが手に手に伝わります。握り合った手が汗で湿ってきます。

炎暑の中での一時間の集会は終わりました。流れる汗をぬぐいながら…。NO BASE HENOKO!

大宜味村からの参加者は、九十歳のご夫婦が手作りのサーターアンダギーを席から席に手渡されながらのバスでの帰路となりました。

7月24日（月）

安倍首相が予算委員会に出席、さてどんな答弁が国民に見え見えのウソとはぐらかしで支持率急降下の国政私物化の安倍内閣。「盛そばとかけそば」疑惑に女性議員の破廉恥言動を始め、どこから切っても膿が出る安倍内閣。国内だけではありません。仰々しくオバマ大統領を広島に案内し被爆国を誇示しながら、核廃絶には回れ右。

今日も当番は先週と同じ四人です。数日間の、泊まり込みでの参加者もいて、テント内は朝から賑やかです。早速の話題はやっぱり国政の動き。とりわけ加計疑惑は私たちの出身地愛媛県が舞台。かつての加戸県知事が、のこのこ国会に出ての奇妙な証言をするなどびっくり、「うそー」。そんな話聞いたことがない。いやもう、安倍首相の取り巻きの一言一言に、怒りよりも失笑が広がっているようです。

とにかく、この高江や辺野古で繰り広げられている国のでたらめな国費の使い方を毎日見せつけられている私たちにとっては、政府のいいわけは信用のしようがありません。何せ、今、一日の警備費が一千八百万円だというのですから。

今日は、夏休みに入ったこともあって子どもを連れた家族が来られて、小学生に説明するのに大汗をかきました。

続いては、在日朝鮮学校の生徒さんを含めた五人連れ。真剣な眼差しに見つめられてのレクチャー。こちらも終わったら汗びっしょり。

なぜか今日は東京からの方ばかり六組の来訪でした。日に日に太陽が空に鎮座する時間が長くなって、帰路も夕日がまぶしい時間です。

先月、我が家の前の浜でウミガメが産卵して、そろそろ子亀たちが海に向かう時が来ているため、今夜か明日かと心待ちにする日が続いていました。

「まだなのよ」産卵を目の当たりにしたご近所さん。しかしついに不幸なことに全滅の報らせとなりました。巣に水が溜まって死亡が確認されたとのこと。ウミガメの郷の出来事でした。

一方で、地元紙で、高江に住む国の特別記念物で、絶滅危惧種に指定されている「ノグチゲラ」が高江・有銘小学校の窓ガラスに激突して死んでいたと報じられました。専門家の話によるとオスプレイなどの飛行で環境が変化し、生息域の変化で、被害にあったといわれます。今回作られたオスプレイパッドの六カ所の周辺すべてでノグチゲラの巣穴が確認されていますが、オスプレイなどの米軍機の離発着訓練は、そこに住む貴重な動植物と人間の生存を脅かしています。これ、犯罪！「北部訓練場の閉鎖を」ヤンバルに住む者のねがいです。

7月31日（月）

断末魔の安倍政権、辺野古で権力むき出し横断幕さえ剥きとる

いよいよ政権維持が絶望となった安倍政権、内閣改造で必死の支持率向上を図る姿が国民の目を引いてい

ます。支持率低下の本家本元が居座って国民の信頼が回復するはずは無いと思うのですが。延命を図ろうとする提灯持ちの政治評論家もいるようで、マスコミの動きも気を付けなければ…。

先週末二日、日本AALAの定期大会に出席のために上京。何せ国道沿いに住みながら、車以外に人の歩く姿が殆どないヤンバルの郷から、どこもここも人人人のど真ん中に二日もいるとその疲れようは厳しいものがあります。

その上、帰りの飛行機が五五分も遅れて、我が家にたどり着いたのは夜更けてから。

で、今日のお弁当は文子さんにお願いしてしまいました。

当番は四人。作業員の出入りはあるもののその他の動きはほとんど無いようです。ゲート前に立つアルソックの警備員は十五人態勢になっています。

昨日まで森住卓さんが来られていたとか。そして辺野古では一段と機動隊の容赦のない支援者の拘束が激しくなっていて、先日は横断幕さえ強引に撤去したといいます。炎天下の中、体調を崩す方も多いようでテントを剥ぎ、横断幕さえはぎ取る横暴さはますます安倍政権の断末ぶりが表れているようです。

世界の多くの国が原発を廃止し、ジーゼルの使用もやめようかという時、原発の再稼働を進め、火力発電所の建設をし、被爆国でありながら核兵器禁止条約に背を向けるなど、笑止千万です。

米軍の新基地建設を断念させる闘いは、世界平和に向けた日本国民の意思表示の一つでしょう。

これからの政局の動きから目が離せません。

テントの近くにヤンバルのオペラ歌手「赤ひげ」が可愛い姿を現して動き回っています。

そのたびにテントの中での会話が途切れます。「また来たよ」「あれ、もう行った」「どこ、どこ」…。

午後、富士国際旅行社のツアー一行十五名が来訪。関東が中心の女性の方が多く、汗だくだく。

そろそろ今日も終わりです。頂いたカンパや買って頂いたTシャツなどの清算や後片付け、テントの戸締りをして帰路につきます。そうそう今日はヘリが二度、テントの上空に爆音を立てて行き交いました。

金曜日は週一回の国道八五号線沿いでの「新基地建設反対」「ヤンバルの森を壊すな」「県民の水がめを守れ」などの幟をもって、通勤などで行き交う車列に向けての示威スタンディング行動。七時半過ぎから一時間です。最近は再び隣村の国頭村の採石場から砕石を積んだダンプが列をなして通りすぎます。中には茶髪の若い女性ドライバーもいて、その数も一回に十台を超します。

一日中行き交うダンプは数十台を優に超えるよう。海からの風を受け、直射日光も受けての立ちん坊。人の往来は有りません。一時間に通り過ぎる台数は約五百台。丁寧に頭を下げていく女性、手を振っていく青年、クラクションを鳴らして共感を示してくれるドライバー。役場に出勤する村長や教育長も会釈をしていきます。今週は五人の参加でした。他の二箇所は何人の参加だったか。

愚直に意思表示を続けるのも闘いだと足を踏ん張って立ち続けています。

今月二二日の「人間の鎖」行動、二五日の海上座り込み行動に続いて、八月十二日は「翁長知事を支え、辺野古に新基地を造らせない三万人の県民大会の開催です。ご参加を。

8月7日（月）

世界同時行動の「平和の波」を決定した原水爆禁止世界大会

昨夜夜半、激しい雨と雷。地響きがするような雷が約一時間ほど続き、てっきり近くに落雷したのではないかと危惧しました。

このため、今日は大雨の中の一日になると覚悟しましたが、これは危惧に終わりました。

昨日、広島で開かれた原水爆禁止世界大会の国際会議が閉会しました。今年の国際会議はさぞかし、大きな盛り上がりになった事と思います。

私が初めて原水爆禁止世界大会に参加したのは一九六十年の第六回大会で東京で開かれた大会でした。もう五七年前の事です。一緒に参加した愛媛の被爆者を組織して会長だった久保仲子さんが今年の大会を知ったら号泣するのではないかとつい思ってしまいます。彼女が亡くなって二五年、その彼女がかつてオーストリアをはじめ各国や国連にも被爆者の思いを届けに出かけていた結果が実を結んでの核兵器禁止条約です。

六十年余のたゆまぬ正義の訴えと世界的に展開してきた署名活動が、今、核兵器保有国を追い詰めようとしています。「先進国」が平和の「後進国」になろうとしている歴史的な年になったのではないか。

かつての植民地支配を受けていた小国の国々と平和を願う人々が団結すれば、世界の歴史が動くことをまざまざとみた核兵器禁止条約の実現に、今、私たちが叫び続けている「外国軍の基地撤去」の実現もそう遠いものではないと思わされます。

原水爆禁止世界大会の国際会議は、「今後の帰趨を決めるのもまた、世界諸国民の世論と運動である」として、条約調印開始の九月二十日から核廃絶国際デーの九月二六日までを世界同時行動「平和の波」にとりくむことを提起して「ヒバクシャ国際署名」運動をすることが呼びかけられました。地球はもう一斉に行動が取り組まれることが当たり前になりつつあるのでしょう。

辺野古や高江の闘いも国際的な広がりになって、日米の軍事・好戦主義者を追い詰めていくことが遠い日ではない気がしてきました。

沖縄からも愛媛からも多くの仲間が広島・長崎の大会に参加して、さらに運動の輪が大きくなることに胸が膨らみます。安倍首相は「核兵器禁止条約は核保有国と非保有国の隔たりを深め、核兵器のない世界を遠ざける」などと詭弁を使い、禁止条約を否定しました。条約を批准する政府をつくるしかありません。

五日、またオーストラリア沖でオスプレイが墜落、三名の死亡が報じられました。

今日の高江には、三五名の方々が来られました。夏休みとあってお子さま連れが特徴。教会の方が全国からの中・高校生十五名を引率しての来訪、幼児を連れたご夫婦など、六組の方々でした。説明の仕方に四苦八苦。

宮城秋乃さんが、つい近日出版した高江に住む動物たちの写真集をもって来訪。続いて森住卓さん。

一気にテント内が賑やかになります。宮城さんの写真集「うあー、これいいね」「交尾の写真が多いね」すかさず秋乃さん「私、交尾の秋乃隊員よ、はははは」「これは子どもたちも喜ぶよね」など、居合わせた全員が買い求めます。「ありがとうございます。これを高江の取り組みにつかわせてもらいます」といいながら「これから、調査に行ってきまーす」と車で北上。宮城さんは高江に住んで調査活動をしています。「ヤンバルクイナが死んでいた」山羊の餌を軽トラに積んだ田丸さんがやってきました。早速役場に通報、輪禍のようです。

信号の少ない県道は、速度制限を無視した車が多くていけません。勿論、空のギャング、オスプレイも絶対いけません。

8月12日（土）

痛いほど暑い陸上競技場に結集した
四万五千人の県民大会

午後二時からの県民大会は、遠慮なく照り付ける太陽の激暑の中で開会しました。

「翁長知事を支え、辺野古に新基地を造らせない県民大会」

マイクロ満杯のバスは我が村から、会場の那覇市までは高速を使っての約三時間、炎暑の中を轍をなびかせて会場に急ぐ人、連なるバスで進まない道路、会場のはるか前から集会の熱気が高まっています。

競技場入り口は、延々と入場者の列、背中からは汗が流れます。

地元紙は早くも号外を発行、号外に列挙された沖縄の戦後の事件事故の数々、明日の十三日は　沖国大に米軍ヘリが突っ込んだ忌まわしい記念日です。

集会開会は、まず、参加者全員の「NO新基地建設」「我々はあきらめない」のメッセージカードを高く掲げてから。

集会代表者の次々の挨拶に参加者の思いが一つになっていきます。

来年二月の市長選挙に三度目の出馬表明をした名護市・稲嶺市長の「当該の市長として知事を支え、陸にも海にも新基地は絶対に造らせない」の言葉に拍手が競技場を覆います。

続いての翁長知事は「政府はいかにして法をごまかし、工事を進めるかに汲々としている。工事差し止め訴訟を起こしているが、埋め立ての撤回は責任をもって必ずやります」と表明し、熱い共鳴の拍手と共感を呼びました。

イハ洋一さんを団長とするオール沖縄の各界の代表の第二次渡米代表団に激励の拍手の波が起こり、アメリカのガーソンさんをはじめ海外からの参加者が紹介され、県民大会も国際色を帯びてきました。

大会は、特別決議と大会宣言を採択、再びメッセージカードを高く掲げての次は、手を繋ぎあっての沖縄流がんばろう三唱で締めくくられました。大会参加者は四万五千人と発表されました。

閉会からバスの待つ駐車場まで延々と行進、その間約一時間、大宜味村からの参加者で最高年齢の方は、平良みね子さん九十歳。「これくらい平気よ。いつも歩いているよ」と涼しい顔をしておられます。村にたどり着いた時、すでに六時をすぎていました。

8月14日（月）

沖国大ヘリ墜落十三年

沖縄国際大学にヘリが墜落して十三年になります。沖国大では大学生がその記憶を語り継ぎ、その異常さを訴える朗読ライブを行いました。オスプレイやヘリの墜落事故は、いつ起こってもおかしくない沖縄の日常にややもすると慣れてしまいそうな日々です。

今日の当番は久しぶりに五人。今日も照り付ける太陽を受けて立ち続ける基地警備員が私たちの到着を無線で報告していました。

九時過ぎ、六人の若者が汗をふきふきやってきました。六キロ近くもある道を歩いてきたといいます。

「一時間半かかりました」。中にフィリピンの青年が二人。『ザ・思いやり予算』にも出演していた中村みずきさんが引率しての一団。少し落ち着いたところで、「説明して頂けますか、この人たちは原水禁大会に参加してきた人たちです」と言うので夫の一郎が「フィリピンならコラソンさんも来てましたね」と言うと、中村さんは「この人、コラソンさんの息子さん」。「道理で、よく似てますねー」。もう一人はミュージシャンの若者、中村さんの通訳込みで延々二時間近い説明を熱心に聞いていました。

後からきた女性は、すでに何回も来ているとかでの座り込み。

お昼になりました。彼らは夕方まで座り込むのでこれから歩いて食事に行くといいます。この炎天下に何て無謀な、「じゃ、山の駅まで送りますよ」などと言い合っている彼らに「もしよかったらわたしが持ってきた稲荷ずしを食べませんか」、数分先に帰って行った若者がいる間、出そうかどうしようかと迷っていた稲荷ずし、十人以上になると私たちが、お昼抜きとなります。

何とか数は合いそう。

「いいんですか」「うれしい」。早速十人余の昼食会となりました。良かった、よかった。この炎天下に五キロも歩いてのランチなどぞっとします。後は大洲市の方から送られてきて氷で冷やして持参した梨で〆になりました。少し手間をかけてきた値打ちがありました。時々、座り込む方々にと送られてくる品々を新たな来訪者におすそ分けするのも私の仕事のようです。愛媛から、北海道から、群馬から、岐阜から、広島から、東京から…。その中にはまだ私がお目にかかったことが無い方もおられます。

「なかなか沖縄に行けないけど、地元で思いを行動にしている」と手紙が添えられています。有り難いことです。ゆったりと時間があるテントでは「この梨はねー」とか、「このお寿司のお米はねー」と送ってくださった方々を紹介させてもらいます。今日の来訪者は三十人ほど。

明日は終戦記念日。

8月21日（月）

沖縄・ヘリの墜落事故報告書、真っ黒のノリベン

十五日には、自民閣僚の全員が靖国参拝

日夜、沖縄の上空を飛び回る米軍ヘリの墜落事故は、毎年のように報道され、県民の不安は慢性化されています。でも報道の度に怒りが増幅します。一昨年うるま市沖に墜落した米陸軍特殊作戦用ヘリの事故の報告書が全くの黒塗りで出され、すべての情報が不開示だったと報じられました。米軍はどこまで、県民、国民を馬鹿にするのか、防衛省もそれに甘んじて平気？

十五日には、自民党の閣僚がうちそろって靖国神社を参拝する姿が報じられました。多くの国民がその幼稚さ、異常さに呆れているのではないでしょうか。

そんな八月も中旬を過ぎつつあります。

今日の高江には、夏休み中とあって、教職員の方が多くこられました。東京都教職員組合のＯＢと現職のご一行、横浜の中学校教師のご夫妻など、沖縄の現状や学校職場の問題など話題に事欠きません。教員の過労と教育委員会の教師の支配体制など、現状をあげればこれ全国共通かと思わされます。

Ｎ１裏のテントで座り込みをしている岩佐さんがこられて、同和問題、部落差別の歴史などに熱が入ります。八鹿高校事件、大阪羽曳野、高知、和歌山で問題になったあれこれがつい昨日のことのように話題となりました。

テントでの語らいは、歴史の勉強の場でもあるようです。とりわけ現場におられた岩佐さんの体験は実感が籠ります。

今日の当番は四人、雨の予報が外れて降る気配はありません。

8月28日（月）

辺野古・シュワブ前で　当て逃げ事件発生

二四日早朝六時過ぎ、辺野古・キャンプ・シュワブ前で新基地建設工事の抗議行動に参加されていた男女二人の方が、路肩の縁石に座っていたところ、走ってきた軽自動車に足を弾かれ一人の八十歳代の女性が両足の複雑骨折を負う重症と報じられました。もう一人の方も傷を負いました。

翌日、十八歳の青年が逮捕され、「仕事に出かけるため急いでいたから」と供述しているといいます。それが作為の行動か、運転ミスかは不明です。ただ、その犯人逮捕が異常に早かったのは、抗議座り込み現場に張り巡らされた監視カメラの効用だったとのこと。住民の行動を一部のすきもないようにカメラに収め監視する体制は、同時に県警や機動隊員の行動の勤務状況も監視する体制だといいます。このため機動隊員が住民への手心を加えることが許されないのだと。隊員の勤務評定。

高江では、すでに三週間を超えて、工事をやめるよう早朝の行動が展開されています。今朝も早朝四時から工事現場の入り口で十人での行動が行われましたが、相手は二十人の作業員、難なく突破されてしまったとのこと。

私たちがテントについた時には、その参加の方々は、眠い目をこすって汗を拭いておられました。すぐ近くのゲート前には相変わらずアルソックの警備員が十七名ほどサイボーグのように前を睨んで立っています。

今、東洋一といわれ、米軍の出撃基地として日夜、轟音を立てて爆撃機が離着陸を繰り返している嘉手納基地でも毎週、嘉手納爆音訴訟団による座り込み行動が行われています。二箇所のゲート前で軍関係の車両の通行を規制するというもの。勿論、機動隊の排除行動もありますが、県民の安心・安全を求める意思は、広がり強まっています。また県内では一斉の金曜日のスタンディング行動も行われ続けています。

今日はもう私たちには八月最後の当番。朝から「赤ひげ」が警戒心もなくテントの周りをはねまわっています。お菓子の切れ端をくわえると林の中にもち去っていきました。

茨木県から中・小の三人の少年を同伴した一家は、テント裏の林の中で木登りトカゲや「赤ひげ」にカメラを向けて大はしゃぎ、頂き物のマンゴーにも嬉しそうでした。この一家、来られていた森住カメラマンや平良さんと記念撮影しての帰路となりました。

一方、テントの片側では奈良からの教師、初めて来たという大学の准教授に約一時間の説明、続いてイタリアからの青年と次から次の来訪者への説明が続き、連れ合いの一郎氏もいささか疲労の様子。

四時過ぎに来られた韓国の青年たちから二時間の説明を求められ「悪いけど、僕たち五時にはここを閉めることになっているので四十分にしてくれませんか」。流暢な日本語を話すリーダーの女性は「それでいいです。お願いします」。後の二人は大学三年生の男女です。通訳の言葉に聞き入るようにメモを取っています。

時には韓国の現状も話題になりながらの真剣なやり取りのひとときでした。この三人、イギリスやアメリカの青年たちとも連絡を取りながら、平和についての活動をしているという素敵な三人組。

長野県諏訪市の弁護士、毛利正道さんは、「諏訪=沖縄ゆいネット」（仮称）を結成しませんか、とフェイスブックで呼びかけています。闘いは国内外に広がっていますね。

9月4日（月）

お盆の中日で当番は私たち二人、来訪者は四十人

地元の新聞が、米海兵隊が「北部訓練場の一部返還によって、環境への負荷は増大する可能性があると指摘している」と報じました。これまで日米政府は一部返還が負担軽減になるとまくしたて、オスプレイパッド建設を正当化してきましたが、米軍は環境面では負担増になる見解を持っていたことを隠し続けていたということ。一体どこの政府でしょう。耳のそばで防衛局の職員がハンドマイクで「負担軽減のためにご協力ください」とがなり立てていたことが蘇ります。

その東村高江のオスプレイパッドが、十余年の闘いの末、予定された六カ所が完成されつつあります。そして連日のようにオスプレイやヘリが森の生き物を脅

かし続けています。その森を今度は訓練場などはないもののように無視した「世界自然遺産」に登録させようとした取り組みが環境省や自治体を中心にして華々しい宣伝が行われています。「何のために?」

強引に自然を破壊し続けながら、平然と「これが『世界自然遺産』のヤンバルです。登録をおねがいします」ということに赤面はないのでしょうかね。

今、「北部訓練場を閉鎖して、世界遺産に登録を」とヤンバル三村の島ぐるみ会議での運動が展開されつつあります。

今日の当番は、お盆とあって、私たち二人。お正月よりも大変という沖縄のお盆です。辺野古の座り込みは、お盆休みです。

来訪者は名古屋や竜谷大9条の会、東京・田町の沖縄と連帯する会など六組、約四十人の方が次々に来られて退屈はしませんでした。そして疲れました。

9月11日(月)

高江はオスプレイの乱舞?

連日連夜、テレビなどのニュースでは北朝鮮とトランプ大統領の話題が絶えません。とりわけ北朝鮮の核武装の報道に、自民党の石破氏は米軍の日本への核配備を議論すべきだと発言するなど、北朝鮮の報道に乗じて好戦家たちが浮き立っているようにさえ見えます。石破氏は非核三原則の持ち込ませずを取り払えということでしょう。そしてその核は沖縄へ?! 冗談じゃありません。

国連での核兵器禁止条約採択をどう見ているのでしょうか。日本が条約に署名して批准してこそ、北朝鮮に核兵器開発に抗議し反対を正々堂々と言えるものを。いつの戦争や紛争でも核兵器の使用をちらつかせるアメリカに媚び諂う日本政府は国際社会に恥かしい限りです。

今日の当番は五人。十時から始まった住民の会や現地行動連絡会、受付当番者たちとの合同ミーティングに出席しました。会場は住民の会が新しく建設した支援者たちの宿泊所。

山の駅から五百メールほどの見晴らしのいいところです。そのミーティングの最中、オフプレイが目の前を乱舞し続けます。これほど近くで真横にオスプレイを見たのは初めてです。ミーティングではオスプレイパッドの建設が終わりに近づいていること、その内容には多くの問題点もあることなどが報告されました。

午後からは、基地をそのままに世界自然遺産登録を進めようとすることへの意見申し立て「立て看板」の作成第一弾。ヤンバル一帯に立てるといいます。その糊付け五十枚。時には作業もいいものです。糊張りが終わったら帰る時間となりました。今日もご苦労様。

9月25日（月）

先週は、愛媛ＡＡＬＡの二〇一七年の国際交流ツアーで旧樺太のサハリンに五日ほど出かけたため、座り込みはお休み、しかも一八日が「敬老の日」とあって、当番は、連れ合いの一郎氏のみとなりました。四十人の来訪者があったとかで、一人で大変だったようです。

二年前、やはり愛媛ＡＡＬＡのツアーでネパールへの友好ツアーの最中、第一次安倍政権の崩壊が駅頭で報じられた経験をしましたが、今回もサハリンの道中で、安倍政権が国会を解散するという報道に出くわしました。

もしかしたらそんなニュースがあるのではないかと語り合っていた矢先で「あー、やっぱり」。何というめぐりあわせでしょう。今日の当番は四人。

午後の人の足が切れた間に、立て看板三六本の足付けを六人がかりでの作業。それでも流れ作業で二時間ほどで終わりました。

この立て看板は、米軍基地をそのままにしてのヤンバルの世界自然遺産化には反対。「世界自然遺産にするのなら北部訓練場を撤去せよ」との要求を世論にするため、北部三村の「島ぐるみ会議」が村内に立てるものです。

夕刻には、富士国際のツアー六名が、横田さんの案内で来訪。このご一行、明日は伊江島に行かれるとか。説明約一時間を連れ合いが。日が短くなってきました。アルソックの皆さんは今日も十四人が仁王立ちの交代で、米軍基地のお守りです。

長野県の北村親雄さんからのたよりで「信州沖縄ネットワーク」が遂に実現しました。二年以上かかりましたが、「諦めず続けること」が実を結びました。とうれしいニュースが会の通信とともに届きました。

何と嬉しい事。

東京の弟からの電話では「こちらのマスコミでは、

沖縄の事は殆ど報道されないよ。意識的なのかねー」と。

そうなんでしょうね。

10月2日（月）十月なのに気温は三十度超え

朝夕は幾らか涼しくなりましたが、天気予報の最高気温は三三度、テントの中の温度計は三十度。真夏日です。今日の当番は三人と民商の糸数さん。金属的なオオシマゼミの鳴き声が森に響きわたります。規則正しく「キーンキーンキーン」。やっぱり秋なのですね。

安倍政権の疑惑隠し解散、小池百合子東京都知事の傲慢な政党づくりと議席欲しさの見苦しいすり寄りなどなど、日本の政界はてんやわんやの解党劇等々、一時間ごとに情報が入り混じる情景は、何とも形容の仕様がありません。

沖縄にもその余波は吹いているようですが「オール沖縄」に結集した統一候補は健全です。

とはいえ、名護市長選、知事選を睨んで沖縄の新基地建設を許さない闘いにくさびを打ち込みたい好戦の人々を侮るわけにはいきません。

県民が目のあたりにしている基地建設のうまみに群がる人たちの貪欲さは、政権のしっぽを握って離そうとしませんから。

辺野古新基地建設、高江のオフプレイパッド建設の仕様をみても金に糸目をつけない公共事業の実態と米軍への税金は、使い放題と思われる防衛局の有様に喜々としているとしか思われない地元の建設企業と地元政治家は一体でしょう。

来年の知事選も睨んでの総選挙の沖縄の闘いは、楽観してはならないと思わずにはおれません。

こうした状況を背景に「オール沖縄」は、辺野古の取り組みの強化を打ち出しました。十月の第一土曜日から毎月の第一土曜日は辺野古・キャンプ・シュワブ前で千人規模の集会をしようと呼びかけました。

今回の総選挙でも安倍政権は、辺野古の基地建設強行を打ち出しています。我が大宜味村からも「島ぐるみ会議」がバスを出しての参加となります。

我が村の唯一の幹線道路国道五八号線は、早朝かひっ切り無しに砂利を満載したダンプカーが辺野古に向けて行き来します。村の人たちはその都度、怒りの目を向けています。

この砂利は、前衆議院議員の国場氏の関連企業から

「ヘリパッドいらない」住民の会からのメッセージ

今後の活動や思いについて

皆さま

昨年、参議院選挙の翌日の早朝、東村高江では全国から動員された機動隊、防衛局員、県警、警備員を含めると一〇〇〇人近くが、一斉に襲いかかって座り込みをする私たち、テントや車両を暴力的に排除、工事を強行する事態となりました。

機動隊はその後も居続け、重機・資材・砂利搬入を守る為、私たちの前に立ちはだかりました。静かな村に警察車両や機動隊がぞろぞろ連なる異様な日常が続き、眩暈がする日々でした。

「県民の負担軽減」としながらオスプレイの運用基地を作り、「県民に寄り添う」と言って問答無用に市民を弾圧し工事を強行しました。違法に何万本もの木を切りダンプ4千台の砂利を入れ貴重な自然を破壊する一方で、「世界自然遺産登録」を利用し、東・国頭村長を抱き込み建設を進めるなど現政権のやり方はまやかしに満ちています。

オスプレイは墜落の危険があるだけでなく、独特の騒音も問題です。体に響く低周波音は気持ちが悪くなり、その場から逃げ出したい衝動にかられます。

高江では子供を守る為に引っ越しを余儀なくされた家庭も現れ始めました。

ヤンバルの森に住む生き物たちもこれから凄まじい爆音に脅かされることになります。

辺野古の工事も再開され、石垣、宮古、与那国に自衛隊の基地建設も進んでいます。

戦争になれば、真っ先に攻撃されるのは軍事基地です。基地も原発も危険なものとは共存できません。見えないところに無理やり犠牲や危険を押し付け、現実をごまかすやり方は決して許されません。

昨年12月22日、工事が完成したとして返還式典がありました。しかし、工事は今も続いています。

私たちは、まず、この弾圧による不当逮捕者を助けだすこと、そして、命の森、県民の水源地であるヤンバルの森から危険な基地を無くし、元の姿に戻すこと、本当の意味での安心・安全な日々を次の世代に残すため、座り込みによる抗議・監視を続けていきたいと思います。

これからも、引き続きのご支援、ご参加をよろしくお願いいたします。

二〇一七年十月一日

「ヘリパッドいらない」住民の会　一同

の運び出しです。

そう、今日の来訪者は三名だけでした。

京都からの女性一人と北海道の苫小牧市のご夫婦だけ。

京都からの女性は「今まで政治やテレビのニュースなどには無関心で来たけれど、それではいけないのだと、最近分かるようになりました。憲法にはいいことが書いてあるのですね」「これから辺野古にいってきます」とお弁当を一緒にして帰っていきました。

午後からの来訪者はなく、統一連の物知り博士・民商の糸数さんから沖縄の地名についてのレクチャーを受けて楽しい一時、沖縄の地名が地勢や方角などに由来していることなど、時間が瞬く間に過ぎていきます。

啼きかわすオオシマゼミがひと際高く森に響きます。「キーン」「キーン」「キーン」と。

10月9日（月）

明日は衆議院選公示日　沖縄は新基地が争点
今日の当番は常連の五人が勢ぞろい。やっぱりうれしいと思います。最近は来訪者もすくなくなってきましたが、北部訓練場は厳然とあり、工事も進められている模様。裏からの作業員の行動なので私たちには見えません。

でも、ゲート前に立つアルソックの警備員はどうやら八人に減ったようです。地元紙での無駄づかいを批判した投書が功を奏したとは思いませんが、ほんの一滴でも税金の無駄遣いはやめてほしいものです。今回の総選挙の争点の一つに消費税の増税が上げられています。

私たちの辺野古や高江の座り込みの現場から見えるのは、言語に絶する防衛費の膨大な無駄遣いの実態です。

単に米軍基地の警備だけではありません。底が見えないほどの海底まで二度と復元しない山を削って、その砂利を放り込むための経費は底が無いようです。地元の来訪者によれば「最近、砂利を運ぶダンプの多くが新車になったんだよね」。

「県内一の建設業者は、国場組で、砂利の搬送も関係の会社でしょ」「採掘場所の所有者もそうなんでしょ」「そうですよ、国頭村の採掘場なんか、もう谷底を掘っていますよ」「あらー、今度の選挙にも出ている国会議員の国場さんは、その社長の関係者でしょ」

「そう、親族ですよ」「今度、キャンプ・シュワブの中の工事を契約したのもそこでしょう」「あらら、防衛関係の利権がまともじゃないですか」「そうですよ。だからとにかく工事を続けることが儲けになるんですよ」

その経費の額は、私たちが覚えきれないほどです。

『消費税を上げて教育費に！』

冗談じゃありません。それを本気に思う人は座り込みの現場にはいないのではないでしょうか。

今日もオオシマゼミが森のあちこちで、張り合うように「カーン、カーン」と啼き交わしています。ヤンバルの森は秋真っ盛り。でも暑い。テントの中は三十度です。県道七十号線の沿道には、芙蓉の花がそこここにホアッと可愛げです。ススキも穂を揺らし始めました。

10月16日（月）

ついに高江の民間地にヘリ墜落炎上 もう、基地撤去しかない！

先週十一日、ついに高江にヘリが墜落炎上しました。村民の牧草地に炎々と炎と黒煙をあげるヘリ。ヘリでは一分も掛からないところに訓練場もオスプレイパッドもあるのにどうして民間地に？

名護市安部沿岸海域にオスプレイが墜落して、まだ一年も経ちません。沖縄国際大学に激突したヘリと同機です。

そしてまたもや日本側の事故調査は認められず、「あくまで米軍の調査を聴取」するだけ。

すぐさま現場に駆け付けた翁長知事はカンカン。米軍は副司令官が「個人的に」防衛省に謝罪。

牧草地の所有者は養豚も行っていますが、すぐさま放射能の疑惑で出荷停止、牧草も出荷できません。修学旅行生などの民泊事業が盛んな東村は、早くもキャンセルが相次いでいるといいます。

米軍は当たり前のように牧草地に入り込み、機体の回収と周辺の土地まで掻っ攫っていきました。勿論放射能被害も想定されます。高江区民は、去年までに造られたヘリパッド六つの使用禁止を含む抗議決議を全員一致で採択。宛先は沖縄防衛局。

決議はヘリパッド使用禁止の他、事故の原因究明、放射性物質の被害などの環境調査、被害を受けた農家への補償、防衛局長の謝罪と説明を求めています。

十二日には、金武町のキャンプ・ハンセンで、またもや実弾演習による山火事が発生したと報じられました。

高江の北部訓練場にヘリが墜落したのは、これまでに四回、村営グランドに不時着したこともあります。

米軍は、ヘリが墜落事故をおこした翌日も平然とうるま市沖の津堅島でパラシュート降下訓練を強行しました。沖縄全土はまさに米軍の訓練場、住民の存在など意に介していません。尤もこれは日本政府が認めていること、さらにその基地の強化を国民の負担で強行しているのが現状です。

時あたかも選挙の応援に来ていた自民党の岸田政調会長も現場に駆けつけましたが、抗議に集まっていた市民からは怒りの声が上がりました。

このヘリの墜落には、もう一つの大きな不安がありました。

この北部訓練場内には四つのダムがあり、県民の生活用水の水源地として、県民の命を支えています。そのダムに流れ込む水は、東村全域から集まっています。

ダムの管理者は、後三〇〇メートルずれていたら、ダムに流れ込む水に影響していただろうと。

北部訓練場の問題は、高江の住民ばかりでなく、沖縄県民の命に関わる問題なのです。

県内の自治体では、今回のヘリの事故にすぐさま、抗議の決議が次々に上がっています。とりわけ東村での全会一致の抗議決議、村長の怒りの発言に翁長知事も初めてオスプレイバッド撤去の発言となりました。

総選前の活動の期間は、あと一週間しかありません。

ヤンバルの島ぐるみ会議は、何としても三区の統一候補、玉城デニーさんを当選させることが、新基地建設をやめさせ、オスプレイ配備を撤回させること、そしてヤンバルの森をまもること。それが沖縄の責任です。島ぐるみ会議のメンバー有志は、毎朝、国道沿いで幟を持ってのスタンディングです。日に日に、手を振り。クラクションを鳴らして共感を示してくれるドライバーが増え励まされます。

10月23日（月）

選挙が終わりました。台風二一号が去りました。

デニーさんが勝ちました。

N1テントに着くとテントの屋根がありません。骨組みだけのテントは何とも…。台風二一号の接近でテントは畳まれ、森の中へ。

統一連の糸数さんも来られて、四人がかりでテントづくり。約一時間の作業でした。台風二一号は、沖縄本島はかすめただけでしたが、全国各地にまたもや爪痕を残していきました。死者も七名が報じられました。

各地の選挙管理委員会は、台風のための不在者投票を呼びかけ、投票率を上げるために一生懸命。

その結果は、沖縄では四つの選挙区の統一候補のうち、三つで基地建設反対の民意を掲げた候補が圧勝しました。一区の共産党赤嶺さん、二区の社民党照屋さん、三区の無所属（自由党）の玉城さん。とりわけヤンバルを地盤とした玉城デニーさんは、十四市町村の内、十一市町村で自民党の比嘉なつみ候補に勝ち、特に大宜味村では、二、三倍の得票となりました。

しかし、四区の仲里さんは惜敗しました。その結果は比例区を含めて、自民党は二議席を減らすことになり、オール沖縄で、足並みをそろえた新基地建設反対の闘いは、勝利しました。

全国的には、安倍政権の疑惑隠しのための電撃的な解散、希望の党の国民の結集の分断、民進党の分裂など、安倍政権の憲法をないがしろにする政治に怒りをもつ国民の思いが反映した結果にはならなかったようです。

夕暮れが早くなりました。やっぱり秋です。夕暮れは肌寒さを感じます。来週は上着一枚持参の事。風邪ひきも流行っているようです。

台風二一号が過ぎたと思ったら、早くも南の海上に二二号発生の模様。さて来週はどうなるか。

10月30日（月）　久しぶりに台風直撃

高齢者大会も運動会も中止に

台風は予報通りやってきました。二七日はいいお天気。気温も三十度です。その夜半から風が猛烈に舞い始めました。雨も横殴りに走ります。我が家のすぐ近くの山々の木々と電線が不協和音を音量一杯にヒーヒー、キーキー、ゾーゾー、表現のしようもありません。正午頃その風も雨もはたと止み三時間ほど、アレー台風は止んだの？と思っていると再び猛烈な風台風。目の前の東シナ海は、白波が一直線に、煙を立てるように浜に打ち込んでいます。四時半から五時間ほどの停電で、終戦後の暮らしを思い起こさせた二二号台風。二九日の朝には北上していきました。

このため、初めての沖縄での開催だった第三一回日本高齢者大会は中止になりました。全国すべての都道府県からの参加が予定され、開催県・沖縄のスタッフは一年近くの時間をかけて準備してきたはずです。どれほど無念だったかと思わずにはおれません。

十数年も前だったたか、愛媛県・松山市が開催地であった時、日照りが続き、断水が襲い、参加者の多くが土産に飲料水を沢山持参して下さったことが思い起こされました。

今回は、すでに出発準備が整いいざ出発直前の中止となった方も多くおられたようです。私の友人の多くも…。

久々におしゃべりの時間があるかと楽しみにしていましたが泡と消えました。

二九日は、我が村の老人・婦人の年に一度の運動会で、各部落の老人会、婦人会が体力を競い合う予定でしたが、これも中止となりました。村内の多くが家族ぐるみで顔を合わす数少ない機会も今年は無しです。

今日の当番は四人。朝の気温が一挙にさがりました。予報では最高が二三℃。高江に向かう沿道のすすきが一斉に白い穂を靡かせているようです。

進みゆく道々にはなぜか木の葉が殆どありません。風が舞い上げたのか。それにしても不思議な光景です。この一帯には台風が来なかった？そんなことを思いながらの高江行きでした。

ついたテントでは早速テントの屋根張り。すでに先週実践済みで手慣れたもの。しかも今回は伊佐夫妻も来られての作業で、仕事は早い。

目の前のゲートに立ち並ぶアルソックの警備員は六人。奥から夜勤務を終えた警備員が私服に着替えて帰っていきます。

テントの中はやけに冷えます。温度計を見ると二十度。「赤ひげ」のピーちゃんも姿を表しません。森の中からの「オオシマゼミ」の啼き声もわびし気です。午前中の来訪者は一人もありません。

寒い時は熱いお茶が一番。お茶を沸かして弁当を広げていると四人の方が来訪。

「お昼は済みましたか」「お菓子を食べながら来ましたから」「よかったら、おにぎりを食べませんか」「でもー」「いえ、二人分が丁度余っているので、いやでなかったらどうぞ」

「それでは」ということで、持参の弁当が消化できることになりました。

「どこから?」「佐賀です。オスプレイの基地問題のところ。玄海原発も四基あるところです」

ご夫妻と娘さん夫婦の四人。陸上自衛隊佐賀空港へのオスプレイ配備問題、玄海原発の再稼働問題など、佐賀県で起きていることを中心に、テント内の三人の女性との話に花が咲きます。

そしてやはり、原発の海では魚の奇形が多く釣られることなど、原発が決して県民に支持されていないし、オスプレイ配備にも反対していかねば、と共感しながらの別れとなりました。引き換えに来られたのは、イギリスからこられたという中年の男性と平良啓子さんの連れ合いと生前親しかったという方など六名の一団。ここの事はよく知らないから説明を、といわれて約一時間、説明をすることになりました。続いて、福祉の職場関係の青年の一行。重なるように教会関係の方々、まあ一挙に五十名余の人で満杯。続いて四、五名ずつ二組。大宜味のふさえさんもお母さんとお姉さんを同道しての来訪。

にぎやかな午後となりました。そういえば、その間にアルソックの引っ越しがありました。アルソックはこの十月末で契約が切れるとのことで、大きなボックスカーと輸送業者の作業員が来て、プレハブの中から冷蔵庫や、整理戸棚、机、イスなどを運び出していました。

新しい警備会社がまた来るのでしょう。昼夜二交代で、三十分毎に立番を交代し、屈強な男性が無言でただ立ち続けるだけの毎日、どんな思いで立っていたのかといたわしくさえ思えます。そのものすごい無駄遣いも。

オスプレイパッドと関係の工事は今年で出来上がったことになっています。しかし、専門家の調査によればば、どうしてどうして、パッドの法面が膨らみ崩壊しそうなところ、未完成の道路等が多くあるようで、再度の工事は避けられないとのこと。これを誰がするのか、当然、防衛局がするのでしょうが、その費用は日本持ち、「思いやり予算」が直ぐ頭に浮かびます。

また、パッドの表面は芝が植えられていますが、オスプレイが一度でも使用すると茶色く焼け焦げるそうで、すでに新設されたパッドの表面はまっ茶色、全部使用開始されています。高江の工事はまだまだ続くことが予想されます。

トランプ大統領の来日で、はしゃぎまくった安倍首相は、辺野古の新基地の工事が進んでいることを自慢したかったようです。

しかし、こちらもオイソレとは進められない問題が山盛り。十月も終わり。これからの座り込みは冬バージョンになります。

勝つまで闘う。だから負けない。

根気が試される闘いです。

11月6日（月）

N1裏のテント撤去決定

住民の会の新しい施設「ブロッコリーの家」落成

今日は平良啓子さんと糸数さん私たち三人が当番。

今月からN1ゲート前の警備が帝國警備に代わりました。アルソックに比べてさらに軍隊式。軍隊の予備軍みたいです。三十分交代で埴輪のように突っ立っているのは同じ。一日中殆ど仕事は立っているだけ。税金が流れている―。

ただ、私たちの動きに一人が何やら頻繁に口の横のマイクでどこかに報告しているようです。

十時からは合同ミーティング。座り込みの関係者十人ほど、新しく出来上がった支援者の宿泊所「ブロッコリーハウス」に集まりました。「高江の座り込みを巡る情勢とこれからの取り組みについて等」です。

「概ね完成したことになっているオスプレイパッドは、粗製乱造の工事で、さらに工事は続けられるであろうが、その具体的な詳細は今はわからないとのこと。そのため、現在のN1テントは継続して設置し、座り込みを続ける。現在、米軍のヘリ、オスプレイの訓練は、高江の集落とN4地域を旋回することが多く、その監視活動のためと支援者の利便を考えるとテントの移動が望まれるが、今は現在のままを続行する」ことを決定。

また、「N1裏テントは、管理も困難で必要度も殆どなくなったので、撤去する」ことを決定しました。ようやく完成した新しい支援者の宿泊所「ブロッコリーハウス」の落成の祝賀会とテント撤去作業を二二日に行うことになりました。

新しく出来た「ブロッコリーハウス」は、バスの最終停留所に近く、ヤンバルの山並みの眺望とオスプレイなどの飛行がま近に見えるところ。絵心さえ呼び起こされます。

素泊まり五百円、食事は自前です。

11月13日（月）

辺野古の土砂搬入にあらたな展開
住民の暮らしなど知った事ではない基地建設強行

今日の当番はひさしぶりに五人が揃いました。朝から「赤ひげ」のピーコがテントの裏にお出ましです。すっかり肥え太ってきました。お菓子のクズが落ちていると啄みに来ます。餌付けは駄目といいながら、その愛らしさについ気が緩みます。

またまた、防衛局と沖縄の住民との闘いの場が増えました。辺野古新基地建設に反対する住民に工事が進んでいることで、諦めの空気を演出する為でしょうか、これまでの陸上からの土砂の搬入に加えて、海からの台船での搬入が画策され、その試験的搬入が行われました。

工事の専門家の話ですと、今、辺野古で行っている工事は仮のもので本格的にする場合は今入れている土砂はとりのぞくとのこと、なんという無駄をするのでしょうか。おそらく工事が進んでいるということの宣伝の為ではないかといわれています。そのための土砂の搬入に海路も使うというのです。そしてその港の使用許可を県が行ってしまいました。

この港「奥港」は、砂利を搬出している国頭村（東村と大宜味村に隣接）の最北の「奥」集落にあります。県は国頭村長の同意を得ただけで、「奥」の住民の同意は得ていませんでした。

その試験的搬入が今日、行われました。抗議行動に参加された方が次々にテントに来られての報告によると、二日前に業者から連絡があったという搬入作業は、前夜から沖縄防衛局員、公安、機動隊と警備会社アルソックの約二百人の体制で、「奥」の区民の生活道路を封鎖し、急きょ集まった抗議の住民の交通規制を行いました。

抗議行動は、道路に寝転がったり、スクラムを組んでの抵抗をしましたがゴボウ抜き、九十歳を超える区民の老婦人は泣きながらの抗議をされました。そして、次々とダンプが砂利を運ぶこと午前中に二五台、午後に二六台が台船に運び込まれて三時半過ぎに出港したといいます。

「奥」区民の現在の入口は一八九人、小学校、郵便局や共同売店も整いお茶の産地で有名、沖縄では最も気温の低いところです。

かつては人口も千人以上あり、結束力のある本島最北端の大きな集落で那覇市よりは与論島に近く、与論島との交流が深くその玄関口が港です。

11月20日（月） 高江でヘリ、ブンブン

テントではストーブが入りました。じっと座っていると冷えてきます。今日はやたらとヘリがテント上空を旋回します。すぐ真上の飛行です。

聴くところによるとヘリはヤンバルの森のあちこちでかなり飛び回っているようで、少し離れると分かりません。「奥」港からの海上輸送で、国頭の方たちの話で、うちの部落の上でのヘリの旋回が不安だ、うちの部落にもよく飛んでくる、などの話があり、最近、基地のない大宜味村でも四六時中ヘリの轟音がしています。

そして、国道五八号線では国頭の採石場から辺野古へのダンプがひっ切りなしに行き交っています。一日に百台は超すのではないかと思われます。

今日の当番は平良啓子さんと私たち、そして糸数さんの四人。午前中の来訪者は有りません。

かつて瀬長亀次郎さん宅と近くに住み、瀬長スミさんと活動を共にしたという糸数さんに当時の状況の話をねだったり、平良さんのむかし話に耳を傾けたりの優雅な時間です。持参したたい焼きがストーブの上で香ばしい匂いを放ちます。

その切れ端に「赤ひげ」のピーコが嬉しそう。ずいぶんと太って来ました。尻尾を上下に振りながら、テントの奥を行ったり来たり、「糖尿病になったら可哀そうだね」などといいながらその愛らしいしぐさに会話は途切れます。最近は蝶々やトンボの姿は殆ど見られなくなりました。時折、森の奥でヤンバルクイナの呼び交わす声が聞こえるばかり。ほんの数メートル先のゲート前に立ち並ぶ帝国警備の職員は、目に入らなければ居る事すら感じないほど無言の直立不動です。

午後から三組八人の来訪者。ご夫婦で東京から、女性の三人組など。「去年のあの後どうなっているかと気になってきました」「早く来たいと思いながら中々来れなくて」それぞれ我がことのように高江を思う気持ちが伝わります。

11月27日（月）

「奥」区民、区民総会で反対決議
翁長知事許可取り消しも

「奥」区民は、区民総会を開催し、全員一致で、港の使用の反対決議を行いました。「港は区民の暮らしのためのものであり港を軍事基地を作るために使用することは反対する」として区長は「これで堂々と反対の行動に参加できる」と語り、県や防衛局に抗議の申し入れを行いました。

また、区民総会に県の担当者が来ることについて、「言い訳に来てほしくない、防衛局長に謝罪に来てほしい」とも語っています。尤もです。

この問題は、県が港の使用許可を行うにあたって、直接影響を受ける区民の意見を直接聞かなかったことにあると思われます。

「地方自治」の在り方がさらに問われた問題でした。知事は、防衛局の試験的搬入の経験から使用許可の取り消しを行うとの発言もしています。この海路での搬入には、ジュゴンの保護や気候に左右されること、必ずしも効率がいいとは言えないなど、問題も多いようです。港の使用許可の期限は三月末までとなっており、現在のところ海路での引き続く搬入は行われておりません。しかし、ダンプの陸路の運搬は引っ切り無しで、どれほどの山が削り取られているのかと思い、先日、その採掘場を見に行きました。海の底近くまで掘っているといわれている現場は、目の前に広がる山がすべて採掘場。はるか向こうまで岩場がむき出しになって居り、すっぽり二つの山が無くなろうとしていました。再び修復されることのない山。

何万年もかかって造られてきたであろう山はもう戻らないと悲しみさえ覚えました。そしてその岩石で海を壊しています。その費用はすべて防衛費・税金です。

午後から富士国際のツアーが来訪。久しぶりにガイドが川満さんでした。来訪者は連れ合いの説明を熱心にメモをする方もおられ、説明にも熱が入っています。続いて、与那国島から五名の方。与那国島は目の先に台湾があり、沖縄本島までは飛行機で一時間以上も掛かります。与那国島は、抑止力を口実にすでに自衛隊の基地がつくられました。

「こんな遠くまでようこそ」「与那国も大変なんでしょう？」「自衛隊が来ているのでしょう？」「ええ、

あの狭い島に一六〇人も来ています。島の雰囲気が変わってしまいました」「いやですねー」「イヤですよ」

そこに安次嶺雪音さんも来られて「与那国もこの間のグアムとの共同声明にも参加してくれたんですよ」「よかったねー」などの会話も弾みます。

「私はまだ与那国島に行ったことがありません。台湾には出かけたのにね」「ぜひ一度来て見て下さい、沖縄ですから」「一度は行かなければと思っているのですけどね」

小雨が降ったり止んだり。

富士国際のツアーの方と入れ替わりに与那国の方たちへのテント内での説明は今度は私です。

千葉から来られたご夫婦もご一緒に。あれやこれやしゃべっていたら一時間が過ぎたようです。汗びっしょりです。伝えたいことは山ほどあります。でももうタイムアップ。ご一行はこれから那覇に行かれての泊りとか。私たちも帰宅の時間。外は急速に暮れていきます。雨は上がりました。帝国警備の警備員も交代して帰っていく職員は十人余。何の作業もなくただ立つだけが仕事。つい愚痴りたくなります。

今日で十一月の当番は終わりです。今年も後一カ月となりました。

12月2日（土）

辺野古の土曜日県民大行動に千二百人が結集

しとしとと小雨が降り急激に気温が下がった土曜日です。月一回の辺野古での県民大行動に大宜味島ぐるみの会議からマイクロバスでの参加者は十一名。九月から三度目です。降りたったゲート前には人はまだまばらでしたが、次々に群れが広がり、数分後には百人ほどの集会体制に。

司会者の進行で各島ぐるみ会議の代表が各地の取り組みや現状を報告していきます。

本部町の砕石の海上輸送で、町当局の不誠実な対応について本部町島ぐるみ会議の女性三人から厳しい糾弾の発言。

山城博治氏の裁判についての報告や彼一流の唄の披露などで二時間ほどの集会が終了。今日のダンプの搬入は有りません。その間、小雨が降ったり止んだり、人垣が増えてきました。ダンプの搬入が止められたことを確認して場所の移動です。

ゲート前から道路を隔てたテントとが建ち並ぶなか

へ。

中部や南部からのバスがひっきりなしに到着して人を吐き出して行きます。幟が次々に立ち並んでいきます。ゲートの金網の中から、軍警が双眼鏡やビデオで集会を撮影しているのが見えます。「いやらしい!」

みるみるテントの中が満杯になりました。二度目の集会の始まりです。

まずは「オール沖縄会議」共同会議の開会挨拶、山城博治氏の挨拶、衆議院議員・照屋寛徳氏、玉城デニー氏に続いて、再び各地の島ぐるみ会議から等。

ヤンバル北端の国頭村、今回は十人近くの人が勢ぞろい。

住民の暮らしを踏みにじる「奥」港からの砕石搬入について、米軍基地建設に使わせる港ではないと糾弾、区民全員が反対していることを報告し、安田の集落からはオスプレイの飛行訓練が人々の暮らしを脅かしていること、砕石のダンプでの搬入は十三の村落の往来を妨げていることの訴えに、新たな闘いが広がっていることが報告され、共感の大きな拍手が送られました。

続いてはシニアネーネーズの甲高いリードでのうたごえ、それに合わせて踊る男性二人、やんやの喝采です。

東村島ぐるみ会議の宮城勝巳さんに続いての大宜味村が誰も名乗りを上げません。ここで黙っているわけにはいきません。三人の女性で「一言ね」と事務局長金城文子さんが発言。

大宜味村で進めている「九条の碑」の建設についての訴えとヤンバル三村で進めている北部訓練場を不問に付しての世界自然遺産登録についての一言を発言。拍手があったかなかったか。私もうわの空。席に帰ると早速カンパ袋が寄せられました。有り難い。

人は増え続けて千二百人になったとか。発言は金武町島ぐるみ会議へ。進み出た昔の若者の話、その大半がうちなーロでの軽妙な語り口、私にはさっぱりわかりませんが、参加者の笑いを誘いながらの語りはやっぱり沖縄、大きな拍手に包まれていました。もうお昼です。それぞれ持参のおにぎりなどを食べながらしばしの休憩、一時になりました。私たちは帰りの時間です。集会はさらに中南部からの参加者を中心に夕方まで続きます。

この土曜日県民大行動は、来月も行われることになりました。来月は一月六日土曜日、午前八時三十分から、キャンプ・シュワブ・ゲート前集合です。

そして、名護市長選まっ最中。

12月4日（月）　来訪者のない一日でした

師走に入り、一昨日の二日には辺野古での県民大行動に早朝からの行動で沖縄の闘いは大変。日程を追うのにも目が回りそうです。特に沖縄の山村には、共同の行事も多く、師走ともなると地域の清掃作業なども一日がかり。というわけでもないでしょうが、珍しく来訪者がありませんでした。住民の会の安次嶺現達さんと伊佐真次さん夫婦が来られただけ。

ゲート前に整列する帝國警備の警備員八名は一日中、物音一つ立てません。

今日は土谷牧子さんと私たち夫婦、そして統一連の糸数さんの四人が当番。牧子さんは目下、大宜味9条の会念願の「九条の碑」の建立が大詰めを迎えており、事務局次長としてその会計を担っています。具体的な取り組みを始めて二カ月近く、その建設費用をすべてカンパで賄う目標もあと一息、何とか年内に建立の目途は立つようです。

テントの外の小雨は上がり晴れてきました。夕暮れは急速に冷えてきました。

12月11日（月）　一日朝から大賑わい

九時にＪＲ北海道の若者三十名が元気よくバスから降り立ちました。労組の平和学習の取り組みで毎年来られます。沖縄への来訪はすでに二十回以上、今回は三十人北海道のＪＲ廃線の取り組みを果敢にされている話に感動を受けながら、すでに気持ちは仲間。やっぱり若いっていいですなー、「がんばってくださいね」まではよかったけど、朝飲んだ薬が災いして、口が乾いて言葉が続きません。で、連れ合いにタッチ・交代。熱心にメモを取りながらの十一時過ぎまでの二時間でした。昨年のあの激しかった機動隊との対峙にも参加、頼もしかった姿が思い出されました。これから辺野古に向かうという彼らに手を振って見送りながら「また来てくださいね」「また来ますから」、さすが北海道、Ｔシャツの青年が何人もいました。

今日は糸数さんと私たち四人が当番です。ようやく昼食、弁当を広げた途端、四人の若者がやってきました。「あなたたち、お昼は？」「まだです、後で食べに行きます」「そんなら一緒に食べませんか、たいしたものはないけど、おにぎりがあるから」「いいんですか？」「いいですよ、貴方たちみたいな人がいるだろうと思って持ってきているのだから」「じゃあ」ということで賑やかな昼食会に。

それぞれ、沖縄で闘いに参加しながら働いている青年たち。ピースボートの仲間だとか。かつては自分も一度は参加してみたかったピースボートです。聞きたいことは一杯ありますが、ここの説明が先。約四十分のレクチャー。これから彼らも辺野古へ行くとか。元気な若者たちに接していると自分も同じような気分になるから不思議です。

入れ替わりに十人ほどの青年たちがこれまた賑やかに入ってきました。韓国とともに闘う仲間たちとか。韓国の青年？二人と大阪、沖縄など各地からの参加者だとか、夜には那覇での集会も準備しているとかで、「三時までしかおれないんです」そこに伊佐育子さんが来られて、タッチ。事前の予定だったようで気を抜くことが出来ました。

慌ただしくテント内での交流集会をして、タペストリーの贈呈。これから大阪や京都などでの集会を重ねていくとのこと。そのエネルギッシュな活動に拍手。やっぱり若いっていい。

千葉からのご夫婦、大阪・東京・神奈川からの少し若い女性群、宮古島市からなど今日はひっ切りなしの来訪者です。

最後は女子高校生二人を沖縄テレビが密着取材するというもの。あれまー、私が対応することに。延々一時間を超えるものになりました。彼女たちは真剣でよく学習して来ての来訪でした。

五月ごろに放映することになるのだとか、やれ恥ずかしです。

12月13日（水）ヘリから窓枠が　小学校校庭に落下

日本列島の北国からは、降雪のニュースで近年にない大雪での難渋ぶりが放映されましたが沖縄では、ヘリからの窓枠が、こともあろうに小学校の子どもたちの体育の授業中に落下。

保育園の屋根への落下物に、「なにー！」と怒る間もなくのこと、もう許せません。「米軍はさっさと帰ってくれー」広大な国土を持つアメリカが何で人々が暮らすこの狭い沖縄の上空で訓練する必要があるのか。

今日は朗報もありました。

広島高裁で、伊方原発三号機の運転差し止めの判決が出されました。愛媛の仲間たちをはじめ、中・四国の原発再稼働を許さない闘いの大きな成果。草薙先生、薦田弁護士そしてご奮闘されている皆さんご苦労様です。

改めて地震国日本に原発をつくる愚かしさが断罪されたのではないか、高松高裁でも闘われていますが、その結果も待たれます。尤も、地震だけでなく、安倍政権とトランプ大統領が挑発し続けている北朝鮮との軍事衝突がひとたび起これば、核兵器が使われなくても原発が林立する日本では、容易に核の被害が起こることは子どもでもわかる事ではないのかと思います。

軍事化を突き進めて軍事産業の栄華とゼネコンの儲けを求める安倍政権の退陣は日本国民の緊急の課題です。愛媛県知事もいい加減、伊方原発の再稼働に同意するのを止めてほしい。県民の命の方が四国電力の儲けよりも大切なのですから。

12月15日（金）

「欠陥機オスプレイ墜落から一年！抗議集会」に三千人

昨年の十二月十三日に名護市・安倍にオスプレイが墜落大破してから早くも一年が過ぎました。その間に基地内での事故を省いても高江にヘリの不時着炎上、ヘリからの落下物が相次ぎ、そのたびに各自治体や住民の抗議行動が展開され、日本政府も防衛局も頭を下げ、「再発防止に全力を挙げる」と誓い、米軍も「再発防止」を口にしながら事故原因も不明のまま、一週間もしない内に飛行を再開し、政府は容認するという事態が当たり前になっています。

県民の怒りは沸点に達していますが、沖縄県民の怒りだけでは、平気のように見えます。

県内の自治体は、相次いで抗議声明や決議を行い、知事は全機の飛行停止を要求しました。

十二月もあとわずかの名護市の市民体育館に県内から次々に県民が結集し、外では右翼の街宣車がボリュウム一杯に音量を上げ集会の妨害を図ります。

住民代表は「怖くて海に行けない」「政府は米軍になぜ飛ばすなと言えないのか」と怒り他の登壇者は「これが復帰四五年の沖縄か、憲法七十年の日本か」「基地を閉鎖するための行動を」などなど、政府と米軍を糾弾する発言が相次ぎました。来沖中の、アメリカの退役軍人のベテランズ・フォー・ピースのメンバー約十人も集会に参加、マイク・ヘインズ氏が挨拶「皆さんと連帯して共に叫びたい。戦争は二度と起こさない。基地反対。暴力反対。新基地反対。皆で命どう宝と叫ぼう。沖縄に平和を」と。

どの発言も参加者の共感の拍手に包まれ、「沖縄県民の命とくらしを危険にさらす責任の当事者は日米両政府、沖縄のどこの地にも普天間基地を移設する場所は存在しない。県民の命を守るために緊急に欠陥機オスプレイの早急な撤去を要求する」とした決議を採択しました。

12月18日（月）

市町村議会で相次ぐ全会一致抗議決議

「全基地撤去」要求も

テレビではどこを回しても大相撲の不祥事の報道ばかり。狙いは何？。沖縄の今年は米軍機の事故の多発の他に、ゴルフの宮里兄弟の話題がありました。藍さんの引退発表、優作氏の日本一と賞金王、そして安室奈美恵さんの引退発表等々。

今日の当番は、久々に五人と一人。来訪者は名古屋の池内福祉会のメンバー十一人が午前中に来られてにぎやかなこと。「赤ひげ」もちょこちょこと顔を出します。何と今日はつがいです。「雄？」「雌？」と論議を呼んでいましたが二匹がそろったところで色が鮮やかな方が雄、少しくすんだ色の方が雌でした。いずれも相当肥満気味。それでも食欲は旺盛の様です。

出来るだけ沢山の来訪者のカメラに写って帰ってほしいと思います。

午後からの来訪者は、沖縄で開催されていた「全国保育実践交流」に参加されていた連絡会の方々十八名。全員保育士のようでした。

「全国合研」の話や「保問研」の話も出て、数十年前にエネルギーを燃やして走っていた頃がなつかしく思い出されました。

沖縄と高江の闘いを紹介しながら、ついついその天文学的な国家費用の現実も目前の突っ立っているだけの基地警備の警備員の姿をサンプルに説明せざるを得ません。高江のオスプレイパッド建設の費用でどれほどの子どもたちの命が支えられるか。何せ、一日に千八百万円が米軍の「警備」に使われているというのですから。

今日はこの二組の来訪で終わりです。彼女たちは、ゲートの前にただ立つだけで一日を過ごす警備員を被写体にしてパチリ、パチリ。「保育士の処遇改善を」「命を預かる保育士の雇用差別は許せない、非正規職員の正規職員化を」「保育制度の改悪はやめて」「子どもの給食の外注はやめて」「保育職員の労働時間が守れる人員配置を」「保育士の研修時間を保障して」等々、かつての保育運動をしていたころの思いが蘇り、保育労働者よ、がんばれ、日本の未来がかかっている。そんな激励の声をかけたくなるひと時でした。

もうすっかり陽が落ちて、気温が一気に下がっているようです。慌ただしくテントを閉めて帰路へ。

12月25日（月）今年最後の当番

明日は大宜味「9条の碑」建立除幕式

今日は今年最後の座り込み当番。平良啓子さんと私たち夫婦、糸数さんの四人。師走も押し詰まるといささか寒い。ストーブは二つ、九時過ぎ、埼玉平和委員会の一行十四名が来られました。昨夜から高江の「ブロッコリーハウス」に泊まっておられたとか。

メンバーの中にはすでに数回来られた方もおられ、高江の事はよく知っておられます。「何をお話すればいいですか。質問を受ける方がいいのではないですか」「昨年のその後を」などのやり取りがあっての約一時間余の連れ合いの説明となりました。

役場前に建立された大宜味村９条の碑

団長は二〇〇六年にブラジルで開催された「第五回世界社会フォーラム」にご一緒に参加された方。その後、「世界9条会議」などでお目にかかってはいましたが、言葉を交わしたのは十一年振り。リオでの思い出話など少しばかり旧交を温めた次第。

ご一行、これから辺野古に回るとのこと。シニアになられた方が多いご一行でした。

今日はクリスマス、昼下がりのひと時、子どもの頃の話や思い出に花が咲きます。そして孫たちへのプレゼントやそのやり取りに笑ったり手を叩いたり、お年玉の話になったり。お互いやっぱり孫は可愛くて。

三時過ぎに来られたご夫婦。

「毎年来るのですが、妻が教師なので、冬休みにしか来られなくて」と愛知県の方。持参した蜜柑を「これ、愛媛の蜜柑です。少しになったけどどうぞ」。するとそれまで黙って私たちの説明やお連れ合いとの会話を聞いていた奥さんが「えっ、愛媛の蜜柑て懐かしい。私、愛媛大学に行っていたものですから」。

「あら、そうですか私たち愛媛から来ているんですよ」「そしたら田福さんはご存知ですか」「知ってるも何ももう四十年来の知り合いで、公私ともにつきあいがありました、残念ながら一昨年の暮れに亡くなってしまって」「その知らせは受けました。私は後輩でしたが、学生の頃、寮でとてもお世話になって、皆のあこがれの人でした」

ということで、一気に話題が身近になり、その連れ合いの方との会話も身近なものになりました。豊田自動車にお勤めだったとかで、自動車業界の話も興味深いものでした。

明日二六日は、大宜味村の役場前に9条の会念願の「9条の碑」建立が叶い、除幕式となります。村議会での発議や9条の会の働きかけで、九月に実行員会を立ち上げて、三カ月で計画通りの資金を集めきっての年内の建立です。

その中心に9条の会代表の平良啓子さん、事務局を担った金城文子さん、土谷牧子さんが居ました。喝采です。沖縄で七番目の碑の建立となりました。其の碑文に一言も書き加えることも、書き換えることも許してはなりません。今日はその除幕式と式典の準備に、事務局の二人は大忙しです。よく頑張られました。

愛媛の仲間からのカンパも寄せられました。

そしてもう一つ、明日は名護市民投票から二十年、辺野古ゲート前座り込み五千日突破集会が、辺野古ゲート前で開かれます。主催はヘリ基地反対協議会、共催は県民会議とオール沖縄会議。

来年早々には元旦の辺野古の浜での凧揚げなどに続いて、六日には、辺野古ゲート前での県民総行動となっています。

すでに名護市の市長選挙は終盤という人もあり、

二九日には、菅官房長官が名護市入りして、市長の頭ごしに、新基地建設の容認派の市民との「懇談」や東村村長、国頭村村長と親しく「懇談」と報じられています。続いて二階幹事長も名護市入りするとか。お土産は何でしょう。前回の市長選では石破茂氏が「五百億円をだす」と言って市民の反発を買いました。

今年一年、サハリンへの旅のため一回、止む無く休んだ以外は、毎週月曜日の座り込みの当番を担当することが出来ました。そして金曜日朝の国道沿いでのスタンディングも一回の休みだけ。その間に何回、怒りに狂うほどの事件に出くわしたことか。

来年はさらに金力、権力の嵐が沖縄を襲うのでしょうか。ただ、ただ平和に暮らしたい、二度と戦争は嫌だという沖縄県民に寄り添っていきたいと思う二〇一七年の年の暮れです。元旦は休みます。

ヤンバルクイナ　撮影／森住卓

◆二〇一八年

1月8日（月）　今年初めての高江座り込み

　朝鮮半島・南北の五輪開催を機に関係改善が働き始めました。とってもいい事。早速日本政府やマスコミなどの「いやらしい」発言が相次いでいます。「北朝鮮に騙されるな」「制裁を緩めるな・もっと強めろ」などなど。『北朝鮮からの脅しが無ければ、日本の軍備増強が出来ないではないか』と言っているようにも聞こえます。なぜ北東アジアの平和に向けた言葉が出てこないのでしょうか。

　昨日また、米軍ヘリが伊計島の民家近くの浜に不時着。墜落炎上、器物落下に不時着。沖縄全土を訓練場とする米軍にとっては、これは当たり前の訓練の結果だそうです。ヘリ飛行訓練のマニュアル通りで、米軍の司令官が、住民の抗議に対して、「抗議されることの方がおかしい」というような態度をとる事が妙に頷けます。

フィリピンからの来訪者と共に高江のテントで

　沖縄県民の命を守るためには、全機種撤去、全基地撤去しかないでしょう。これでいかなければさらに重大な事故が起こることが予測されます。ましてや新基地建設を許せば県民の不安は数倍です。つい先日、近所の女性との会話に「沖縄戦の時の米軍のあの艦砲射撃の恐ろしさはもういやよ。あの時と同じになるのかねー、戦争でもないのに」「基地はいらんさー」。ほんとほんと。他に言葉がありません。

伊計島に不時着したヘリは、早速米軍がプロペラを外して、ヘリで機体を釣り上げて普天間に持ち去りました。

今日は成人の日。

華やかな振袖姿の乙女、羽織袴の茶髪の青年がテレビの映像の中で、指を二本前に。一様に豪華な衣装、その費用に驚きました。一生に一度の区切の日、これからの人生に幸あれと願わざるを得ません。六十年前の自分の姿が思い起こされました。あれから六十年、人生はあっと言う間に過ぎ去ります。これからの青年たちの人生に殺し殺されることがあってはなりません。

名護の市長選挙投票まで、一カ月となりました。安倍自公政権・基地建設推進勢力との一騎打ちとなっている市長選。相手候補は、基地交付金を受け取って、市の財政を豊かにすると公言しています。

防衛局長は、辺野古で推進派と新年会。萩生田幹事長代理まで名護入りです

権力・金力・企業、団体総動員しての様相です。ある人は、「米軍基地建設という大公共事業の旨味を食べ続けることを逃してはならない餓鬼のように見える」といいます。私も餌に群がるハイエナ軍団の言葉に納得です。もう正月の気分などありません。

今日の当番は、大宜味9条の会の五人。来訪者はまばらでした。でも新年早々から有り難いことです。

1月15日（月）

ヘリの不時着当たり前の米軍機、翌日には訓練開始沖縄全土が訓練場となっている沖縄。九日にリゾートホテルの三百メートル先にある読谷村の最終処分場敷地内に不時着した米軍ヘリ。県はすぐさま全機飛行停止を要求しましたが、米軍はその要求を無視し、翌日の十日には、再び不時着したヘリも飛行訓練を強行しました。改めて、沖縄全土が米軍の飛行訓練場で、そこには住民の暮らしも命も標的である事をいやでも確認することになっています。

北朝鮮や中国からの攻撃の脅威を異常にがなり立てながらの異常な沖縄の今。「今にもっと大きな事故が起こるよ」という県民の不安は高まるばかりです。

今日の当番は四人、明日は十六日祭（後生＝グジョウ・グソウ＝あの世の正月）で、親族がそろってお墓参りをし、お墓で先祖とお正月をするため、位牌を預かる家の主婦は、その前の墓掃除をはじめ料理などの準備で大忙しです。このため、位牌を預かる門中の主婦、金城文子さんは欠席で当番は四名。名護市長選挙への支援で来沖されている方が、「その後の高江がどうなったかが気になって」とレンタカーを飛ばしてくる方が多く居られます。その他に富士国際旅行社の沖縄ツアー一行一七名が来訪。

今日は南城市長選挙の告示日。最も保守性が強い自治体の一つといわれている南城市は、これまで三期無投票での市政が続いており、オール沖縄が押す新人候補との一騎打ちの選挙となります。

1月22日（月）

グアムの女性たちとの国際交流に盛り上がりました

先日、翁長知事がグアムに出かけ、グアムの市長が米海兵隊の移転を容認したという話が地元紙で報道されました。ほんとうにそうなのか。過日、「高江住民の会」の女性二人がグアムを訪問して、米軍基地建設に反対する共同声明を出したばかり。

グアムの米軍基地に反対する住民の闘いはこれまでも幾度となく報道されてきました。そのグアムから、三名の女性が沖縄に来られて、交流や報告会が開催されています。その一行がテントに来訪。

賑やかな交流となりました。

来訪者は、議会副議長の下で働いているという四三歳のレベッカ・ガリソンさん、大学生の女性ステイシア・ヨシダさん、アメリカからの留学生モネッカ・フローレンスさん。通訳は中村みずきさん。

間もなくお昼。「食事は？」「あとで食べます」「なら私たちのを分け合って食べましょうよ」ということで、持参していた稲荷ずし弁当八人分を九人で分け合って食べることに。賑やかな昼食会になりました。中村みずきさんは、何度も来訪していて我が家の正月にも来られています。

「まずはグアムの現状から聞かせて！」の質問に。

「グアムは米軍基地が島の三分の一を占めていると思うけど、その他のところにも日本の企業などが進出してホテルなどが林立していますよね、現地の人はどう思っているのですか」「実は、あそこはチャモロ人の聖地だったところで、外国人のリゾート地にされてしまって、私たちは悲しい思いをしているんです」「グアムはアメリカの準自治州にされているんですよね」「そう、でも米軍基地がおかれて、国民の多くが米軍基地に依存して暮らさなければならなくて、悔しい思いをしています」「グアムの人口は？」「約一七万人でチャモロ人が四割、フィリピンが二・五割、その他一割が太平洋諸島やアジア人そしてアメリカ人。今は観光業が多く、生活物資はアメリカ経由で入り輸入に頼っていて、アメリカの補助金がついているので、地場のものが高くなり自主産業が育たなくなっている」など、かつては農業、漁業で成り立っていた島の暮らしがいびつになっている実情と悔しさが紹介されました。

そして今、沖縄からグアムへの海兵隊の移転に伴う米軍基地の拡大計画が大きな問題となっているということ。日本の費用での建設で、その一つに実弾射撃訓練場の建設があります。

現在、アンダーセン空軍基地がグアム島の北西にありますがその先端地域に、実弾射撃訓練場を建設するといいます。その計画では年間最大二七三日の訓練を行い、使用する実弾は一年に約七〇〇万発、週末や夜間の訓練も行うとされ、住民の不安と怒りを買っています。

その訓練場設置場所は、グアムの先住民族チャモロ人が最も早く定住した地域の一つで、貴重な文化遺産が豊富に残っているところ。チャモロの人々は今でもここで薬草を取ったり、周辺の海域で伝統的な漁業を行っているといいます。また、ここには手つかずの自然が残り、蝶、カタツムリ、コウモリなどの固有種、絶滅危惧種を含む多くの動植物が生殖しているとのこと。同時にここはグアムの飲料水の主要な水源への悪影響も懸念されていると。

ここ、リテクサンは、米軍が接収する以前はチャモロ人が所有していました。接収に対する補償はなく、先祖の墓を含め土地へのアクセスも制限され続けているといいます。

聞けば聞くほど、沖縄と同じ。高江と同じ。

「沖縄にいらないものはグアムにもいる筈はない」と改めて一同深く確信した次第。

「沖縄の問題はグアムの問題でもあり、世界平和破壊の元凶、米軍基地はアメリカに」と言うと、アメリカ人のモネッカ・フローレンスさんは、「アメリカにもいらないですよ」。「ほんとだね、世界のどこにもいらないね」「それならどうしたらいいんだろうね」「そのための連帯運動ですよね」「ソリダリティ！」「おーソリダリティ！」。そして全員が立ち上がって、「ソリダリティー」と拳を上げ一挙に熱くなりました。

彼女たちは二日後の二四日の夜、名護市の名桜大学で、高江の住民の会の伊佐育子さん、安次嶺雪音さん共々、「グアムのこと知ろう！　つながろう！」と題して交流勉強会を開催するといいます。そして、外務省や防衛省との交渉にも行こうと意気軒昂。

ほんとに素敵な女性たち。

高江のカンヒザクラも満開です。名護市の桜まつりも始まりました。

今日の高江には、二三名のツアーや山口、東京、大阪などから来訪。午後からは冷え込んできました。

今、名護市の郊外には、田んぼにコスモスが一面に咲き誇り、天気のいい日には、カメラを抱えた家族連れやカップルが交互にポーズを取り合う風景も見られます。名護市長選の告示日も間近。明日からの支援行動が急がれます。

昨日の二一日は、南城市長選挙投票日で、「オール沖縄」が支援の端慶覧チョービンさんが当選。沖縄で最も保守的な市の一つといわれる南城市で、その差六五票。よくぞ頑張ったと。

二三日夜の名護市での決起集会には三八〇〇人が結集。熱気に包まれました。稲嶺さんの支援に来られた端慶覧さんは、穏やかで信頼が置ける風格を持った人と見受けられました。

一声高く翁長知事が「負けてはならんどー」とウチナーグチで叫びます。続々と自公政権の幹部が名護入りしているとのこと。まさに自公政権と沖縄の闘いの様相です。

1月29日（月）　小雨が冷たく森を覆っています

埼玉の横山さんはすでに三日も新川ダムのキャンプ場でテント暮らしをして市長選の支援をしているとのこと。今日はN1テントで座り込みです。

横田基地での闘いの状況や横田基地のパンフレットでのオスプレイの訓練状況などをつぶさに紹介してくれます。全く普天間と同じ。オスプレイNO！のプレートも沢山持参して下さいました。どこまでも日本を戦争の訓練場にして憚らない日米政府への怒りがテントを包みます。

十二時過ぎ、大宜味村村議・吉浜氏に先導されて、岩手民医連の一行二二名が来られました。

「一度は見ておきたい」とはるばる岩手から。

午後からは、東京医労連ＯＢ会の一三名。いづれも連れ合いが状況説明。

熱心にノートを取って帰られる方もいます。

その間に沖縄生協の平和委員会のメンバーが、平和学習の準備のために来訪。

今日は四四人が来られました。

基地のゲート前では、氷雨が煙る中で帝國警備の警備員の七名があい変わらず直立不動で立っています。痛々しい感じ。

テントにはもう一組の常連さんが来ます。あの小さい体からよく出るものだと思うほどのきれいな鳴き声を響かせて現れる「赤ひげ」のピーちゃんのつがい。滅多に二羽がそろうことはありませんが、ついに先週、二羽そろっていてテント内は感動に包まれました。雄は胸の下の色がひと際黒く美しく、雌はグレーです。何と最近は二羽とも丸々と太りすぎて張り裂けそうです。

一昨年には、テント内にも入ってきて、足元を動きまわっていましたが、今年のピーちゃんは、テントの中までは入ってきません。でもたたずむ場所や餌を探す場所は決まっていて、そこにご飯粒などを置いておくと、何度となく出没します。

その情景に出くわした来訪者は大喜び、レクチャーは中断です。このピーちゃんたち、お芋やご飯が好き。森のオペラ歌手といわれる「赤ひげ」のうたごえを録音できないものかと思ってしまいます。

昨日名護市長選挙が告示されました。あと一週間の闘いです。来週の五日月曜日には、その結果が判明します。

日の暮れが少しずつ遅くなってきたようです。

2月5日（月）

稲嶺市長負ける　言葉が出ません
厳しい新たな闘いの幕開け
山に向かう車の中で「もう選挙の話は、ストップ！気がめいってどうにもならないから」とは言え後から後から悔しい思いは募ります。なぜ負けたのか。あれほど全国からの支援を受けた選挙で。

一言でいえば権力と金力、何が何でも辺野古新基地を作るためにはどんなことをしてでも稲嶺さんを市長にしてはならないという自公政権の政府ぐるみ、権力ぐるみの動きを打ち破れなかったのではないかと思います。まさに政権総動員で名護市民を攻め立てたのでは無いか。報道されただけでも、菅官房長官は年内に基地賛成派の地域を巡回し、名護市周辺の自治体の長を集めての懇談。ここでどんな作戦が講じられたかは、公共工事を始め基地交付金など予算を振舞うことだったとか。また投票二日前には、東京から直接、期日前投票を組織していない企業に電話攻勢をかけた結果は四四％の期日前投票の異常な数字に如実。

二階幹事長が自民党の国会議員を動員して業者団体ごとの取り組み、例えば軒並み職場訪問を図り、公明党は他県の議員なども含め徹底したローラー作戦。告示の翌日には、期日前投票にバスが出ていたといいます。勿論、人寄せパンダといわれる小泉進次郎氏は投票所すぐ前の車上からその場からの期日前投票をよびかけ、小渕、三原などの女性議員投入など、五万人余の名護市に総力をあげました。下地幹夫氏など維新の会の動きも活発でした。しかも徹底して基地問題を話題にせず、政府との癒着が地域を繁栄させるという、何とも言葉に出来ない宣伝を振りまきました。

こうした自公・安倍政権と沖縄県民との熾烈な闘いにさらに警察などの執拗な干渉もありました。今年、さらに知事選まで一七の県内自治体選挙がある沖縄のすべてにこれら自公の干渉選挙が予測されます。ここからしっかり学び、勝たなければなりません。その先に安倍政権の壊憲策動があるのですから。あくまでも新基地NO！です。

2月12日（月）

日本列島では悲劇的な大雪が、沖縄では桜が満開

九日に始まった冬季オリンピックでにぎやかなマスコミ。南北朝鮮の合同入場や民族の統一をねがう人々が政治的な作為のように、嫌みな言葉を吐く日本の為政者の姿の醜い事。朝鮮民族の分断と未だに続く多くの悲劇の元を作ってきた「日本」の過去を振り向きもせず、平和の祭典に、軍事をけしかけるために出かけたような安倍総理の姿が恥かしい。

命がけでひたすら技術を磨いてきた若者たちが再び

戦場で出くわすことのないように、折角アジアで開かれている平和の祭典に北東アジアの平和に向けた一言もないのかと思ってしまいます。

数メートルにも積もった雪に難渋し台湾での地震発生などの自然災害のニュースの一方に、今度は自衛隊機の墜落炎上という人災。

つい先日の名護市長選挙の結果への思いに輪をかけます。

高江のカンヒザクラも満開を過ぎようとしています。でもまだ高江のテントではストーブが要ります。

来訪者の予定が入っていない朝は、ストーブのうえでの焼き芋のいい匂いがたまりません。

でもやっぱり話題は名護市長選の結果です。「もらったお金が十万円だったので、投票せざるを得なかったといっていた話を聞いたよ」「やっぱり住民票を移した人が千人も居たといってた」とか。「期日前投票所の近くで大動員しての夕方演説をしていた小泉進次郎が集まった若者にこれから期日前投票をといったので、行く人が多かったんだって」とか。

でも立場を変えて、安倍政権や新基地推進の人たちの側に立ってみれば、これだけ大きな利権がある辺野古基地が中止になったら、どれほど多くの利権が無くなるか。二十年もかかると思われる莫大なこれほど大きな儲け口が無くなると思ったら鳥肌が立ったのではないか。ただ同然のような砕石を売る人、運ぶ人、反対住民の追い払いを請け負う人等々、実際に仕事をする地元の人々の思いとは別に、その「仕事」を差配する企業や政治家、素人考えでも五億や十億の金を使ってもこの利権の大きさを失うことを考えれば、その利権に連なる人を総動員して、権力の番人、警察権力も使って潰しにかかるのは当然ではないかと。

その間にその工事の直接の被害は名護周辺の人々の心と暮らしを壊し続けるのです。今でさえ、引っ切り無しのダンプの往来が道路をえぐり、暮らしの道路を遮り、山が削りとられ、動植物は追い立てられているのです。

稲嶺さんは退任式で「今後とも皆さんと力を合わせて新基地建設阻止のために取り組んでいきます」と挨拶されました。

オール沖縄県民会議は、新市長が新基地建設に全く口を閉ざしたまま、海兵隊の県外、国外への移転を掲げて市長の座に就いたことを受けて、「市民が新基地建設を容認したのではない。海兵隊の県外、国外撤去の公約を実現するよう」声明を発表しました。今日の来訪者は、東京からの男性と長野から来られている村端さんのお二人だけ。

当番は三人。風が一しお冷たい一日でした。冷たい風に晒されてサイボーグのようにゲート前に立たされている帝国警備の警備員の七名、交代があるとはいうもののやはり哀れに思えます。

五時になりました。鳥が啼くからかーえろ。帝国警備の警備員も私たちの帰りをピンマイクで報告して、夜の警備員との交代です。全く軍隊式の交代式をして回れ右して敬礼して、無言で…。

2月18日（月）

今日は私たち二人だけの当番。

すっかり暖かくなって来て今日はストーブはいりません。

今、高江では、月曜日の朝八時から、メインゲート前で、辺野古の闘いと連帯する行動として、米軍の基地への通行を阻止する取り組みをしています。

その目的は、度重なるヘリ事故への抗議と辺野古での警察機動隊の住民への暴力行為を分散させ阻止する為。沖縄機動隊は三百名で闘いの場を分散させること で、阻止行動の阻止を止めさせること。今朝八時からメインゲート前の行動がよびかけられていました。尤も私たちは当番のため参加は出来ません。

八時半すぎ私たちがメインゲート前を通りかかるとなぜか人はまばら。しばらくしてテントに参加者の一行四人が来られました。

「今日はアメリカの休日、米軍もお休み。ハハハ」

「どうして?」「今日はプレジデントデーだって」

アメリカのプレジデントデーは、二月二二日生まれのジョウジ・ワシントンの誕生日と二月十二日のリンカーンの誕生日の間の二月第三月曜日を歴代大統領を称える日として祝日になっていて様々な行事が行われるそうです。さて、今年のトランプ氏も称えられるのでしょうかね。

今日は一時から高江住民の会や座り込みを担当する者が一堂に会しての合同ミーティング。この時間に合わせて、大宜味9条の会・事務局長・金城文子さんも来られて、私と二人で参加。住民の会のメンバー三人は風邪でお休みです。安次嶺さん一家は全員がダウンとか。議題は座り込みテントの移動について。工事も終わっていることから、もっと効果的な座り込み方法を検討しようということ。もう一つは、自然世界遺産問題の学習会をどう取り組むか。

軍事基地と背中合わせの世界自然遺産化は、政府の金の力でねじ込まれつつあるのが現状の様です。ここでも金・金・カネ、いやですねー。

2月26日（月）　高江の山々は緑の息吹き

メインゲート前で週一回の米軍阻止行動。早朝から一時まで。お弁当を差し入れました。私たちはN1テントでの当番。今日は四人です。「赤ひげ」のピー君がやってきました。私たちに警戒心はありません。

午後、横浜からの大学生一行八人が来られて、三十分ほどのレクチャー。三時過ぎには地元のN氏が来られて、女性たち三人とのユンタクすること一時間半。高江の人々の暮らしや思いなど、住民の会のメンバーではない人との話は新鮮でした。「また来ますからね」「どうぞどうぞ」。ヘリの爆音が聞こえてきました。N氏、「あれはオスプレイではないよ、攻撃ヘリだ」。「ほんとだ」ぞくっと冷えてきました。

3月19日（月）　緑が香しい高江の森

座り込みはメインゲート横テントに移動

月初めから故郷・愛媛に二週間ほど行っていたため私は今月は二回も座り込みをお休みしました。

その間にテントはN1からメインゲート横に移動。理由はオスプレイパッドが完成して工事が終わったとして、工事車両の進入もなくなっていることから、北部訓練場撤去を要求する意思表示も含めてメインゲート横での座り込みとなりました。

ここでは、日中の米軍関係の出入りがリアルです。米軍兵士が県道筋を見回ったり、軍警が私たちを撮影したり、軍犬がテントの周りをウロウロしたり。

昨日、松山から帰って来て早速のテントの座り込みの今日のメンバーは五人です。

テントの周りのイタジイの樹々の芽吹きの勢いは命があふれているよう。いかめしいメインゲートにはお構いなく啼き交わすウグイスの声も爽やかです。そう、高江はもう初夏に差し掛っているようです。でもテレビなどのニュースは積雪の予報や寒気に震える映像が流れ、落雷の被害も報じられ、折角の桜の開花を嘆く声が痛ましく感じられます。でも一週間もすれば花見の浮いた画像に代わるでしょう。大きな季節の変わり目です。

広島・尾道の竹本さん一家四人が来られました。三年振り。一歳の子が四歳に、そして新しい家族が一人増えて。暫く歓談。二度目の来訪でした。

北海道から名護に移住していた荒井さん一家が岡山に帰るとのことでお別れの挨拶に来られました。名護市の福祉に関わりながら音楽を愛で沖縄での暮らしを熱く語っていた新井さんですが、連れ合いの里に帰るとのこと。春は別れの季節でもあります。

伊佐育子さんが過日にグアムの女性たちが来て懇談した際の写真をもってやってきました。グアムの女性も沖縄の女性もそして私もさして変わりがありません。アジア系。説明がなければわかりませんね。

今月の八日・九日・十日と愛媛での国際女性デーの記念講演の講師をされてきた伊佐育子さん。愛媛の仲間にしっかり沖縄を伝えてこられました。寒い中をご苦労様でした。

今、愛媛・新居浜市では五月十三日の「カメジロウ」の上映運動に女性たちが燃えています。大きく成功することでしょう。今治市議会では加計学園問題で、共産党の女性議員が一人頑張っています。先日、今治市で開催された元文科省の前川さんの講演会は超満員だったとのこと。四月に行われる松山市の市議会議員選挙には、女性の候補者がづらり頑張っていました。全員の当選を願わずにはおれません。

三月の座り込みも後一回です。

3月26日（月）

明日は森友・安倍疑惑で国会喚問
官僚に詰め腹を切らせるの？　安倍は？

天皇夫妻の来沖で辺野古での土砂搬入が三日ほど休み、米軍の訓練も休みとの触れ込みですが、高江では朝からヘリがブンブン賑やかなこと。

「前天皇が招きいれた沖縄の米軍は申し訳なかったと謝らないのかしらね」「それぐらい退位前に言ってほしいね」「まさかね。それは言いきらないでしょう」「そだね」「ははは」

屈託のない笑い声がテントにはじけます。

辺野古の番人になっている大西さんが来られて「明日は辺野古が休みだから、甲子園に慶応の応援に行ってきます」。そういえば慶応高校は勝っているんでした。伊佐真次さんが自称ミュウジシャンさんの長髪をピンクや緑に染め、衣装もカラフルな大きな荷物を二つ、ヒッチハイクをしながら全国を回っているという青年を連れてきました。「名護に行った途中で沖縄を回っているというので高江も知ってから回ればと連れてきた」といいます。

一時間ばかり連れ合いの一郎が熱心に説明していましたが、全部初めて聞く新しい言葉の様で…。「これからどこへ?」「辺戸岬に行こうと思います」「歩いて?」「誰か車に乗せてくれる人が途中でいればお願いします」「今夜は泊まって行ったら?」「まだ早いし旅の日程もあるので出かけます」「では気を付けて」大きな荷物を担いで国頭に向いました。見たところ三十歳くらい。音楽を聞かせてもらうのを忘れていました。それにしても見事な扮装でした。

森住卓さんがふらり。平良啓子さんに天皇夫妻来沖についてのインタビュー。さすが平良さん、見事なコメントです。「太平洋戦争では、私の目の前で多くの人が死んでいきました。未だにその記憶は消えませんん」と。そして「天皇のために死ぬのが当たり前と教えられて育ったことが悔しい」「今、またあの時のような状況になっているようで恐ろしいですよ、何としても9条をまもらねば」。同感です。

三時前、富士国際の非暴力の闘いを学ぶツアー一行九名が来訪。またヘリがバリバリ、いやだねー。ものすごい低空飛行。米軍の軍用車が行ったり来たり。やっぱりここはメインゲート横です。一行は熱心に聞き取りをして「また来ますからね」と車上の人になりました。

4月2日（月）

今日は一日中、鶯が幼げな声で啼き交わしていました。もう四月です。岩手県から岩間さんが「花粉症の被害がないから今年も来ました」と金曜日からの滞在の様です。理科の教師だったそうで、なかなかの博学。あれもこれもよく知っておられます。歴史も情勢もそして武器の種類も。

お昼前、シニアの女性二人とそのお嬢さん三人が埼玉から。三時間にわたって熱心に記録しながら、説明に聞き入っておられました。

四月二三日から二八日まで、辺野古では連日五百人の集中行動で土砂の搬入阻止の取り組みがおこなわれます。二五日には、大浦湾にカヌー百艇を結集しての海上座り込みが予定されています。

強引な土砂の搬入で、埋め立てを強行して、抗議行動をけん制し、何が何でも基地づくりを推し進めようとする自公政権への抗議行動。昨年の四月二五日の工事着工から一年です。

沖縄県警は新年度に大幅な人員補充をしたようです。

4月9日（月）いい天気

国会では、愛媛、今治と
あまりいい話題はありません

今治市の塀のない刑務所から囚人が脱走したとのニュースが連日流されたかと思うと、愛媛県知事が加計学園の「首相案件」疑惑の神髄に迫る文書を公表、一挙に疑惑の的が狭まってきました。加計学園と愛媛県職員、今治市職員が官邸の招きで急遽、慌てて官邸に出向いたことは前から分かっていること、でも招いたものと今治市は覚えがないと言ったり資料がないと言ったり。愛媛の、今治のというならもっといいニュースであってほしいと思うのは郷里を愛媛に持つ者の思いです。

例えば、松山英樹がゴルフで世界一位になった、とか。

今日の当番は四人が担当。平良啓子さんはお休み。早々に北海道からご夫婦が「高江が どうなっているかと気になって」。続いて京都から「やっとお金をためてきました」と陶芸をしている青年が「今日一日は皆さんと座り込みをします」。続いては砂川さんが「三週間ぶりです」と一挙にテント内が賑やかになりました。砂川さんは四年前まで一人で山奥の裏のテントで夜の座り込みをしていた七五歳（？）の女性。「時々、ハブも出ましたね、でも静かでしたよ」物静かで極めて勇敢な女性です。

連れ合いが来訪者にレクチャーすること一時間半。京都の青年は真剣に聞き入っています。沖縄上空を飛び交う機種の名前、米軍の起こしてきた事件・事故発生の日付などその細かさには、毎度のことながら驚かされます。レクチャーの後、北海道のご夫婦は辺野古へと発っていかれました。

一段落して、さあ昼ご飯。やっぱり多めに持ってきて正解でした。砂川さんは京都の青年相手に真剣に沖縄の歴史や自分の体験を語っています。おまけに持ってきていた茹で卵をお尻に敷いて「あらまー！」外では鳴き声も堂々としてきた鶯が「ホーホケキョ」。相方を探しています。

午後二時過ぎ、ＪＲ貨物労組の青年二二名が観光バスから降り立ってきました。その凛々しいこと。晴れているとは言えまだ何となく寒く感じるのに半そで姿の青年も何人か。「寒くないですか？」「いえ、暑いぐらいですよ。だって僕、北海道の紋別から来たんですから」「僕は東京」「僕は名古屋」「僕は九州」「じゃあ全国からですね」「そう、労組の学習会の取り組みの一環できました」ということで、殆どの青年が初めての来訪。腕は太く胸板は厚く、日焼けした体格のいい青年たち。労働者の逞しさがあふれています。

再び連れ合いからのレクチャーとなりました。労組の青年たちとあって時々入る政権批判にも共感の笑いがはじけます。

またもや二時間近く真剣な時間でした。帰りには集めてきたカンパやそれぞれのお国のお土産、寄せ書きを贈呈されての別れとなりました。

「春闘は終わりましたか」「賃上げも頑張ってくださいよ、時短もね」「路線外しには負けないでね」などの会話もあって「また来てくださいね」「また来ますよ」「頑張ってくださいね」「そちらもね」。やっぱり労働者は清々しい。

五時過ぎ、陽が西に傾きヤンバルの山々の緑が一層濃くなっていく坂道を帰路へ。我が家にひた走ります。

4月16日（月）曇り時々雨
テントが歌声ではじけました

今日は常連の男性一人と女性四人が揃っての当番。工事がないため、八時出発―四〇分かかっての到着。私たちがテントにつく早々からの来訪者です。

東京・三多摩青年合唱団の面々九人、と言ってもかつての青年の方々がギターを抱えての来訪。沖縄がテーマのコンサートを開催するとかでの来訪です。

続いてこられたのがすでに顔なじみとなっている三線とギターを抱えて来られるミュージシャンの一行四人組。彼らは東京の集会などで沖縄を披露しながらの参加で、すでに有名だとか。

一昨年N1テントでも共に声を合わせてテントを震わせました。大所帯となったテントで次から次の懐かしい曲がハモられ、久しぶりに私たちも青春のひと時に返りました。

9条の会の代表・平良啓子さんも元は小学校教師、歌が大好きです。事務局長の金城文子さんも小学校教師で、かつては子どもたちの前でタクトを振っていた歌声運動のメンバーでもありました。

合唱団の九人は二時間ほどの滞在で下山。四人のミュージシャンは改めて沖縄民謡を奏で、再び私たちも声を合わせたり、聞き惚れたり。

昼食は私が持参した稲荷ずしで間に合いました。今日も多めに持ってきて正解。雨が降ったり止んだり。

午後からは住民の会、支援連絡会、そして大宜味9条の会が参加する合同ミーティングに女性三名が参加。

テントの運営や当番体制などの協議、辺野古の状況や世界自然遺産登録を巡る情勢など、情報を共有して沖縄の闘いを担う課題が話し合われました。粘り強く勝つまで闘う上での課題は尽きません。とりわけ現地で暮らす方々の心労はいかばかりかと改めて痛く思われます。

三時過ぎ、富士国際のツアー一〇名が横田さんのガイドで来訪。

連れ合いのレクチャー一時間余、参加者は関東中心に各県からのシニアの方々。

日々報じられる安倍政権の腐敗の数々を憤りながら、その極致ともいえる沖縄の現状に開いた口がふさがらないという感想を残しての下山となりました。明日は伊江島に行くのだとか。

今日は二三名の来訪者でした。

テント近くの北部訓練場ゲートからは、時々軍用犬がテントをぐるっと回ったり、警備員がテントの様子を窺ってもいるようで嫌な感じではあります。私たちは、努めて挨拶したり声をかけたりするのですが、みな同じような顔に見えて定まりません。

4月23日（月）今日も曇り

北朝鮮が「核実験場を廃棄」

歴史が動いています。北朝鮮が核実験と大陸弾道ミサイルの試験発射を中止し、北部核実験場の廃止を表明しました。そして「周辺国や国際社会との積極的な対話をしていく」と報じられました。
また、北朝鮮の中央委員会総会で「他国による核の挑発や威嚇がない限り、核兵器を使用しない。第三国への核兵器と核技術を移転しない」とも表明しました。

さて、北朝鮮からの脅威を煽り立てて軍備の増強に国民の暮らしを犠牲にしてきた自公政権はどうするのでしょう。憲法まで変えて戦争を仕掛ける時代は日々遠のいています。住民の人権を蹴散らして、外国の基地建設に血道をあげる様がいっそう茶番に見えるのは私だけでしょうか。

人気も殆どない高江の米軍基地のゲート前に日本の労働者を昼夜、警備員として直立不動で立たせることにどんな意味があるのか。米軍基地の中では武器を持った兵士が訓練をし、その中に入ると「日本の法律で罰する」と立て札をし、踏み入った日本人を裁判にかけ有罪にして監獄にぶち込む茶番。そのためにおびただしい税金をつぎ込んで、一方で財源がないと社会保障を切り刻む。あまりにも世界の動きに逆行する日本の現状につい嘆きたくなります。

今日の当番は四人。来訪者は当地の共産党村議の伊佐真次さんと田丸さんら地元の方三人のみ、テント内は静かです。

上空にはオスプレイ二機、ヘリ三機が轟音を撒き散らしながら旋回し続けています。この轟音の下では営巣期の鳥たちも子育てが出来るものではありません。

基地に隣接する地域を世界に誇る「世界自然遺産」に登録されることが確実だと環境省も官邸もはしゃいでいます。この話は日本政府のユネスコへの「納入金」の成果だといわれていますが…。オスプレパッド建設と引き換えに返還された米軍には不要の地域もその「世界自然遺産の地域」に入れるとして、数十年にわたって米軍が銃器を使って演習し続け、ヴェトナム戦争の演習もしてきたところ。枯れ葉剤の散布の訓練もしていまだに草も生えない所を、たった八か月の除染で「きれいになった」から国立公園にするなどという噴飯物のごまかし。

防衛省や環境省、官邸の嘘やごまかしもここまで来たら諦めるしかないのでしょうか。「怒」です。

私たちが住む大宜味村は沖縄で数少ない基地のない村ですが、北部訓練場とは背中合わせ、日夜、ヘリやオスプレイが平然と低空で飛び交っています。その大宜味村の北部訓練場と接する村の過半は国立公園となり、「世界自然遺産」の登録地になろうとしています。せめて、北部訓練場を閉鎖にしてからにしてほしい。世界に恥ずかしい戦争の訓練地のすぐ横が国立公園！言葉もありません。

このヤンバルに住む動植物や人々の切なる願いを実現させたい。そんな思いが沸々と沸く静寂な森に囲まれた高江の座り込みテントです。

4月30日（月）座り込み日記最後の日記

劇団「青年劇場」の舞台づくりでその一生の殆どを過ごした弟が体を壊して二月に亡くなり、松山でその納骨を二七日に終え昨日帰沖。

その弟は何時か高江と辺野古に行きたいと言いながら果たせませんでした。そんな弟の思いを手繰りながらの今日の高江です。今日は五人が当番。私たちを迎える鶯もすっかり堂に入った鳴き声で迎えてくれます。

道中の路傍には白百合がゆらゆらと揺れ、つつじが彩豊かにほっとさせてくれます。

今日の来訪者は早朝から三時まで東京の「ユンタク高江」に参加しているという若い女性や名護市で様々な活動で著名な浦島さんに案内されての三人でした。

この座り込み日記での報告も今日が最後となります。

七年前の二〇一一年五月に松山市から夫と二人で沖縄本島の北部、ヤンバル（山原）といわれる大宜味村に移住した翌月の六月五日の月曜日から、高江の座り込みに参加してきました。以来、七年間、台風でテントが畳まれた以外の月曜日の殆どと多くの日々を私たちは高江で過ごしてきました。

防衛局の強引なオスプレイパッドの工事に抗する闘いが激しかった二〇一三年、二〇一四年は連日だったり、夜中だったり、電話での連絡が入るたびに駆け付ける日々がありました。一六年の後半にも連日の駆け付ける闘いがありました。

私たちが座り込みに参加し始めた時、くしくも「大宜味9条の会」も総会で座り込み参加を決定しており、合流させて頂いて以来のこととなりました。

当時、東村・高江のオスプレイパッド建設反対の座り込みは、二〇〇七年から始められており、すでに四年が経過していました。その四年前の座り込みが始まった時、全国の仲間とともに行われた基地巡りのツアーに愛媛ＡＡＬＡの仲間と参加したことが私たちが高江の座り込みをする出発点でした。そこで出会った若い女性が子どもを抱いて防衛局員の測量をとめていた光景にせめてこの人たちに握り飯でも届けたいという思いでした。

　七年という歳月は過ぎてみれば短いものですね。でもその間に出会った方のなんと多かったことか。県内、国内ばかりでなく外国から来られた方も多く、アジアでは韓国、中国、台湾、ヴェトナム、フイリピン、パレスチナ、済州島、インドなど。その他ドイツ、フランス、イギリス、オーストラリア、スイス、グアム、アメリカ、カナダ、イタリアなど。そしてそのすべての方が一様に戦争に反対し基地建設に憤り、沖縄の現状に怒りを燃やし、闘いに連帯する方々でした。

　私たちがお目にかかったのは主に月曜日に来られた方々ですからもっと多くの国から来られていることは確かです。

　この人々から日本、沖縄の現状が世界の人々に告げられ語られ、共感の輪も広げられてきていることは確かです。私たちもその人々からその国の現状や闘い、平和への取り組みを教えられ共感してきました。

　皮膚の色や人種の違いはあっても人間の尊厳や命の尊さ大切さ、平和への願いは共通です。そして武力から平和が生まれることはあり得ず、憎しみを増幅させるだけだと学びあってきました。

　憲法の上に安保条約を置き、日米地位協定を「錦の御旗」にして自国民の人権を蹂躙して憚らない自公政権の実態、利権を貪る産官軍共同の現場もしっかり目にしてきた日々でした。

　沖縄の闘いはさらに続きます。

　戦前、戦中、戦後、そして復帰後も決して安んじることのなかった沖縄ですが、そこに身を置き、沖縄で生きて来られた方々から学んだ生き様は、強靭でおおらかで逞しく見事です。

　長いようで短かった私たちの沖縄滞在中、舌足らずの報告でしたが、一月も欠かすことなく発行できたことは、多くの方からの温かい励ましがあってのこと。

　それは激励の言葉や手紙だったり、カンパや切手であったり、郷里の産物であったりとそれを手にするたびにこんなつたないものでも目を通して下さる方があることに胸を熱くして書き続けることが出来ました。

その方々は郷里の愛媛ばかりでなく、沖縄県内、遠く北海道から九州までの方々に支えられての報告書作りでした。励ましてくださった方、お読み頂いた方に改めて深くお礼申し上げます。

「なんで帰るの」「一一月の知事選まで居て」「永住したら」などと多くの地元の方々に言われましたが、私たちの人生の残された時間も後わずか、今後の生き様のありようも思い、これからの沖縄の闘いに後ろ髪を引かれる思いもありますが、お借りしていた家の期限もあり、来年には、八〇歳をむかえ沖縄の方々に迷惑をかけることになってはならない思いで区切りをつけたいと決断した次第です。ご厚情を頂いたことには唯々感謝で一杯です。

ありがとうございました。

私たちは六月初旬に沖縄を離れる予定です。

新基地建設予定地の大浦ワンで確認されたアオサンゴ群。
30メートル以上に達し、世界的にも貴重な群落
（2005年9月）　撮影／森住卓

『高井の里』からこんにちは
―沖縄の仲間たちへの手紙―

すっかりご無沙汰してしまいました。皆さんお元気のことと思います。台風シーズンの到来で気になりますが、被害の報道もなく安心しているのですが…。

今回の西日本の水害、土砂災害では愛媛ということで多くの方から安否を気遣って頂く電話やメールを頂き恐縮しています。

さいわい我が家のある所は平地で災害はありませんでした。とりわけ我が家の周りは、田んぼが取り囲み水路が整備されていて、さながら貯水池の様で少し離れた河川の氾濫は危惧されましたが事なきを得ております。

とはいえ、平地が少なく急峻な山に囲まれた西日本の地形は、気象の変動が大きい昨今の地球環境には一層の気遣いがいるようですね。

私たちが沖縄を離れる際には、身に余る厚情を頂きながら二カ月にもなろうとしているのにお礼の一言も届けることなく日が過ぎてしまい失礼してしまいました。

ようやく身の回りもどうやら落ち着く場所を整えることが出来ました。何しろ、七年間の留守ばかりでなくそれ以前からの諸々のため込みは、家の隅々までぎゅう詰めでその処理からの作業となってしまいました。沖縄から持ち帰ったものもあり、押し入れ一つ分の夜具の廃棄に始まり、キャリー数杯分の食器類の廃棄、衣類や書籍の処分など、もう十余年の余命を思うとこの際の処分は致し方のないことと思いながらの作業でした。

電気器具のテレビや冷蔵庫、エアコン、そして多くの家具も借りていた家に寄贈してきたため新たな取り付けに大わらわ、電気器具の取り換え、水回りの補修などなど目まぐるしいばかりの作業でした。

寄る年波のせいで筋肉の衰えで動きの鈍くなった私たちには、気力まで萎えさせての結果のご無礼とご容赦下さい。
多くの方々のとりわけ部落総出の熱いお見送りを頂いての私たちの帰路の風景は、深く心に残るものでした。

晴れた海原の彼方のヤンバルの山々にかかり広がる入道雲、湖面のような海原とその向こうの美しい山影を画家ならどう描くだろうと思ったり、そこに暮らす方々の一人一人を思い起こしたり、船窓から眺める、もはや故郷のように思えるヤンバルを眺めて飽きませんでした。伊江島、伊是名島、伊平屋島と本島北部の間をゆっくりと走る船からの眺めは一入。

根路銘部落の夫の友人から「こちらから手を振るから見てな」と双眼鏡をプレゼントされましたが、はてさてよく見えなかったのは残念至極。

朝九時半の出航から翌朝の八時半までの一昼夜の船旅、人気のない浴槽から波間を眺めるのも格別でした。薩南諸島の島々に寄港しながら乗り降りする人々の姿や港から見えるそれぞれのまだ訪れたことのない島の暮らしに思いをはせながらの海路は、乗客も少なく快適でした。

鹿児島に着いたら雨、九州自動車道に乗るまで少々迷いましたが鹿児島県を抜ける頃には雨も止み、路辺の林相も杉やヒノキの人工林に変わり、生え変わった竹藪も瑞々しい笹が揺れ、その間に間にイジュの白い花が爽やかで車窓からの風景も見飽きませんでした。

福岡県の鳥栖を経て大分自動車道に入り、四国に渡る別府市の港に着いたのは午後三時。通過した道筋には多くの温泉地や観光地もあり、これが観光旅行ならその一か所に旅装を解くのもいいのになと思ったり、若い時に旅した記憶を辿ったり、心通う大宜味村の女性たちとの旅ならどこがいいだろうと思ったり、計画倒れになって実現しなかった宮古島への旅への無念も感じながらの道中でした。できることなら何時か実現させたいものです。

別府から四国・愛媛の八幡浜までは二時間四五分

の再びの海路、八幡浜から松山までは約二時間の夜の車道。一泊二日かけて松山の我が家にたどり着いた次第。途中のお弁当やお菓子の差し入れを嬉しく有難く頂きながらの道中でした。

それから早や二カ月近く、家の上空にヘリもオスプレイの影もなく、沖縄の日々が嘘のような静けさです。そして今回の気候変動からの水害、土砂災害の悲惨さは目を覆うばかりですが、高江や辺野古新基地建設に投入されて、さらに無駄な国費を回せばその災害の補填は苦もないのにと思われてなりません。

国民の生き血を吸い上げるカジノ法、さらに過酷な労働条件を強いる労働法の改悪などは共通なのですけれど…。

一一月の知事選挙を巡る動きも気が気ではありませんね。なんとしても沖縄県民の民意を抑え込んで、軍事基地建設という生産性のない利権を手放してはならないという自公政権と米政権の執念を感じてなりません。

また、九月の村議選の行方が気がかりです。島ぐるみ会議を支える議員の確保は勿論ですが、中でも女性議員の誕生が願われてなりません。村民の半数は女性でその声が反映される村政であってほしい。それが民主主義の大きな一つと思えます・村議選は議員を選出することが村民の権利ですが、その後の村議の活動がどうかも同時に問われるもので、選出したらその責任も同時に問われるのだと、安倍政権を見ていて痛感させられています。

わが故郷の一つとなった大宜味村が誇れるものであり続けてほしいと願わずにはおれません。ぶながやの郷・大宜味村、基地のない大宜味村、そして革新の息吹が誇りに思える大宜味村。そこに暮らした日々が私の新たな財産になりました。

この体験をこれから出会う人々に伝えるのが私の新しい仕事の一つになりました。

重ねて、厚くお礼申し上げます。ありがとうございました。

追伸

私たちの住む高井町は、愛媛県の県都・松山市の南の郊外に位置し、西日本で最も高い山、霊峰・石鎚山の伏流水が湧き出る水の豊かなところにあります。

住宅も増えつつありますが、まだ疎らで田んぼが家々の周りに広がる空気のきれいな処。今は田植えも終わり、すでに一メートルにもなる稲がさながら緑の絨毯を広げたような上を風がさやさやと葉を靡かせ、暑さを和らげてくれています。この地域から汲み上げられた水が松山市界隈の水道水となっています。

我が家は井戸水で冷たい水にあずかっています。近くには四国霊場八八か所霊場の一つ西林寺があり、白装束のお遍路さんの行き来するところでもあります。

昨日、近くの地域の9条の会の総会で、沖縄で知りえた色々の一端を一時間ほど報告させてもらいました。参加者は五〇人ほど。沖縄のことがまともに伝わっていないことも改めて痛感しました。これからことあるごとに、沖縄にかけられている理不尽なアメリカと自公政権の姿を少しでも伝えていきたいと思っています。

できれば、季節の良い時に松山に皆さんでお越し頂きたいと願っています。そして待っています。

二〇一八年七月二〇日

高井の里から
山本　翠

ごあいさつ

ようやく「座り込み日記」が本になりました。

私達の座り込みに多くのご支援をして下さった沖縄、松山の仲間、国内外の方々に改めてお礼申し上げます。

とりわけ、昨年秋、突如としてこの世から旅立たれた平良啓子さんと大宜味9条の会と大宜味のみなさん、そして東村のみなさん、ありがとうございました。共に怒り、泣き、笑い過ごした日々は私の宝物です。

同時に、東村や大宜味の仲間の方々が引き続き、ヤンバルの森・海・空、そしていのちをまもりたいと暮らしをなげうって努力されていることに心を寄せていきたいと思います。

この座り込み日記を発刊するにあたって写真を提供してくださった森住卓さん、ありがとうございました。

この座り込み日記を本にして下さった創風社出版の大早直美さん、多くの助言と丁寧なご指導ありがとうございました。

最後に、この座り込み日記を、共に行動し共に闘い共に過ごして私の人生の最終章を作ってくれた夫・越智一郎氏に敬意をもって捧げたいと思います。

山本《やまもと》　翠《みどり》（越智　翠）プロフィール

1938 年 3 月　大韓民国江原道春川市で生まれる
1945 年 9 月　愛媛県伊予郡中山町（現・伊予市）に引き揚げる
1954 年 3 月　愛媛県立松山東高校卒業
1957 年 7 月　臨時職員を経て愛媛県職員に任用される－ 1960 年退職
1964 年 3 月　結婚し山本姓になる
1966 年 9 月　松山市職員労働組合書記として勤務
労働運動、保育運動、学校給食、母親運動、平和運動などに関わる
1978 年 8 月　離婚
1993 年　松山市職員労働組合退職、自治労連を経て愛媛労連勤務
1997 年～　愛媛アジア・アフリカ・ラテンアメリカ連帯委員会事務局長
1997 年 9 月　越智一郎氏と結婚
1998 年　愛媛労連を停年退職
2002 年～ 2004 年　ヴェトナムに移住。2004 年 10 月、帰松
2005 年～ 2010 年　愛媛９条の会事務局の運営に関わる
2011 年～ 2018 年　沖縄に移住。高江のオスプレパッド建設反対、辺野古基地建設反対の運動に加わる
2018 年 6 月　松山市に帰郷

家族　長男と次男が独立し夫と二人暮らし。この間に、22 ヵ国を訪問した

やんばるの風のなかで
－みどりの沖縄すわりこみ日記－

2024年5月3日発行　定価＊本体 1500 円＋税
著　者　山本　翠
発行者　大早　友章
発行所　創風社出版
〒 791-8068 愛媛県松山市みどりヶ丘９－８
TEL.089-953-3153　FAX.089-953-3103
振替 01630-7-14660　http://www.soufusha.jp/
印 刷　㈱松栄印刷所

ISBN 978-4-86037-344-3